海藻バイオ燃料

Seaweed Bio Fuel

《普及版／Popular Edition》

監修 能登谷正浩

JN250887

シーエムシー出版

はじめに

　石油に代わる二酸化炭素を放出しないエネルギー生産という意味だけからすると，風力でも太陽光でも他の自然の物理的なエネルギーの活用でもよい。しかし，現在の地球環境が抱える課題には，これまでの人間活動によって地球環境や生態系が破壊されつつある現状があり，さらに，近未来には人口増加に伴う食糧危機や多様な環境問題が山積している。このままの状態が続くなら地球人類の持続的生存が危ぶまれる。そして，それに対応すべき緊急の課題の1つに，化石燃料の大量消費を抑制して，地球大気中の二酸化炭素の増加を食い止め，温暖化を阻止することがある。地球生態系の破壊が侵攻する要素は多数あり，それらの課題を総合的かつ，俯瞰的に検討を加えながら温暖化を止めなければならない。私は，その方法として，海洋という陸に比べ広大な面積を持ち，未利用の部分が多い場を使って，海藻という光合成生物の機能を十分に活用してバイオ燃料を生産することを提案している。

　気候変動に関する政府間パネル（Intergovernmental Panel on Climate Change：IPCC）の第4次評価報告（IPCC Fourth Assessment Report：Climate Change 2007）では，過去100年間の平均気温の上昇傾向や永久凍土の融解，海面水位の上昇など，地球各地域で認められる多種多様な気候変動現象から，過去半世紀に認められた地球の気温上昇は人為的な温室効果ガスの増加による可能性が高いとしている。

　大気中の二酸化炭素濃度は産業革命以降に急速に増加し，石炭や石油，天然ガスなどの化石燃料消費量とほぼ並行して上昇する傾向が認められ，それは経済活動の「発展」やグローバル化に伴う化石燃料の消費量増大と見られることから，地球規模の公害と見なすこともできる。また，これと並行して生物多様性の減少や生物絶滅が急速に侵攻し，地球上の生物の生存基盤も危ぶまれており，引いては人類の生存を脅かす状況となっている。

　一方，地球の全人口は産業革命時には，既に10億を超えていたが，今年2011年には約70億に達し，2020年には80億を超えると予測されている。現在でも既に地球の一部地域では，飢餓や飲料水不足が常態化し，飢餓人口は8億人，飲料水の不足は11億人とされる。この状況がさらに侵攻すると人間の持続的な活動も地球環境の再生機能も損なわれ，地球生態系の「多臓器不全」に陥るのではないかとさえ懸念されている。したがって，これまでのような大量生産，大量消費による資源の無駄遣い的経済を止め，資源や生態系を保全することがますます重要となっている。これらのことを踏まえるなら，エネルギーや燃料の生産のために資源が浪費されることや食糧不足によって一部の人間だけが生き残り，地球環境や生態系が破壊されるようなバイオ燃料生産技術が採れないのは当然である。

　地球表面の陸の面積は概ね3割程度であるが，その陸には山岳地帯や河川，砂漠など食糧生産に不向きな場も含まれ，人間生活や活動に必要な都市や農地，牧場の他，環境保全のための面積が必要で，さらに加えてバイオ燃料用作物や木材の生産に充てられる陸地面積はほとんどないと見なされる。ましてや将来的に地球人口の急増が見込まれる状況下では，先ずは，食糧生産や飲料水確保のために陸域環境の保全が急務である。世界の中で，自国が必要とする食糧を自前で安

全に確保できる国はごく一部の国に限られる。食糧の安全保障の観点からも，将来的にはいずれの国も自国の食糧は自前で生産することが基本であり，経済のグローバル化が進めば進むほど，発展途上国は勿論のこと，食糧を海外に依拠することは，経済的な不安定要因を作り出し，供給のアンバランス等によって安定的な確保は難しくなるものと考えられる。

　日本の食糧自給率は，30％以下であることを考えると，早急に十分な食糧生産体制を確立する取り組みを図らなければならない。食糧生産量の増加は1，2年で容易に達成できるものではない。多くの時間と技術開発を要する。エネルギー生産して食糧不足という「武士は食わねど高楊枝」的な生き方では済まされない。

　上述のように，現在および近未来に予測される地球環境や日本が置かれている政治，経済的状況を考えるなら，バイオ燃料の原料生産のためにこれ以上の陸を利用することは無理がある。そのため，これまで比較的利用度の少なかった海域を使う発想は至極当然のことである。

　海域におけるバイオマスには大型の海藻や微細な植物プランクトンがある。しかし，このプランクトンをバイオ・エネルギー生産の材料とするには陸の利用状況から困難である。一方，沿岸域にはアラメやホンダワラなどの大型の海藻が生育する。これらの中には，陸上で最も生産性が高いとされる熱帯多雨林に匹敵する種もある。大型海藻類は陸上の植物と同様に水と二酸化炭素などの無機物から，光のエネルギーを利用して有機物を合成して生長する。この有機物生産に端を発し，海藻を餌とする微細な動物から大型の肉食性魚類に至る，膨大で複雑な食物連鎖を通して我々の食料蛋白源の魚介類や多様な動物類が生育し，海洋全面積のわずか7.5％の沿岸域で，魚類の99％が生産されている。また，大型海藻類はその生育過程で，多様な無機栄養塩類を吸収すると共に懸濁物質を捕捉し，人間活動によって沿岸海域に放出された栄養塩類や汚染水等を浄化する機能も持つ。さらに，大型海藻の生育は，人工基質を設置することによって，沿岸のみならず沖合域でも十分に生産が可能である。この他，海藻は日本やアジアの国々をはじめとして，昔から食品として利用され，その有用成分は近年医薬品や健康食品の他，飼肥料に至る多様な用途にも利用され，有用性が高い。したがって，これらの大型海藻群落を人為的に造成，栽培し，地球環境と海産資源の保全に利用するとともに海藻バイオ燃料に活用ができれば，一石三鳥以上に有効である。

　本書は以上のような多様な有用性を持つ海藻を用いたバイオ燃料生産の考え方や生産技術について，各分野で著名な方々から執筆して頂いたものである。本書が今後のバイオ燃料研究の一助となれば幸いである。

　2011年7月

東京海洋大学名誉教授

能登谷応用藻類学研究所所長

岡部株式会社顧問

能登谷正浩

普及版の刊行にあたって

　本書は2011年に『海藻バイオ燃料』として刊行されました。普及版の刊行にあたり，内容は当時のままであり加筆・訂正などの手は加えておりませんので，ご了承ください。

2018年1月

シーエムシー出版　編集部

執筆者一覧（執筆順）

能登谷　正　浩　東京海洋大学　名誉教授；能登谷応用藻類学研究所　所長　岡部㈱顧問

野　津　　　喬　農林水産省　大臣官房環境バイオマス政策課　課長補佐

香　取　義　重　㈱三菱総合研究所　科学技術部門統括室　コンセプト・プロデューサー

Jeong-Jun Yoon　Green Materials Technology Center, Korea Institute of Industrial Technology（KITECH）

Yong Jin Kim　Green Process & Material R&D Group, Korea Instisute of Industrial Technology（KITECH）

Choul-Gyun Lee　Department of Biotechnology, College of Engineering, Inha University

浦　野　直　人　東京海洋大学　海洋科学部　海洋環境学科　教授

高　木　俊　之　東京海洋大学大学院　海洋科学技術研究科　海洋環境保全学専攻

伊　佐　亜希子　㈱産業技術総合研究所　バイオマス研究センター　バイオマスシステム技術チーム　特別研究員

三　島　康　史　㈱産業技術総合研究所　バイオマス研究センター　バイオマスシステム技術チーム　主任研究員

澤　辺　智　雄　北海道大学　大学院水産科学研究院　教授

佐　藤　　　実　東北大学　大学院農学研究科　水産資源化学研究室　教授

佐　古　　　猛　静岡大学　創造科学技術大学院　教授

岡　島　いづみ　静岡大学　工学部　物質工学科　助教

七　條　保　治　新日鐵化学㈱　開発推進部　部長

岡　崎　奈津子　新日鐵化学㈱　開発推進部　主任

松　井　　　徹　東京ガス㈱　基盤技術部　主幹

中島田　　　豊　広島大学　大学院先端物質科学研究科　分子生命機能科学専攻　准教授

西　尾　尚　道　広島大学　大学院先端物質科学研究科　分子生命機能科学専攻　特任教授

石　橋　康　弘　熊本県立大学　環境共生学部　環境資源学科　教授

中　道　隆　広　長崎総合科学大学　大学院工学研究科

谷　生　重　晴　バイオ水素㈱　バイオ水素技術研究所　所長；横浜国立大学　名誉教授

若　山　　　樹　国際石油開発帝石㈱　経営企画本部　事業企画ユニット　事業企画グループ；技術本部　技術推進ユニット　EORグループ　コーディネーター

執筆者の所属表記は，2011年当時のものを使用しております。

目　　次

【各論編】

第3章 バイオエタノール生産技術

第4章　亜臨界水による海藻の燃料化技術

佐古　猛，岡島いづみ，七條保治，岡崎奈津子

第1章　海藻バイオ燃料の考え方

能登谷正浩*

1　地球温暖化とエネルギー問題

1.1　地球温暖化の原因

　2007 年 2 月に発表された国連の気候変動に関する政府間パネル（IPCC）の第四次評価報告によると，⑴過去 100 年間に地上気温が 0.74℃上昇し，⑵1850 年以降の温暖年の上位 11 回が直近の 12 年間に認められ，⑶北極海の海氷面積が近年急激に減少しており，⑷永久凍土の融解が侵攻し，さらに⑸20 世紀中に海面水位が平均 17cm 上昇したことなどの 5 点を挙げ，これらの過去半世紀の気温上昇は人為的に排出された温室効果ガスによる確率が 9 割を超えるとした。

　人間のさまざまな経済活動の原動力として，薪炭から石炭などの化石燃料の使用に移行したのは，蒸気機関による産業革命を契機として始まる。最初は石炭が主流であったが，それに石油や天然ガスなどが加わり，次第にその量は入れ替わってきた。それらの消費量や多様な経済活動の増加に伴って二酸化炭素を中心とした温室効果ガスの排出量は石油や石炭，天然ガスの使用量と並行して急上昇する傾向がある。南極の氷床中の気泡内やハワイ諸島マウナロア山頂における過去 200 年間の大気中の二酸化炭素濃度の変化に関する観測データからも指数関数的な増加傾向を読み取ることができる（図 1）。

　温室効果ガスには二酸化炭素の他に，メタンや一酸化二窒素（亜酸化窒素），六フッ化硫黄やフロン系物質などが含まれ，いずれも人為的な原因で増加したものとされている。これらは太陽光からの熱を大気中に閉じ込める役割を持つため，温暖化が進むと考えられている。この気温上昇に伴って大洪水など全地球規模で気象災害が多数発生し，自然環境や地域の生態系への多様な負のインパクトを与えている。それに加えて，水資源（飲料水）の枯渇，食糧生産の不安定化など，人間生活や健康の他，社会，経済活動への悪化が現れつつある。

　地上から高度約 9km までのいろいろな高度で二酸化炭素濃度を調べた結果によると，地上では高く，上空へ行くほどそれは低下している。したがって，二酸化炭素濃度は上空ほど拡散によって減少することが見てとれる。このことから排出量が少ない場合には，大気中の二酸化炭素濃度は時間とともに大気圏外へ拡散し，次第に減少することが分かる（図 2）。また，地表付近の二酸化炭素濃度を南極から北極へ向けて各点で観測した値を繋いだ濃度曲線を見ると，北半球で

　＊　Masahiro Notoya　東京海洋大学　名誉教授；能登谷応用藻類学研究所　所長　岡部㈱顧問

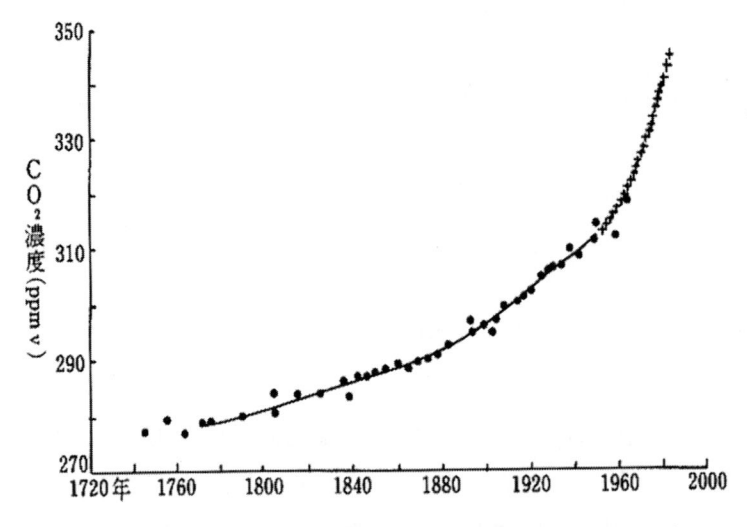

図1　過去200年間の大気二酸化炭素濃度変化（中嶋　1996より）
南極氷床中の気泡（●），マウナロア観測（＋）による

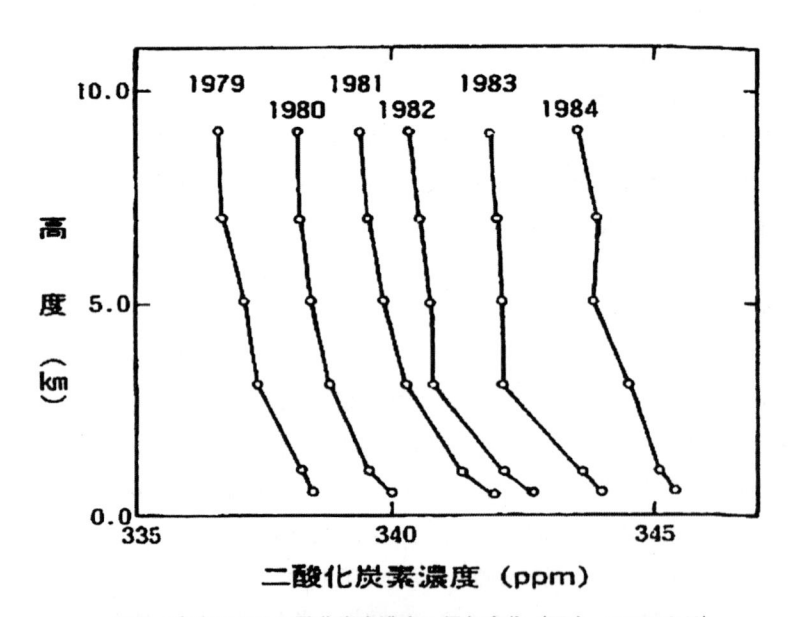

図2　高度による二酸化炭素濃度の経年変化（田中　1993より）

は南半球より高い値を示し，北緯36度付近で最も高く，南半球の南緯24度付近で最も低い値となる。このことから北半球で二酸化炭素排出量が多いことが推測される（図3）。さらに，上空への二酸化炭素の濃度勾配も，北極から南極へ至る濃度曲線も年を追うごとに高濃度側へほぼ並行に移動していることから，二酸化炭素は常に拡散速度を上回って大気中に排出され，次第に高濃度となっていることが分かる。したがって，ある年に全く二酸化炭素が排出されないか，ごく僅かに排出量が抑制されるとすれば，その分だけ大気中の濃度は減少することをも意味している。

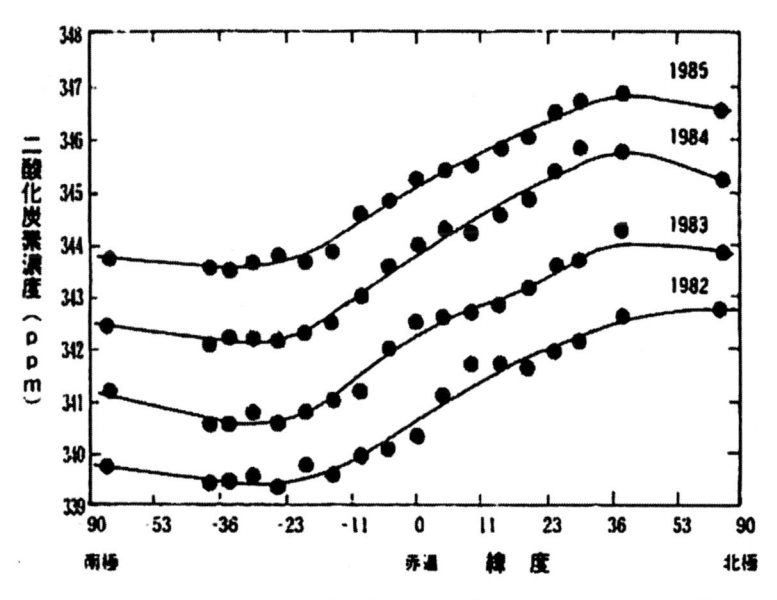

図3　緯度による二酸化炭素濃度の経年変化（田中　1993 より）

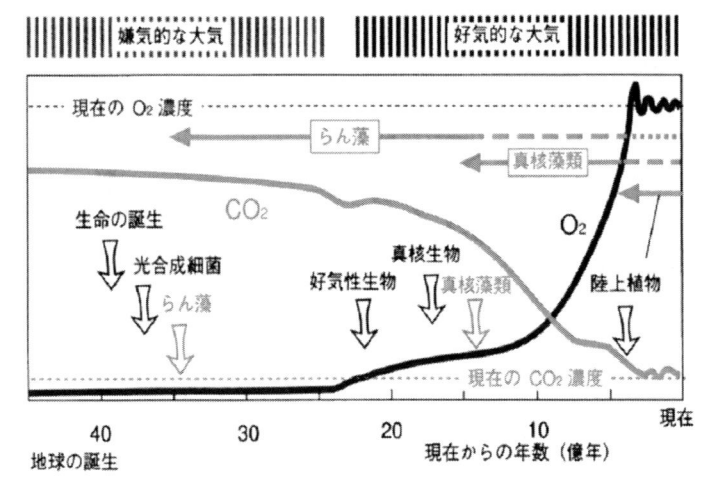

図4　藻類の進化と地球大気の変化（川井　2001 より）

　地球温暖化の侵攻は，このまま二酸化炭素や温室効果ガスの排出量が続くとすれば，1900 年を基点として，地上気温 2℃以上の上昇が見込まれる時期が，早い場合には 2026 年，最も遅い場合でも 2060 年頃と予測されている。2℃以上の上昇で，人間の生活環境や生態系への多様な負のインパクトが考えられており，地球規模で各地域の生態系の崩壊や多様な災害が頻発し，飲料水の不足や農作物の不作に伴って飢餓や大洪水が頻発することが予測されている。さらに気温上昇することによって，地上に堆積している枯葉など，多様な有機物の分解速度が速まり，それに伴う二酸化炭素の放出が加速度的に進むため，上昇を阻止する手立てが失われる危険性も示唆されて

いる。

　地球の誕生から現在までの大気中の二酸化炭素濃度や酸素濃度の変化と藻類の進化の図を見ると（図4），地球の誕生は約46億年前とされ，誕生当時の原始地球大気の大半は二酸化炭素によって占められており，酸素はほとんど皆無の状態であったとされる。しかし，地球誕生から十数億年後の約30数億年前に，地球に大量に存在していた二酸化炭素と水を素材として，光のエネルギーを利用して生育，繁殖する光合成生物の藍藻が誕生した。それ以降はこの藍藻類の繁殖によって，地球大気中の二酸化炭素が消費，同化され，有機物の生産と酸素放出が行われたとされている。さらに，それらの生物体（有機物）は少しずつ炭化物化石として地球上に蓄積され始め，その後の生物進化によって真核生物が出現するまでの間，ほぼこの藍藻類の光合成によってのみ，二酸化炭素の固定と酸素の放出がなされ続け，約20億年という膨大な時間を経て，地球大気中の二酸化炭素濃度が次第に減少し，大気は嫌気的な状態から酸素濃度の高い好気的な状態へと変化したとされている。

　真核藻類が出現して以降は，より効率よく二酸化炭素を固定し続け，約10数億年間にわたって，大量の炭素や炭酸カルシウムを含む化石を地球上に蓄積すると共に酸素を放出し続けた。しかし，この時期は，まだ大気中の酸素量が少なく，現在のように大気上空のオゾン層の発達は不十分であった。そのため紫外線に弱い生命体が海中から陸へと上ることは，大量に降り注ぐ有害な紫外線によって阻止されたと考えられている。したがって，これらの藻類はいずれも海洋中でのみ生活する海藻類であったと考えられている。海藻類の光合成によって，地球大気の状態が現在の酸素濃度（約21%），二酸化炭素濃度（約0.04%）に近づいた数億年前になって，やっと陸上に植物が進出し始めた。このように光合成生物の酸素放出によって地球上空のオゾン層が形成されたことが，現在の地球の陸上生物の生存の基礎となっている。

　太古地球の大気に大量に存在していた二酸化炭素の大部分は，長期間に亘る藻類の光合成機能によって，大量の有機物として固定され，それらが長い時間を経て炭化物化石として蓄積した。そのため，現在利用している主要なエネルギー源である化石燃料を消費するということは，原始地球の大気中に高濃度に存在していた膨大な量の二酸化炭素を原料として，光合成生物が膨大な時間をかけて生産，蓄積した有機物の化石を，地球の歴史に比べれば極一瞬，特に産業革命以降の数百年間に燃焼，消費し，現在の地球大気中へ排出させているということになる。

　地球温暖化に関与する二酸化炭素の増加の原因には，上記の化石燃料の大量消費に加えて，人間の経済活動が活発化する中で，広大な森林面積の伐採，開墾，畑地化，都市化されたことから，大気中の二酸化炭素を吸収・蓄積する光合成システムが崩壊，消滅したこともある。

　自然林を伐採し，畑地として利用することは，森林も畑地も二酸化炭素吸収，固定する機能については同じで，人為的に植物を生育させ，適宜植替えによって，二酸化炭素の吸収，蓄積素材が更新されることや，伐採後に得られる木材や農産物を収穫してバイオ燃料へ変換，活用することになるため，一見有効な方法に見える。しかし，二酸化炭素の吸収や固定の量は，自然の森林の大きさや量にもよるが，伐採後の畑作物と比べると大きな差がある。また，短期間ではある

が，伐採後に畑作物が生育するまでの期間，ほとんど二酸化炭素の吸収や固定はなく，反対に太陽光などによって温度が上昇するため，土中の有機物が分解され二酸化炭素が放出される。その他に，その自然林や森林にそれまで棲息していた多様な生物の棲息環境や生態系が破壊されることになる。したがって，自然環境の人為的な活用や改変に関しては，それまでの環境，生態系が持続的に維持，保全されるよう十分に配慮し，計画的な管理の下で行われる必要がある。

　ブラジルのアマゾン川流域の櫛の歯状の木材搬出道路とその周辺の森林破壊の状況を撮影した衛星写真は環境破壊の現場写真として有名である。日本に輸入される使い捨てにされる割り箸素材となる輸入木材，東南アジアにおける森林地帯を焼却し畑地化すること，熱帯沿岸域のマングローブ林の伐採によるエビや魚介類の養殖場造成，沿岸域の護岸建設や埋め立てによる，浅海域に生育する海藻群落や珊瑚礁域の減少や破壊など，いずれも間接的には大気中の二酸化炭素増加を促進する行為と考えられる。沿岸浅海の海藻群落は，海洋全体から考えるとごく狭小な面積だが，海藻の二酸化炭素固定速度は速く，多様な生物群が棲息するため，それら生物体内に有機物として蓄積される炭素は食物網を通じて長期間にわたって受け継がれ持続的で，安定的に保持，循環されるため，炭素循環の調整や緩衝系としては重要な役割を果たしている。

1.2　二酸化炭素の排出とバイオ燃料

　世界の二酸化炭素排出量は295億トン（化石燃料由来の二酸化炭素，国際エネルギー機関の2009年度版世界エネルギー見通しから）で，最も多量に排出している国は中国で，全体の約22.1%，次いでアメリカが19.2%，ロシアが5.5%，インドが4.9%，次いで極狭い国土の日本が4%で5番目にランクしている（図5）。

　日本国内の排出量の上位は電力その他エネルギー転換部門が最も多く約33.1%，次いで鉄鋼や

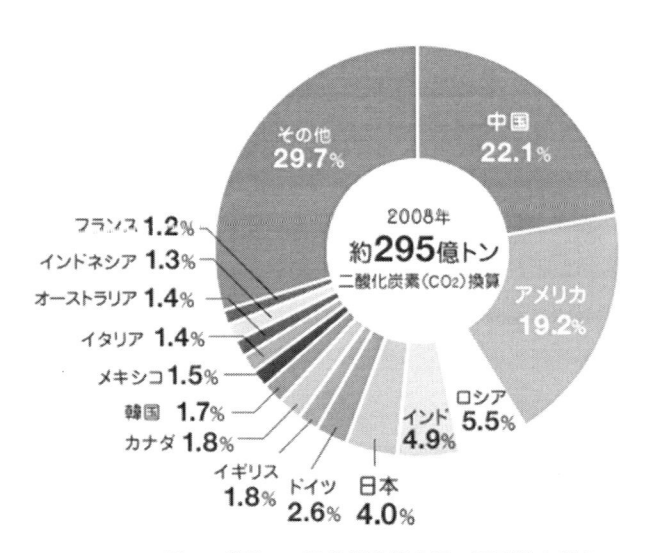

図5　世界の二酸化炭素排出量．国別排出割合 2008 年
（http://daily-ondanka.com/basic/data_05.html より）

セメント，製油，製紙その他の産業部門で28.1%と続き，これらの合計で約61.2%に達する。ちなみに全家庭の総排出量は約5%と見込まれ，電気・産業部門が大口の排出であり，その抑制が大きな鍵となっている（図6）。

　大気中の二酸化炭素の増加を抑制または減少させるには，まずは化石燃料の使用を抑制することである。しかし，二酸化炭素を排出量以上に多量に固定して何処かへストックする方法も考えられる。例えば，二酸化炭素を凝固させたドライアイスを地中深く埋め込んで物理的に直接ストックする発想がある。これは未だに消えていない発想のようだが，埋設作業には多大なエネルギーを必要とし，その作業に伴って排出される二酸化炭素が膨大となること以外に，ドライアイスを安全に埋設したとしても，後に地殻変動や何らかの要因で溶出，再表出することも想定される。地中や地表への二酸化炭素の想定外の挙動による多様な危険性も考えられる。いずれにしても先ず化石燃料の使用の抑制が先決である。したがって石油やその他の化石燃料に代わる再生可能なエネルギー作出の技術開発が課題となる。

　二酸化炭素を排出しないエネルギー生産については，古くは，日本の場合は急峻な河川や火山が多数あることなどの立地条件から，水力や地熱発電に最も向いているとされていた。しかし，経済成長や政治状況の変化に伴って，経費が嵩むことや危険性があっても，簡便に施設が建設できることや経済上の利益率の高い火力発電や原子力発電などを政策的に推し進めてきた経緯がある。

　最近は，二酸化炭素を排出しない再生可能なエネルギー源として太陽光や風力発電が注目されている。その他に潮流，波力，地熱，深層水の温度差などの発電も注目されている。これらはいずれも自然の物理エネルギーを活用するものである。しかし，これらのエネルギーを確保するための機材，機器類，施設の製作時点で既に多くのエネルギーと二酸化炭素排出を伴うこともある。

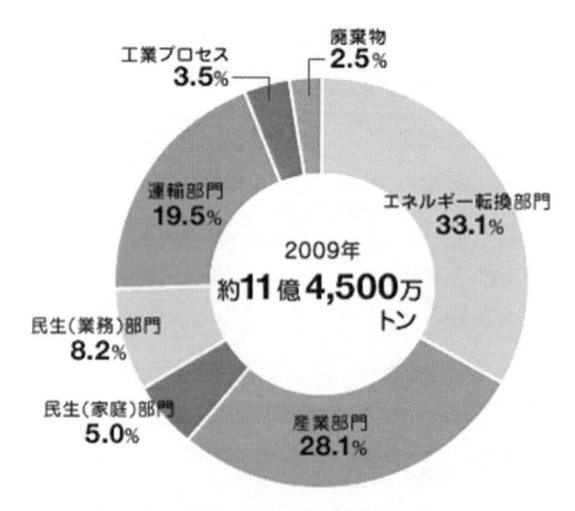

図6　日本の産業別二酸化炭素排出量（2009年）
（http://daily-ondanka.com/basic/data_05.html より）

エネルギー消費の段階では二酸化炭素を排出するが，総体として大気中の二酸化炭素量を増加させない燃料またはエネルギー資源はカーボン・ニュートラル資源と呼ばれるバイオ燃料資源である。光合成生物から作られるメタンガスやアルコール，ディーゼルオイル，水素などがある。

石油に代わる移動用エネルギー資源としては，光や熱，運動エネルギーなど自然の物理的エネルギーを電気エネルギーとして利用するため，一般には蓄電池を必要とする。バイオ燃料のメタンや水素などのガス状の物質の場合は高圧ボンベが必要になる。その他アルコールやオイルなど液体燃料はタンクを必要とする。これらは自動車用燃料としては，従来の石油と同等に取り扱える容易さから好まれる傾向もあった。しかし，最近は蓄電池の性能が向上したことや家庭用電源を使える手軽さ，排気ガスの排出がないことなどから，電気自動車なども好まれるようである。この他に，消費しても全く二酸化炭素を排出しない究極のクリーン・エネルギーと言われる水素は燃料電池によって電気を取り出すことができ，また，余剰の電気エネルギーで水を電気分解することによって水素を生成して貯蔵することも可能なため，この周辺の技術開発が進めば，将来的には，清浄性，静音性など他の環境問題を含めた総合的な検討によって最も利用しやすい燃料となる可能性がある。

1.3 自然環境の保全とバイオ燃料生産

既に20数年前になるが，日本の沿岸で大量に繁殖して生態系の破壊や汚染を起こすアオサ類などをはじめとした緑藻類を有効活用するためのバイオ燃料変換を提案したことがある。この緑藻類の大繁殖（図7）はグリーン・タイドと呼ばれ，1970年代から世界の沿岸各地で報告されている。中国で開催された北京オリンピックの際のヨットレース会場となった青海沿岸で大量発生したグリーン・タイドによって競技開催が危ぶまれたことは記憶にあたらしい。日本でも，特に西日本各地の内海域や湾奥部で頻発し，主に春，秋の比較的高い水温時期に大量繁殖し，浅い沿岸域を埋め尽くす現象である。アオサなどの膜状の藻体が海底面を覆うことによって，底棲性の小動物が窒息死し，藻体ともども腐敗するため，悪臭が漂い，周辺住民への被害が問題となった。

図7 横浜海の公園におけるグリーン・タイド（能登谷 1999より）

　この海藻類の大量繁殖は，埋め立てや人工海浜の造成などによって沿岸がそれまでの自然の沿岸とは異なる地形となったため，陸水の透水性を遮断して沿岸流が滞留する構造へと変化したり，浅い海域を広げて砂浜域で高い光環境を造るとともに水温上昇しやすい条件を作り出すことなどによるもので，過剰な栄養塩類の供給と相まって，その環境に適応した海藻類が生長と繁殖に好適な環境が整えられることによって，通常は見られない急速な繁殖を示した結果である（図8）。このような海藻の繁殖を止めるには，もとの地形に戻すか，海岸造成に当たって前もって十分に環境変化を予測し，自然の環境条件を損なわない方法を取る必要がある。しかし，これまでの場合は環境変化などにはほとんど関心はなく，対策を取ることなしに工事が進められ，現象の発生後に場当たり的な対処療法の検討会議にかりだされる場合が多かった。したがって，悪者は，繁殖海藻とされる場合が多いが，実は人間である。

　私はこの嫌われる海藻の繁殖力を利用して，栄養塩低減による沿岸水の浄化と繁殖藻体の有機物を利用してバイオ燃料を造る，謂わば，繁殖藻体を天然のリサイクル資源として利用する一石二鳥の有効活用を提案してきたのである。しかし，当時はごく一部の人には共感が得られたものの，バイオ燃料用資源としては木材などのように数十年から百数十年の炭素保持時間の長い素材が注目されていた時代であったためか，バイオマスの生産力の重要性には気付かない人が多かった。

　人間は人類の誕生以来，その活動によって地球の環境や生態系へ負荷をかけ，自然環境を多様に変質させてきた。その度合いが小さい場合には，自然の自己修復機能によって回復が図られる。しかし，産業革命以来の工業化や現在のようなグローバル経済のもとでは修復不可能なほどの負のインパクト（絶滅種の増加，種多様性の減少，環境汚染，生体毒性物質の蔓延，適応種の極端な増大や生態的平衡の破壊等々）が加えられ続けてきている。そのインパクトの1要因が二酸化炭素の大量排出であり，それを原因とする地球温暖化の問題である。温暖化に伴って気候変動や様々な環境・生態系の破壊が顕在化し，引いては人類の持続的な生存が危ぶまれる事態へと

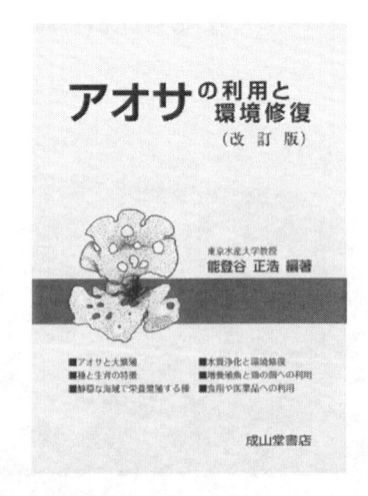

図8　アオサ類の生物特性とその利用に関する拙著（能登谷　1999）

進んでいる。したがって，二酸化炭素の排出抑制の課題は地球環境や生態系の保全の課題でもある。この本質をしっかりと認識し，そのためのバイオ燃料生産技術を開発する必要がある。

これとは別に，近未来社会に人類の生存に係る重篤な危機が地球規模で起こることが予測されている。その主要なものは3つ考えられている。すなわち，(1)人口増加と食糧不足，(2)生態系を含めた環境破壊，さらに(3)エネルギー資源の供給不均衡による地域経済や社会発展の歪化などである。

人口増加や食糧不足は両者相俟って侵攻し，約40年後の2050年には，地球の全人口が90億を超し，食糧生産は現状の地球では賄えない程に増加するとも言われている。現在でも，政治的または経済的な偏りによって，飢餓地域が存在する中で，その課題が解決されても，なお食糧不足になるほど人口が増加するのである。この他に，世界の海洋の生態系の破壊が進み，魚介類資源は2050年頃には枯渇するとの予測もある（Worm *et al.* 2006）。

生態系機能を無視した産業や経済活動の拡大，大量の資源浪費と大量の廃棄物排出による汚染の侵攻などは，当然，種の絶滅スピードや種多様性の減少傾向を加速させている。これらと相俟って，地球の地域間の経済やエネルギー供給のアンバランスが生じることは，現状の世界経済情勢でも容易に理解され得ることである。

バイオ燃料開発やその普及・発展に係わる課題は単に石油以外のエネルギー資源を見つけ出すことではなく，可能な限り自然エネルギーを活用し，生態系の十分な環境調整力を引き出し，地球生態系の変質を阻止することである。また，環境の保全をしながら，天然資源は無駄なく利活用するシステムを構築することが必要である。現在のような浪費経済システムを極力慎んだエネルギー生産技術の開発が重要課題である。したがって，良く言われる3R（Recycle, Reuse, Reduce）のような，一度，廃棄物として排出されたものを再利用するのでは，資源浪費を効率よく進めることになるだけで，廃棄物をより大量に生産し，排出することとなり，そのツケを全体で支払う公害解決型システムでは，無駄が非常に多く正しい方法ではない。基より生産から消費までを総合的かつ俯瞰的に検討し，計画的に無駄なく使い切り，基本的に廃棄物が出ない生産・消費システムの構築が必要なのである。

一般に石油代替エネルギーに関するものは，石油以外のエネルギーであれば何でもよく，二酸化炭素を増加しないという1点でのみの環境配慮に過ぎない。しかし，現在問題となっている地球環境の問題は，上記の近未来の3大危機と共に，地球温暖化のみならず地球環境や生態系保全が大きな課題で，これと同時にエネルギーも生産するという課題の解決が焦点となっているのである。

2　なぜ海藻なのか？　〜海藻によるバイオ燃料生産の有効性〜

2.1　陸と海の利用環境

バイオ燃料用の素材または資源としては，これまで多種多様な素材が検討されてきた。大豆，

トウモロコシ，サトウキビ，イネ，さとう大根などの栽培作物や食糧資源の他，木材，建築廃材，落ち葉，麦わら，稲わら，もみがらや微細藻類や海草，大型海藻などがある。

　生産される燃料から見ると，大部分はアルコールへの転換が目的とされるが，菜種やヒマワリ，パームヤシ，ジャトロファ，微細藻類などからはディーゼルオイルが抽出され，泥炭や下水汚泥，野菜くず，家畜や動物の排泄物，糞尿，屠場や水産加工残渣等，食品廃棄物などからはメタンガスなどが生産される。その他に最近一般的にも注目されるようになった水生植物や大型海藻類，微細藻類などの素材を使ったメタン，アルコール，ディーゼルオイル，水素なども考えられている。さらに，これら燃料生成の過程で発生する利用可能な多種多様のエネルギーや燃料を組み合わせて利用することも検討されている。

　これまでバイオ燃料用資源の大部分は陸上で生産されるものであった。しかし，地球表面の陸の占める面積は約29％で，人間の主要な生活域である陸上の内，生活に必要不可欠で比較的利用のし易い平地は居住区または都市や経済活動域の工場や商業地として利用している。ここから，食糧生産に必要な農地や牧草地の他，自然環境を保全するための森林や良好な水資源を確保する場，生物多様性や生物資源の保全のための緑地，さらに，利用に適さない極域や高地，山岳，湖沼，河川，砂漠などを除くと，バイオ燃料用資源の栽培や生産に充てられる面積はほとんどないことが判る。特に，日本のように急峻な山岳地帯を持ち，平野の少ない小さな国土では，バイオ燃料用素材を生産する場所は少ない。また，森林の多くが人工林である場合はこれ以上の造林はできないし，燃料生産用の資源として木材を伐採して利用する余地はない。従って，バイオ燃料用資源を適切に得ようとする場合は森林を，計画的に管理し，整備のための間伐や更新のための伐採によって得られた材を有効利用することとなり，多くの量を期待することはできない。また，日本は先進国の中でも食糧自給率が珍しく低い国で自給するだけの食糧を生産するための土地が必要である。今後の社会情勢を国民の視点から考えると，食糧を他国に依存しなくても十分に生産，供給可能な体制ができるようにする必要がある。そのためにはかなりの努力が必要であろう。近年のEUや東アジアの経済は，これまでのアメリカ中心の経済から脱しつつあることに加え，その国際的・政治的な力関係は大きく変化しようとしている。このような経済状況の中で，日本はこれまでと同様に食糧の大半を海外に依存しながら過ごすことは困難となっている。近年の輸入に係わる牛肉，その他の加工食品の問題などを考え合わせると，自国で安全な食糧の自給率をできるだけ高める食糧の生産環境を整備することが急務である。世界的に食糧不足となる中では，バイオ燃料を生産する代わりに，高いお金を支払って怪しい食糧を食べさせられることや，現状よりさらに厳しい格差社会や貧困の拡大や，その定着は容認できないであろう。さらに，それぞれの国の文化とも言える食の自給は，日本のような先進国が率先して果たすべき国際的責務でもある。

　上記の状況を踏まえるなら，政府が進めようとしている休耕田を利用した高成長性のバイオ燃料用イネの生産や，あるバイオ燃料に係る講演会で聞かされたヒマワリから油性分を抽出してバイオ燃料を生産するために，発展途上国で栽培するための共同開発を図るという考え方などは無

理と言わざるを得ない。特に発展途上国の食糧事情は現在でも深刻な状況にある中で，将来，農地の全てを食料生産に向けても賄えないほどに逼迫すると予測される。そのような中で，発展途上国が自国の食糧を賄い，更に他国へまで食糧供給や農地を貸与してヒマワリを栽培し，ディーゼル油を生産する状況にはないし，広大な自然域があるとはいえ，その場を燃料生産に使うことは地球環境や生態系の保全の観点からも全く無理である。もし，それを使うとすれば自然資源の浪費的経済活動として非難が浴びせられるとともに大きな国際問題に発展しかねない。さらに付け加えるなら，国内生産による高効率の農産物や廃棄物などでは，当面2030年までに600万キロリットル（国内必要量の約10%）のバイオアルコール生産を賄うという目標達成自体が無理との見方もある。

　食糧や作物をバイオ燃料用資源とする場合には多様な政治，経済上の問題がある。例えば，アメリカの農業は世界の穀物倉庫といわれるほどに巨大で，地球全体を賄うほどの生産力を持っている。一時期，アメリカではバイオ燃料ブームに乗って，大豆や小麦からアルコール生産効率の高いトウモロコシへと転作する事態が起こった。トウモロコシは本来，食糧または飼料用作物であるため，大豆や小麦とともに，バイオ燃料用の作物として投機農産物の対象となり，従来の数倍の価格高騰を引き起こした。結果として，その多くを輸入に頼っている日本を始め，世界の多くの国々では食品や飼料の他，その関連製品の価格を直撃した。その他，アメリカの農業生産は大量の地下水供給によって支えられている。ところが，トウモロコシ栽培では大豆や小麦の栽培以上に大量の地下水を必要とすると言われる。このことは，それまで以上の水の供給を必要とし，水不足を招き，農地の塩害化または砂漠化が起こり，それが拡がる可能性が指摘されてい

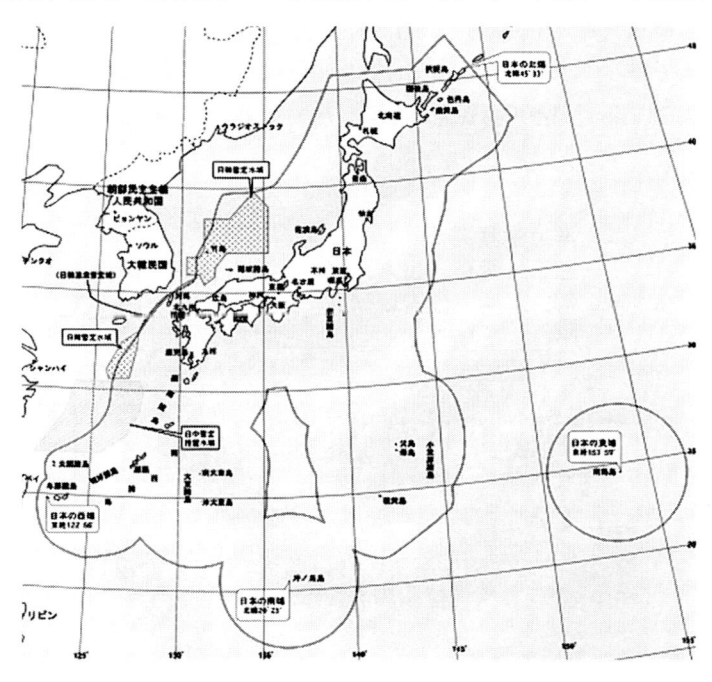

図9　日本の排他的経済水域

る。そのため，将来的には農地としての利用やその保全が不可能な土地の拡大にもつながると懸念されているという。

以上のことから，陸上は人間活動や自然環境保全のために多くの面積を必要とし，バイオ燃料用の栽培作物や木材資源など生産する場はほとんどないことが判る。とすると，必然的に陸以外の未利用の海域における光合成生物資源を考慮しなければならない。

海の面積は全地球の約71％を占め，その大部分は未利用である。当然海洋生態系やその環境保全への配慮は必要であり，他国との協調も必要ではあるが，国際的な取り決めでは200海里以内は排他的経済水域として概ねそれぞれの国の持つ水域の経済的使用が認められている。日本は多数の島を持ち周囲が海のため，それだけ広い海面を活用でき，他国にない有利な条件を持っている。国土は狭いが，国土の12倍以上の排他的経済水域と200海里基点諸島を多数保有している（図9）。太平洋上の小さな1基点島が保有する排他的経済水域は約40万平方キロで，日本の国土（約37万平方キロ）より広い。そのため，日本は世界第6位の排他的経済水域を持っている。この広大な海域を十分に活用し，多様な海洋資源の保全と同時に多様なエネルギー資源の生産をすべきである。

この海洋資源の生産や自然エネルギーの活用に関しては，私は十数年前から海藻の増養殖を中心とした超大型の自立エネルギー型で，環境保全型の沖合総合生産施設の建設構想を提案してきている（図10）。

広大で未利用な排他的経済水域に設置するこの生産システムは，地球環境や水産資源の保全と海洋資源の生産と加工，流通までを効率よく結びつけて利用可能にする。すなわち，海上生産都市のようにエネルギーシステム（風力，波力，太陽光，水中の海流，深層水温を利用した温度差発電の他，海洋から得られる生物資源やその加工残渣からのバイオ・エネルギー生産など）を整備し，海洋や海底鉱工物資源や生物資源の生産，加工システム，製品を流通するためのシステム，廃棄物処理リサイクルシステム，海洋環境監視システム，それらの技術開発に係わる研究施

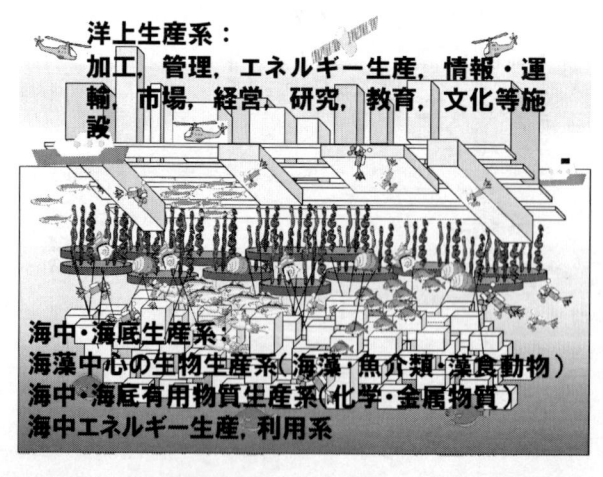

図10　海藻栽培を中心とした超大型のエネルギー自立型，環境保全型，海洋資源総合生産施設

設および海洋監視施設，レジャー施設などが考えられる。さらに，それぞれの機能を持たせた小型の施設をシステムアップすることによって，全体を完成させる各パーツ組み立て方式も考え得る。洋上施設の下には海藻類を中心とした海洋生物資源の増養殖や保全，生産の場とするための施設を備える。また，この施設は衛星通信を介して自律的に制御または移動し，任意の位置に留まれるようにすることによって，排他的経済水域の有効利活用が可能となる。これらを排他的経済水域内に複数設置し，総合的に，網羅的に活用することによって，水域を無駄なく活用することが可能となる（図11）。このような洋上プラントシステムは日本の立地条件にも合致し，且つ，日本独特の施設として海外販売も可能であろう。これこそが日本発の国際貢献となるのではないだろうか。

　排他的経済水域は，国際的には，経済活動が十分になされている海域でなければ認められない。日本の排他的経済水域は現在は，ほとんど未利用域となっており，経済水域の主張に関しては海外，特に中国からはいろいろと問題視されていると聞く。そのため，早急にバイオ燃料資源生産への活用や上記のような施設を配置することなどの手だてを取るべきである。とはいえ，この広大な海面全てを使い切るわけではなく，ごく一部，地図上で作図すると，ほんの点のような面積の海域を利用するだけで大量のバイオ燃料資源の生産が可能である。海は陸に暮らすわれわれの感覚からは予想以上に広大である。

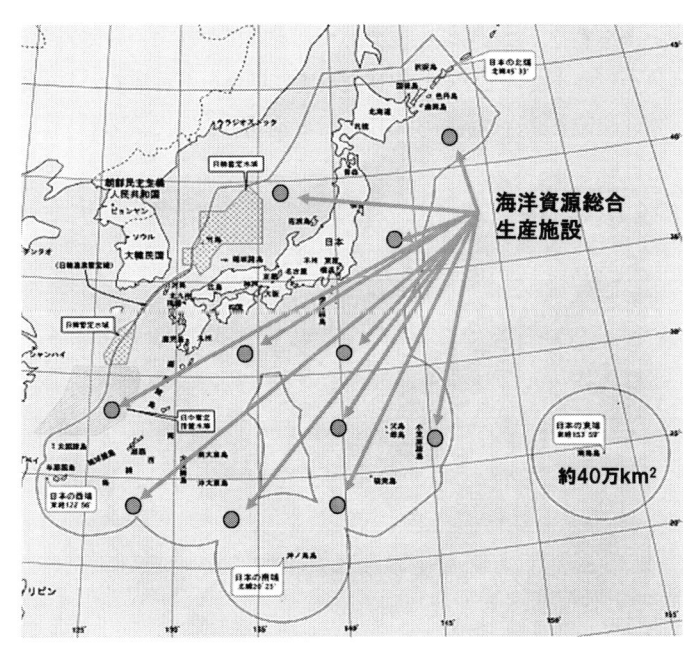

図 11　EEZ 基点離島と海洋資源総合生産施設の設置構想
25 の基点離島を含む数十の施設の設置と活用の例

2.2　海藻の生育と環境保全の機能

　海藻は海洋の水深から見ると極く表層近くにのみ生育し，沿岸近くでは水深20-30mである。透明度の高い太平洋中央部では百数十メートルまで見られる。それは海藻が光合成できる光の量が届く水深までに限られる。水平的には，ほとんどは沿岸近くのみに生育し，陸から海への境界域の飛沫帯から潮汐によって海水が浸漬または干出を繰り返す潮間帯と，それに続く潮下帯の浅い岩礁海岸が主な生育場となっている。このような浅い沿岸域では太陽からの光を十分に受けることができ，さらに陸から流入する栄養塩類が豊富なことから旺盛に繁殖することができる。海藻の群落内には，海藻類による高い基礎生産に支えられて多様な動物が生息し，沿岸域の重要な生態系を形成している。大型海藻群落を中心とした沿岸域は海洋全体の約7.5％と非常に狭い面積ではあるが，この生態系内で魚介類資源の99％の生産がなされていることも知られている。

　海藻類は一般に付着器を持って沿岸の岩礁などの基質に着生するが，着定場所と光合成可能な光量が得られる場があれば人為的な基質上や海藻養殖施設，沖合の浮遊する物体など（図12），沿岸域に限らず，地球上のほぼいずれの海面でも生育可能である。したがって，海藻生産には場所を選ばずに広大な海域を利用することができ，その場に形成された群落や生態系は多様な生物や魚介類資源の保全に役立つと考えられる。

　日本の沿岸は暖流や寒流によって洗われ，太平洋沿岸には北上する暖流が房総半島千葉県北部にまで達し，日本海沿岸では対馬暖流が青森県と北海道の間の津軽海峡や北海道とサハリンに挟まれた宗谷海峡に達し，それぞれ太平洋またはオホーツク海へと流出している。北海道の東からの寒流は千島列島から東北の太平洋沿岸へ流れ，概ね茨城県沿岸にまで南下するが，一部は東北沿岸から沖へと向い渦を巻く。これら暖寒流のいずれもほぼ沿岸に沿って流入し，それぞれの沿岸ではそれらの海流の影響を受けて，それぞれの環境に見合った特徴的で多様な海藻群落や回遊魚の来遊がある。特に暖流と寒流の混合する海域は好漁場となっている。

図12　日本海沖合いの中層（水深10m）に設置した海藻栽培施設に集まる魚類稚魚
（ウスメバル　体長3-6cm　約300尾）の群れ（青森県水産研究所　藤川・桐原氏　提供）

　日本の多くの沿岸は，海岸保全のための消波堤や護岸，港湾，埋め立てなどによる人為的な改変が進められ，自然海岸は約60％までに減少している。陸と海の境界域の改変や造成の進行に伴って，従来その環境下に適応し生育していた多様な生物や生態系が消滅または減少している。

　大型海藻類のコンブ類やホンダワラ類，アラメ・カジメ類のほか，海草のアマモ類などを中心とした水産資源の保全や涵養の場で，水産経済上有用な群落は「藻場」という特別な術語が与えられ，従来から国や地方による公共事業によって，その保全や造成が進められてきた。この海藻群落や「藻場」は沿岸水の浄化や魚介類の産卵の場，幼稚仔魚の生育の場，大型魚の摂餌の場の機能を持ち利用されている（図13）。しかし，経済成長に伴って沿岸開発が進められ，「藻場」は年々減少する傾向が認められ，それに伴って「藻場」を生活の基礎とする魚介類の資源量も減少している。

　この他に，大型有用海藻類が消失し，海底を殻状のサンゴモ藻類が覆う「磯焼け」海域は広がる傾向にあると言われる。「磯焼け」は現在いろいろな要因が考えられているが，沿岸域保全のための改変施設や工事に伴う懸濁物による水中光量の減少や，浮泥などによる胞子着底阻害の他，藻食性魚介類による食害等が考えられているが，その遠因としては人為的な問題がありそうである。

　近年，海洋水の富栄養化や汚染が世界的に問題となっており，日本海沿岸でも，エチゼンクラゲの大量浮流の問題や大陸からの汚染水流出や船舶災害などに加えて，魚介類養殖場から流出する栄養塩の負荷に起因する赤潮やグリーン・タイド（アオサや緑藻によるブルーム）の発生も全国的に認められるが，今日では既に珍しい現象ではなくなっている。

図13　海藻群落と生息する有用水産生物
　1.ホンダワラ群落とウスメバル，2.スガモの群落，3.ツルアラメと魚類の稚魚，4.スガモやホンダワラ類群落と甲殻類の群れ，5.ホンダワラに産みつけられたハタハタの卵塊，6.藻場群落内のエゾアワビ，7.キタムラサキウニの食害による「磯焼け」場

したがって，海藻を大規模に栽培，増殖することは，沿岸から沖合いにいたる広い海域の水質浄化や栄養塩，汚染物質を除去し，環境の修復に役立つとともに有用魚介類資源や生態系を保全し，さらに，天然のリサイクル資源としてバイオ燃料用資源をも生産できるとすれば，まさに一石三鳥のメリットとなる。

3　バイオ燃料資源としての海藻

3.1　海藻の生産力

海藻の多くの種の生育期間は長くても数年で，陸上の森林の数十年から数百年に比べると，その炭素蓄積時間は圧倒的に短い。また，石油の代替燃料用の資源として炭素の回転率は重要で，その再利用を考えると，長期間に渡って蓄積，保持する素材より短期間に高い生産力で大量に蓄積する資源の方が利用しやすい。

植物プランクトンの回転率は海藻より速い。また海洋全体における植物プランクトンの生産量は陸上の全植物の生産量とほぼ同等とされ，大型海藻類の全生産量はそれには全く及ばない。しかし，それぞれの生産量の違いは生育面積の違いによるものである。大型海藻類は着生基質が天然では非常に少なく，沿岸の浅海域に限られている。

これまでに報告されている大型海藻類の生産力を調べると，年間の１平方メートル当たりの生産量に換算すると，カリフォルニアのジャイアントケルプは 600-3000g，アリューシャン列島やノバスコシア，南アフリカのコンブ類では，それぞれ 1300-2800g，約 1750g，約 600g，日本産のミツイシコンブは 500g，カジメは 620-4900g，ノコギリモクは 360-2600g，エゾノネジモクは 737g などで，これら大型海藻類の生産力は陸上で最も高いとされる熱帯雨林と比べると，やや低い傾向にはあるが，マツやアルファルファの生産力とほぼ同等である。このことは大型海藻をこれまで未利用であった広い海域で栽培することが可能であれば，効率よく二酸化炭素を吸収，蓄積し，大量の化石燃料代替資源として利用可能であることを示している。したがって，コンブ類やホンダワラ類などの大型海藻類に勝る陸の光合成生物はないものと考えられる。

一方，大型海藻類より生育期間が短く，微細な藻体の単細胞藻類はタンク培養が可能で扱いが容易なことから，陸上で増殖させ，バイオ燃料用資源として利用する考え方がある。特にシュードコリシスチス，ボトリオコッカス，オーランチオキトリウムのような藻類は，細胞内に重油や，軽油に似た燃料を生産する。したがって，増殖した大量の培養藻体から直接的に燃料を搾出することが可能である。そのため，最近，マスコミ等に大きくとりあげられ，種による生産効率の高さを競い合う様相を見せている。

しかし，何度も述べるように，陸の燃料用資源でも海のそれでも，また，単細胞藻類でも大型藻類でも，単に大気中の二酸化炭素を固定した藻体から，燃料を造り出して利用するだけなら，効率よくオイルなり電気なりを生産するものでよい。現在の地球の環境や生態系の破壊が進んでいる状況を考慮して，これ以上，地球上の土地利用や資源の破壊や浪費をすることなく適切な地

球環境へと保全しながら，燃料用素材の生産やエネルギー変換技術を開発し，エネルギーの生産からその消費に係わるシステム全体を俯瞰的に検討し，地球環境や生態系の保全に役立つ技術やシステムを開発することが求められているのである。バイオ・エネルギー生産の考え方の基礎には地球環境や生態系保全があったはずである。

それを踏まえるなら，その藻類はどのような場所を使って培養されるのか，どのような培養容器や方法を使って生産されるかは重要な問題である。陸上に大量の水槽を並べて広大な面積を占有し，大量のエネルギーを投入してバイオ燃料を生産しても，それは陸上に太陽光パネルを並べて発電することと発電効率には差が出るのかもしれないが，大きな差異はない。特に藻類を培養する場合は，培養容器の工夫もさることながら，藻体への受光量や受光面，二酸化炭素の供給量を大きくするため，培養液を常に攪拌するために通気が必要であることに加えて，栄養塩類の添加も必要である。そのための施設と投入エネルギーはかなりのものとなると推測される。さらに，その培養水槽を置くための土地は，当然のことではあるが，食糧生産や生活域として，さらに環境保全のために植林することも林や森林の保全にも使えないのである。反対に，この藻類からの燃料生産やそれに係わる多様なシステム自体が近未来地球が必要とする保全システム構築の障害にならないとは言えないであろう。再生可能エネルギーの生産は，将来の地球の自然環境に配慮し，これまで人間活動によって破壊されてきた地球環境を保全しつつ進めることが肝要である。

3.2　大型海藻，コンブやホンダワラの利用

大型で高い生産力を持つ海藻にはコンブやホンダワラの仲間がある。両者の形状を比較すると，ホンダワラの仲間は樹枝状に生長して枝に気胞を持ち，水中では付着器からほぼ垂直に立ち上り伸長し，枝の先端で生長するため，光エネルギーを比較的効率よく利用することができる。この藻体が浮上する生育特性は，収穫作業上の都合がよい。栽培施設などの生育基質から付着器を切り離すだけで，藻体の全体が海面に浮上するため採取が容易である。これに対してコンブの仲間は，種によってはホンダワラの仲間と同様の生育状態を示すものもあるが，日本の沿岸に生育するコンブの仲間は，いずれも藻体は海中に沈み，養殖されているコンブ類の葉状部は茎から垂下する。従って，コンブ類を効率よく生長させることや，収穫するにはそれなりの工夫や技術が必要である。

ホンダワラの仲間は比較的大型の群落を作り，温暖な海域に生育する種が多い。また，これらは成熟期を過ぎると，藻体全体または主枝，藻体上部が切れて流出する。この流出藻体は浮遊，生長しながら集合して移動する「流れ藻」になることがある。この「流れ藻」には，昔からブリやサンマ，ウスメバルなど，多様な有用魚介類が産卵し，藻体の移動と共に幼稚仔魚などの生育の場として利用されることが知られている。「流れ藻」に随伴する稚仔魚類は巻網で採取され，養殖用の種苗としても利用される。そのため，天然の資源量の減少に繋がったとする見方もある。また，「流れ藻」に生息する幼稚仔魚を狙って，より大型の魚類が蝟集するため，ホンダワ

ラ藻体を中心とした「流れ藻」は多様な生物相からなる移動型の「藻場」生態系とも言える。

　東北および北海道沿岸には，北方性のコンブの仲間のマコンブ，ホソメコンブ，ミツイシコンブなどコンブ類の他，ガゴメやチガイソ，ワカメなどが生育する。これらの藻体は3-5mまたは大型のものは20mに達し，大型の群落を形成する。本州，九州および四国沿岸には，暖海性のコンブの仲間であるアラメ，サガラメやカジメ，クロメのほかワカメ，ヒロメ，アオワカメ，アントクメなどが生育する。日本海沿岸では仮根から栄養繁殖するツルアラメなども見られる。これらの海藻類も「藻場」を形成し，魚介類資源の保全や涵養に大きな役割を果たしている。従って，これらの海藻が豊富に生育する海域では，ホンダワラ類と同様に群落を造成，栽培し，大量に生産して活用することも考えられる。

　日本の海藻養殖の歴史は長く，中でもノリ養殖に関しては江戸時代から行われており，その食品としての生産工程は世界に類を見ないほど高度に洗練された技術を持っている。ワカメやコンブなどの大型海藻の増養殖技術もノリと同様に高品質の製品を量産する技術に優れているが，それらは一般に静穏な沿岸域で小規模に行ってきたものである。しかし，バイオ燃料用素材としての資源生産では，より効率よく大量に生産し容易に収穫するための技術が求められ，栽培の場も広い海域が必要なため，外洋域となる。そのため，施設の耐波性や設置方法や収穫技術など高度な技術と困難な課題が予測される。特に日本の沿岸域は，夏から秋にかけては熱帯低気圧，台風の通り道となり，冬は大陸からの季節風が吹き，栽培養殖施設にとっては季節を問わず厳しい海況に曝される。

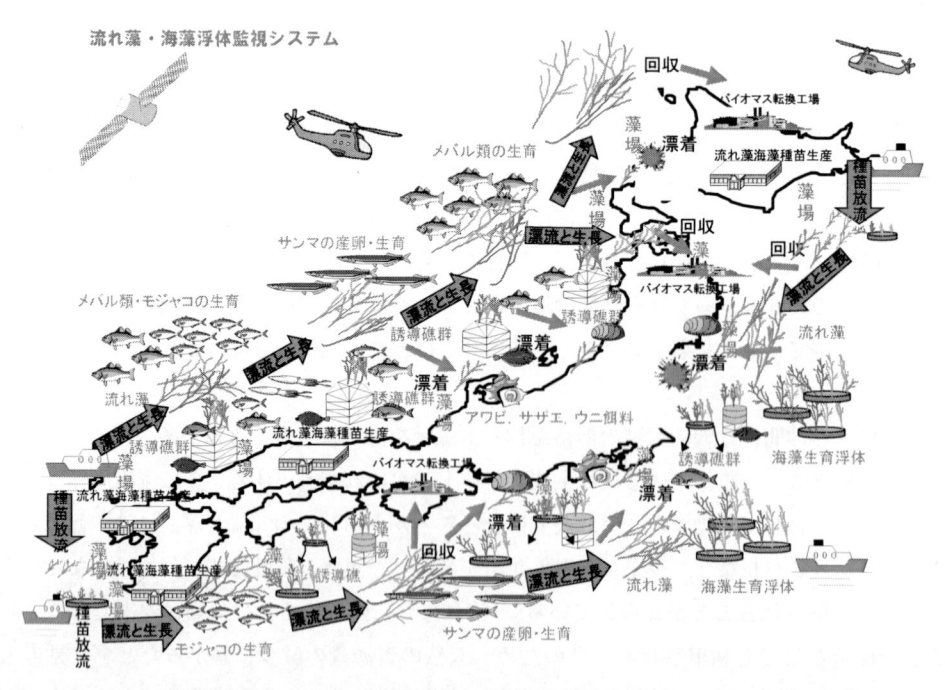

図14　人工「流れ藻」による地球環境と海洋資源保全と海藻バイオ燃料資源の生産

　そこで，私は簡易な栽培，増殖方法として施設を用いない方法を数年前に考案している。天然のホンダワラ類の「流れ藻」を模した方法である（図14）。天然に認められる「流れ藻」は，成熟時期を過ぎた藻体が海流に乗って長期間にわたって概ね沿岸に沿って移動するが，一部の藻体は枯死し海底に沈む。人為的に栽培した旺盛に生長する幼体や生長期の藻体小片の場合は，十分に長期間にわたって「流れ藻」として生長しながら移動するものと考えられる。これは海域全体を培養容器として，太陽光と天然の培養液を用いて栽培するため，人為的に投入するエネルギーを最小限にとどめることができ，低コストで大量のバイオ燃料用素材を容易に生産することが可能である。

　例えば，九州北岸から藻体小片を多数放流した場合，対馬暖流によって，生長，集合しながら日本海沿岸を北上する。九州北端から津軽海峡に到達するまでの時間は，エチゼンクラゲの移動を例に考慮すると，早い場合は2週間前後である。そのルートや経過時間は放流位置や季節，海況によって異なるが，東京大学の山形教授を中心とするグループによって開発された高精度の洗練されたシミュレーション・プログラムを用いて計算すると，その藻体小片の大きさ，集合サイズなど時々刻々の変化や到達位置，日時などをほぼ正確に予測することが可能で，また，任意にその経路，時間を指定することもできるという（図15）。この「流れ藻」は移動の途中で沿岸に寄せられたり，打ち上げられるものもあるが，概ね分散することはない。日本海沿岸を北上し，

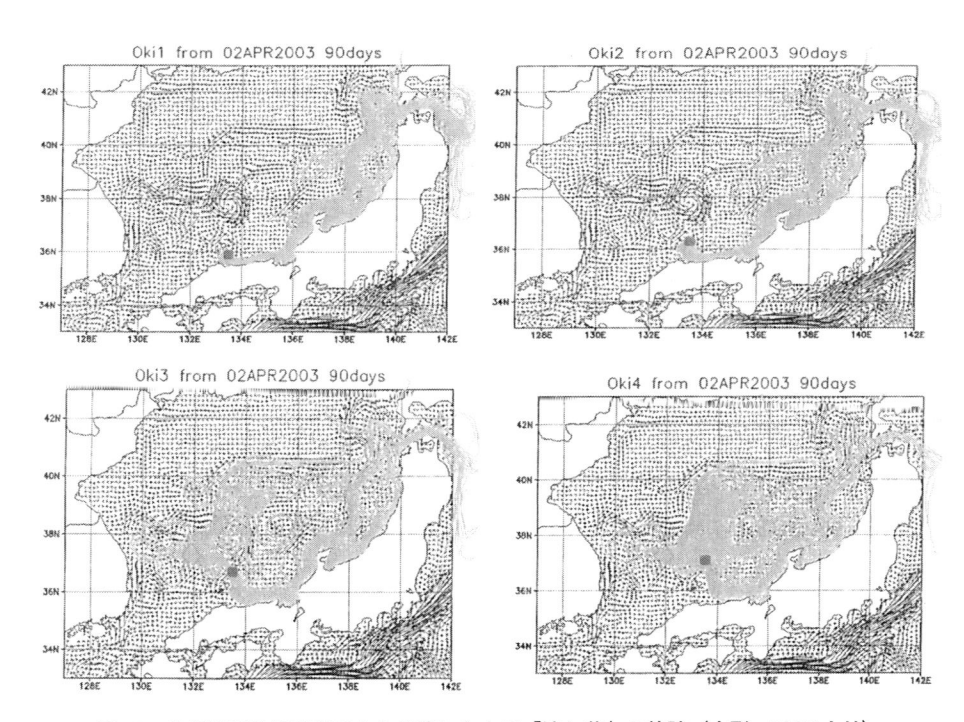

図15　島根県隠岐諸島付近から放流した人工「流れ藻」の軌跡（山形　2007より）
放流位置によって，それぞれ軌跡は異なるがその多くは津軽海峡を通って太平洋へと流出する。

ほとんどが津軽海峡に，一部は宗谷海峡へと流れ込む。それぞれの海峡は狭いため，流入した「流れ藻」は比較的容易に採集し，利用することが可能と考えられる。

　以上のように，人工の「流れ藻」構想は，栽培管理などを省き，容易に大量のバイオ燃料の原料の生産と収穫が可能となり，バイオ燃料用資源の生産と有用水産資源の保全，涵養と共に海水浄化にも役立つ一石三鳥の技術である。

4　海藻バイオ燃料研究とそのアイデアと研究費

　これまで人類は，地球生態系サービスやその生産力に依拠して資源を利用してきたが，ある時点から，その活動内容を見直す必要性に迫られてきている。資源を大量に使い，大量に消費する使い捨てによる経済構造によって，多くの利益を得てきた。しかし，資源消費によって排出される廃棄物の多くは自然の物質サイクルの中に放り込まれ，過剰な排出物によって人間の生活や生存そのものが危うくなってきている。その1つに，大気中の二酸化炭素の増加による地球温暖化という，現在の地球環境や生態系の破壊の構造があると言える。しかし，それは1国または1個人のみの責任とはいえないし，解決もできないところに，その危機感や対処に大きな温度差が現れる。これは公害問題と同じ構造で，一部の人々のみが利益を得，その利益の影の負担は全体で背負わなければいけない課題である。

　二酸化炭素排出による多様な環境負荷を，他の種類の環境悪化に回すのであれば，次の環境問題の解決に課題を引き継ぐだけである。そうならないためには，現在地球環境が置かれている諸問題を俯瞰的に考察して，少なくとも近い将来に予測される全地球的な課題には，特に気を留めて，対処する必要がある。

　バイオ燃料開発は，はじめは二酸化炭素の吸収が注目され，森林の減少やその保全が課題とされた。しかし，森林の吸収力だけでは，化石燃料の消費によって排出される量を相殺できないことが判ると，積極的に新たな燃料素材の検討へと移り，物理化学的な自然エネルギーを求めて，一方では，力，熱，光による電気エネルギーの生産，他方ではバイオマスの発酵や化学分解または合成による燃料生産へと進んできた。しかし，これまで検討対象を順次移行させる度に，次の次元の地球生活環境の破壊や経済問題と競合してくる。

　これまでの人間の活動や経済行為による，生態系や資源の破壊や浪費，生活域の占有などを見直すことなく，大量のエネルギーを投入しながら，石油より安価なコストの燃料を生産しようとする研究は，歴史的に試験済みのシステム内の研究で，さらなる生態系の破壊を生み出すものである。

　先ず地球環境や生態系の保全のための方法を検討し，その生態系から得られるサービスを有効かつ十分に活用し，廃棄物が排出されない技術を考えるべきである。

　研究にはそれなりに十分な研究費が必要である。現在は，ほとんどが競争的に研究費を得る構造となっている。この研究費獲得制度がいろいろなところで弊害を生み出している。ボス的研究

者とその取り巻き集団の形成やアイデアの剽窃，これまでの研究実績や成果を無視し，数十年前の成果の焼き直した報告や研究申請書への他人のアイデアの盗用など，多様な不正行為が見られる。さらに大きな問題には高額の研究費を消費することに意義，目的を見出す研究者集団や，それを担ぎあげるマスコミがある。真に科学研究を発展させるための研究費ではない場合など多様な問題がある。これらは基本的には低劣な研究者意識や文化性にある。いずれにしても，日本のこの制度では，研究を正当に評価せずに，研究者を評価する傾向が伺えることも確かである。

　近年は，海藻のバイオ燃料素材としての有効性の意味をほとんど理解することなく，その素材の目新しさからか，海藻バイオ燃料の研究提案をする人々がいる。単細胞藻類の中にも海に生育する藻類もあることから，ほとんど連想ゲームのような「乗り」で，オイル生産する藻類を利用することを考えたり，アイデアをそのまま盗用して研究者集団を組織するボス研究者など，大流行りである。しかし，いずれも，その思考傾向を反映して研究計画や研究内容の意味を十分に理解していないため，あちこちに論理的矛盾を来していることに気づいていないことも多い。このことは研究費を提供する側の問題でもある。申請内容から，重要で有名な研究課題であれば誰のアイデアか，誰の研究思想か，また内容の矛盾などは即座に判るはずであるが，故意か，無意識か，勉強不足かで，見過ごされるようである。このことは真にまじめに研究成果を出そうとする研究者をつぶす結果になる。一人くらいつぶしても大差ないと思っているのかも知れないが，研究成果が重大であれば国または世界的な成果や財産をつぶすことになる。科学的な評価と政治的な評価，経済界的な評価，個人的，社会的な繋がりによる評価などを混同することなく，ことに当たって欲しいものである。

　私が国際学会で発表する数年前までは，一部マスコミで取り上げられることはあったが，国内外を含めてほとんど取り上げられなかった。長らく日本のアイデアと実績にしたい思いがあった

図16　第19回国際海藻会議（2007年3月26日–31日，神戸）開会式とロゴマーク（筆者の図案）
1. ショパン会長の挨拶，2. 開催実行委員。右から2番目筆者，3. 会場風景。

が，しびれを切らして国際学会で話したところ（図16，17），あっという間に全世界で取り上げられる状態となり，それ以降あちこちの国際学会の招待講演に招かれるようになった（図18）。現在では日本より外国の方が海藻バイオ燃料に関する研究費は潤沢に出され研究が進んでいる状況にある。

　最近の東日本大震災に伴う，東京電力の原子力発電所の事故は深刻な事態に至っている。これまで原発は事故が起きなければ二酸化炭素の放出が少なく「安全」で「経費のかからない」エネルギーとして，十分に評価に値するものとする向きがあった。しかし，ここに来て誰もがその「安全神話」は遠いどこかの話で，現実には処理のできない使用済み燃料の排出と何十年間も冷

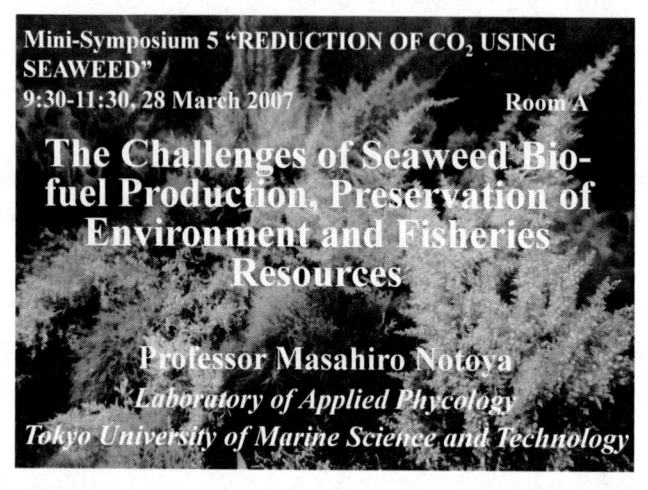

図17　第19回国際海藻会議（2007年3月26日–31日，神戸）におけるミニシンポジウム「海藻を用いた二酸化炭素の吸収」で発表した筆者の演題「海藻バイオ燃料と環境や水産資源の保全への挑戦」のスライド

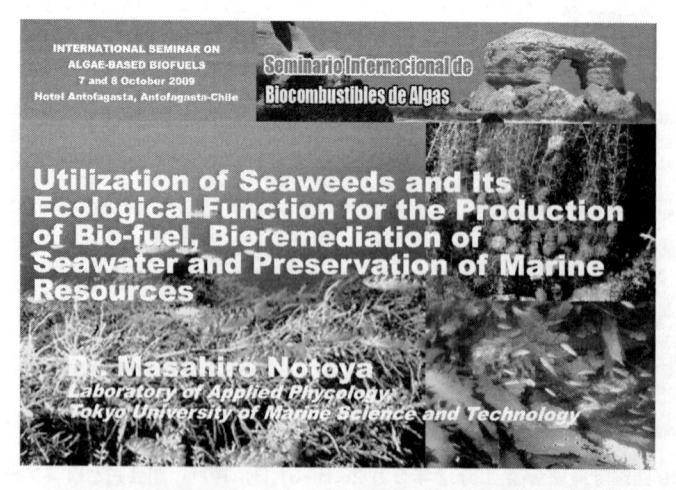

図18　チリ，アントファガスタにおける海藻バイオ燃料に関する国際会議における招待講演の演題「バイオ燃料生産や海水浄化，海洋資源保全のための海藻の利用とその生態的機能」のスライド

却し続けなければ危険なものであると認識した。さらに，一度，事故が起きると，今回の事態でも明らかなように，ほとんど人為的なコントロールが難しく，ほぼ半永久的に使用不可能となる原発サイト付近から半径数十キロメートル以内は勿論のこと，状況によっては海中や大気を汚染し，地球規模で広く影響していることを思えば，安全で安上がりなどとは誰も言っていられないエネルギーである。原発事故は今回が初めてではなく，同類の深刻な事故は，これまでにも起きているし，数度にわたってその危険性に関しては，政治の場でも指摘されていたにもかかわらず，推進派の政治家や研究者は耳をかすことなく，「事故は起こらない」という何の根拠もない思い込みによって，すべて対岸の火のごとく検証や点検がほとんどなされずに過ごされてきた。また，事故後に歴代原子力安全委員長らや，それに係わった研究者からの「まさかこれほど国民に迷惑をかけるような事態は予測していなかった」との発言があったが，技術的にも構造的にもほとんど理解していなかったか，全く国民を騙しながら進めてきたことを自ら暴露したものである。それでも「安全」委員長であったことには全く呆れるばかりである。その後も，東京電力の情報の非開示や開示の遅延などの対応は，この問題の根深さを示している。また，チェルノブイリ原発事故の時に，放射性物質の飛散と風向きとの関係は十分に把握しているにも関わらず，住民避難誘導にも大きな過ちを犯している（図19）。現在稼働中の50数基の原子力発電所の大半は

米国民は80km圏内避難退避勧告：日本20−30km，この図とチェ原発強制移住から妥当

図19　福島県原発事故後の放射性物質の量の分布と日本と米国の避難退避勧告の違いおよびチェルノブイリ原発事故なみの強制移住区面積（図中の太字および矢印，枠，文章中の側線は筆者が加筆）

耐用年数を過ぎ老朽化が進んでいると言われるが，今回の禍根が世代を超えて数百年，数千年と続くことを考えると早急に自然エネルギーへと変えて原発を消滅させる必要があろう。自然エネルギー産業は世界的にも未来の産業を育てる重要なもので，早期にその技術開発に取り組んだ国こそ，その産業を確実に成長させることが可能である。その意味からもいつまでも古くて危険なエネルギー生産に固執することなく未来を見据えた産業支援が欲しいものである。

　地球温暖化や生物多様性に関する国際的な締約国会議 COP は，あたかも地球人類の持続的生存のための教育の場のような感で新聞やマスコミの記事を見ることがある。それは発展途上国や教育を受けられない国々の人々の教育ではない。ハーバード大学を優秀な成績で卒業するような人々，「よい十分な教育」を受けたような人々，地球上を傍若無人に踏みつけて歩くまさにグローバルに稼いで歩く「優秀な人々」への教育のようである。この限られた地球上で人類が生存し続けるためには，少数の勝手気ままな資源浪費や搾取は許されないことを，そして地球上の生態系や環境破壊をしながら生き続けることはできないことを，地道に気長に教え込むための国際的な努力のように見えてならない。

参 考 文 献

・能登谷正浩, 2.1 生長, 能登谷正浩編著「アオサの利用と環境修復」成山堂書店, p.16-25（1999）
・能登谷正浩, 3.2 横浜市海の公園では, 能登谷正浩編著「アオサの利用と環境修復」成山堂書店, p.55-70（1999）
・能登谷正浩, 海藻類による環境修復, 日本藻類学会編「21 世紀初頭の藻学の現況」, p.92-94（2003）
・能登谷正浩, 磯掃除, 日本藻類学会編「21 世紀初頭の藻学の現況」, p.106-107（2003）
・能登谷正浩, 海藻類と魚介類の複合養殖, 日本藻類学会編「21 世紀初頭の藻学の現況」, p.119-120（2003）
・能登谷正浩, 海藻発酵素材と餌料, 日本藻類学会編「21 世紀初頭の藻学の現況」, p.126-127（2003）
・能登谷正浩, 沖合いから沿岸への海藻群落生態系と環境保全型生産システムの構築に向けて―海藻群落生態系の恵みを十分に活用するために―, 豊かな海, 9, 17-20（2006）
・能登谷正浩, 海藻からのバイオ燃料, 水産週報, 1725, p.3（2007）
・能登谷正浩, 海藻からバイオ燃料を生産―日本独自の技術で確立を―, Ship & Ocean Newsletter, 175, 4-5（2007）
・Notoya, M, The Challenges of Seaweed Bio-fuel Production, Preservation of Environment and Fisheries Resources, Program and Abstract of 19th International Seaweed Symposium, Kobe, p.58（2007）
・能登谷正浩, 海藻バイオ燃料生産の考え方と水産資源および環境の保全, ケミカルエンジニア

リング，**53**, 107-112（2008）

・能登谷正浩，海藻バイオ燃料資源の生産と水産資源および海洋環境の保全，FOOD RESEARCH, **633**, 45-49（2008）

・能登谷正浩，海藻のバイオ燃料用資源への利用―地球環境や海洋資源の保全に配慮した生産技術の開発―，日本工業出版「配管工業」，**50**（6），25-30（2008）

・能登谷正浩，海藻バイオ燃料，日本ガスタービン学会，**37**（5），297-302（2009）

・Notoya, M, Utilization of ecological fanction and uses of seaweed as a biofuel source and bioremediation agent, *In Abstract Book of 9th International Phycological Congress*, 2-8 August 2009 National Olympics Memorial Youth Center, Tokyo, Japan （2009）

・Notoya, M, Utilization of Seaweed and the Ecological Function for Production of Bio-fuel, Bioremediation of Seawater and Preservation of Marine Resources. Antofagasta, International Seninar on Algal Biofuels, Antofagasta, Chile. October 5-9, Hotel Antofagasta, Chile （2009）

・Notoya, M, Production of Biofuel by Macro-Algae with Preservation of Marine Resources and Environment. In: A Israel, R Einav and J Seckbach （eds） *Seaweed and Their Role in Globally Changing Environments,* Springer, pp.218-228 （2010）

・谷生重晴，能登谷正浩，海藻バイオマス栽培による発酵水素生産，水素エネルギーシステム，**35**（1），22-29（2010）

・Worm B, Barbier EB, Beaumont N, Duffy JE, Folke C, Halpern BS, Jackson JBC, Lotze HK, Micheli F, Palumbi SR, Sala E, Selkoe KA, Stachowicz JJ and Watson R, Impacts of biodiversity loss on ocean ecosystem services, *Science*, **314**, 787-790 （2006）

第2章　政策・プロジェクト

1　バイオマス活用推進基本計画の概要

野津　喬*

1.1　はじめに

　持続的で再生可能な資源であるバイオマスの活用は，地球温暖化の防止や循環型社会の形成に大きく貢献するものである。また，バイオマスをエネルギー源や製品の原料として利用する環境調和型産業の育成は，我が国の経済成長及び雇用機会の創出と世界のCO_2削減を両立させ，「環境・エネルギー大国」の実現に資するものである。さらに，農山漁村に豊富に存在するバイオマスの活用は，地域の1次産業としての農林漁業とこれに関連する2次産業，3次産業に係る事業を融合させることによって，地域ビジネスの展開と新たな業態の創出を促す「農山漁村の6次産業化」の重要な取組の一つであり，農山漁村に新たな付加価値を創出し，雇用と所得を確保することが期待されている。

　本節では，このように様々な効果が期待されるバイオマスの活用の促進に関する施策について，国としての基本的な方針を示すものとして2010年12月に閣議決定された，バイオマス活用推進基本計画（以下「基本計画」という）の概要について説明する[注1]。本節の構成は以下のとおりである。第1項では，本節の趣旨及び構成を示す。第2項では，基本計画の策定の背景と経緯について説明する。第3項では，基本計画が策定される以前にバイオマス関連施策の基本となっていたバイオマス・ニッポン総合戦略の総括について述べる。次に，基本計画の具体的な内容として，第4項で施策の基本的な方針について，第5項で国が達成すべき目標について，第6項で政府が総合的かつ計画的に講ずべき施策について，第7項で技術の研究開発に関する事項について，それぞれ説明する。最後に，第8項において本節のまとめを記述する。なお，基本計画における藻類の位置づけについては，それぞれの項において述べる。

1.2　基本計画策定の背景と経緯

　基本計画は，超党派の議員立法によって2009年6月に成立し，同年9月に施行されたバイオマス活用推進基本法（平成21年法律第52号，以下「基本法」という）に基づき，バイオマスの活用の推進に関する施策の基本となる事項を定めるべく，策定されたものである。

　バイオマス基本計画は約1年間をかけて，関係7府省（内閣府，総務省，文部科学省，農林水産省，経済産業省，国土交通省，環境省）の大臣政務官等[注2]で構成する「バイオマス活用推進会

＊　Takashi Nozu　農林水産省　大臣官房環境バイオマス政策課　課長補佐

議」での 3 回にわたる検討及び，バイオマスの活用に関し専門的知識を有する者によって構成する「バイオマス活用推進専門家会議」での 7 回[注3]にわたる検討を経て，2010 年 12 月に閣議決定された。

1.3　バイオマス・ニッポン総合戦略の総括

　基本計画の検討を行うに当たり，「バイオマス活用推進会議」においては，バイオマス・ニッポン総合戦略に基づいてこれまで実施されてきた施策の課題を十分に踏まえた上で，総合戦略を発展的に解消し，基本計画において今後取り組むべき施策の基本的な方向性を明らかにする必要性が強く指摘された。

　バイオマス・ニッポン総合戦略は，2002 年 12 月に閣議決定（2006 年 3 月改訂）され，バイオマスをエネルギーや製品として総合的に最大限活用し，持続可能な社会「バイオマス・ニッポン」を早期に実現することを目的として，目指すべき「バイオマス・ニッポン」の姿及びその進展シナリオを示したものである。バイオマス・ニッポン総合戦略においては，2010 年度を目途とする具体的な目標が設定された上で，その実現に向けた取組が進められてきた。その結果として，バイオマスの活用推進に向けた国民的理解の醸成が進みつつあり，また，バイオマス・ニッポン総合戦略において設定された「2010 年までに 300 地区においてバイオマスタウンを構築する」との目標に対して，2010 年 11 月末現在で 286 地区においてバイオマスタウン構想が策定されるなど，バイオマスの活用に向けた取組が一定程度進みつつある。また，バイオマスタウンの構築を契機として，バイオマス利用を特色とした地域づくりに成功し，新たな雇用の創出や廃棄物処理コストの低減を実現している市町村の事例も存在するなど，適切な手法でバイオマスの活用を行うことによって地域の活性化が可能となることを実証したことも総合戦略の成果として評価できる。

　一方で，バイオマス・ニッポン総合戦略においては，

- 未利用バイオマスを炭素量換算で 25% 以上活用するという目標に対して，現在，利用率は 17% にとどまっている
- バイオマスタウン構想を策定したものの，取組が全く進捗していない地域や，バイオマスタウン構想に位置づけたバイオマスの利用率や経済性の面での目標を十分に達成できていない地域が存在する

等，解決すべき課題が未だ存在している。これらは，

- 未利用バイオマスの効率的な収集システムの確立など，バイオマスの利用に関する様々な技術を組み合わせて，バイオマスを効率的に利用するための技術体系を確立することが出来なかったこと
- バイオマスタウンについては，地域の主体性を重視してきたことから，従来，国はバイオマスタウン構想の策定状況（策定数）を把握するにとどまっており，バイオマスタウン構想に基づく各地域の取組を統一的な基準によって評価し，構想の見直しや地域における事業の改善を

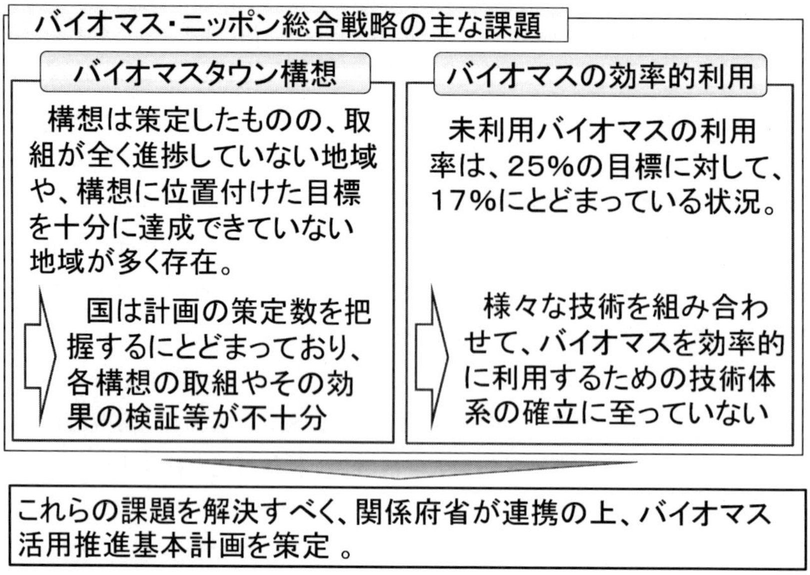

バイオマス・ニッポン総合戦略の主な課題

バイオマスタウン構想

構想は策定したものの、取組が全く進捗していない地域や、構想に位置付けた目標を十分に達成できていない地域が多く存在。

国は計画の策定数を把握するにとどまっており、各構想の取組やその効果の検証等が不十分

バイオマスの効率的利用

未利用バイオマスの利用率は、25％の目標に対して、17％にとどまっている状況。

様々な技術を組み合わせて、バイオマスを効率的に利用するための技術体系の確立に至っていない

これらの課題を解決すべく、関係府省が連携の上、バイオマス活用推進基本計画を策定 。

図1 バイオマス・ニッポン総合戦略の主な課題

図るための具体的な枠組みが構築されていなかったこと等が原因として考えられる（図1）。

基本計画は，バイオマス・ニッポン総合戦略におけるこれらの課題を解消し，関係省庁が連携してバイオマスの活用の推進を図るべく，今後取り組むべきバイオマス関連施策の基本的な方向性を明らかにするため，策定されたものである。

1.4 バイオマスの活用の推進に関する施策についての基本的な方針

基本計画においては，バイオマスの活用の推進に当たって踏まえるべき基本的視点として，「地球温暖化の防止」，「循環型社会の形成」，「産業の発展及び国際競争力の強化」，「農山漁村の活性化等」，「地域の主体的な取組の促進」などの11の視点を示している。以下，これらの視点のうち，特に藻類と関心が深いと思われる事項について，その内容を述べる。

1.4.1 バイオマスの種類ごとの特性に応じた最大限の利用

バイオマスを資源として最大限に利用するためには，バイオマスを単に燃焼させるのではなく，経済性やLCAを考慮した温室効果ガスの削減効果等を考慮しつつ，製品として価値の高い順に可能な限り繰り返し利用し，最終的には燃焼させエネルギー利用するといったカスケード（多段階）的な利用を行うことが重要である。このことを踏まえ，基本計画においては，バイオマスの各段階における利用技術をシステムとして体系化すること等により，バイオマスを種類ごとの特性に応じて最大限活用する利用体系の確立を推進することとしている。

この点について，藻類についても，油分等の有用物質を抽出・回収した後の残渣について，飼料や肥料として利用したり，メタン発酵によってガスを回収するなどのカスケード利用を行う活

用体系の確立は重要であると思われる。

1.4.2　食料・木材の安定供給の確保

　2007年後半から2008年にかけての主要穀物の国際価格の急激な上昇は，国際穀物市場における投機資金の流入等に加えて，バイオ燃料用穀物の需要増大によるものではないかとの指摘がある。また，木質バイオマスのエネルギー利用への傾注により，既存の製紙や木質ボードなどのマテリアル利用向けの供給に支障を及ぼすことも懸念される。バイオ燃料の生産のために無秩序に農林水産物を利用することは，人類の生命維持に不可欠な食料や，国民生活に必要な紙・木材製品向けの農林水産物の供給量を相対的に減少させ，国際的な需給のひっ迫と，食料価格の高騰や木材価格の不安定化を招くおそれがある。このため，基本計画においては，バイオマスの活用に当たっては，食料供給と両立できる稲わらや木材等のセルロース系の原材料を用いてバイオエタノールを生産すること，木材のマテリアル利用向けの供給に影響を与えない原料調達方法を確立すること等，食料の安定供給及び既存の木材利用に影響を及ぼさないよう配慮しつつ，その活用を推進することとしている。

　食料の安定供給に影響を及ぼさない微細藻類や未利用の海藻等の藻類について，LCAでの温室効果ガス排出削減効果や安定供給，経済性の確保を前提として，この活用を推進することは有益であると考えられる。

1.4.3　環境の保全への配慮

　バイオマスは生物が生み出す持続的に再生可能な資源ではあるが，生態系のバランスが崩れるような過剰な生産及び利用が行われた場合，その持続性が損なわれるだけでなく，周辺の生物多様性その他の自然環境等に悪影響を及ぼすおそれがある。一方，人工林の間伐，里山林の管理，水辺における草刈り，二次草原における採草などによって生じるバイオマスの活用は，田園地域や里地里山固有の生態系の保全につながる。このことを踏まえ，基本計画においては，バイオマスの活用を推進するに当たっては，生活環境の保全，生物多様性の確保その他の環境の保全に配慮しつつ，その活用を推進することとしている。

　藻類のバイオマスとしての活用に当たっても，海域を含めた自然環境における生物多様性の確保，その他の環境の保全について，当然，配慮すべきである。

1.5　バイオマスの活用推進に関して国が達成すべき目標

　バイオマス活用の推進により，持続的な発展が可能な経済社会を実現していくためには，国や地方公共団体を含めた多くの関係者の理解の下，共通の目標を掲げ，その達成を目指して計画的に取り組むことが重要である。また，より効果的で実効性のある施策を展開していく上では，取組の成果や達成度を客観的な指標により把握できるようにしておくことが必要である。

　このため，基本計画においては，10年後の2020年を目標年として，達成すべき数値目標が設定された。なお，目標の設定に当たっては，国民一人ひとりがバイオマスの活用が進んだ理想の社会のイメージを共有し，バイオマスの活用を計画的かつ効果的に推進することができるよう，

将来的に実現すべきバイオマスの活用が進んだ社会の姿（2050 年を目途）を提示した上で，その将来像を実現するために必要な 2020 年の目標が設定された。

1.5.1　将来的に実現すべき社会の姿

基本計画において描かれた将来に実現すべきバイオマスの活用が進んだ社会の姿は，「環境負荷の少ない持続的な社会の実現」，「新たな産業創出と農林漁業・農山漁村の活性化」，「バイオマス利用を軸とした新しいライフスタイルの実現」，「国際的な連携の下でのバイオマス利用」の 4 つの将来像から構成されている。以下，それぞれの将来像の具体的なイメージについて記述する。

⑴　環境負荷の少ない持続的な社会の実現

セルロース系バイオマス等，食料の安定供給と両立できるバイオマスの利用技術の確立，また，バイオマスの種類に応じてマテリアル利用からエネルギー利用に至るまで，バイオマスを資源として最大限活用するためのカスケード利用体系の構築により，バイオマスを原料として，多様な燃料や有用物質を体系的に生産する「バイオマス・リファイナリー」が構築され，温室効果ガス抑制効果が高く，コスト的にも優れた様々なバイオマス由来の製品・燃料が供給される。さらに，石油化学製品や金属製品等からバイオマス製品への代替が進むとともに，地球温暖化の防止及びエネルギー供給源の多様化が図られる。このように，再生可能なバイオマス資源を最大限効率よく活用する社会システムが構築されることにより，持続的な社会が実現される。

⑵　新たな産業創出と農林漁業・農山漁村の活性化

上記のような社会の構築の過程で，バイオマスを原料としてエネルギーや製品を生産する新たなバイオマス産業が創出される。この際，先端技術の導入により，高い付加価値を持ち国際的な競争力のある製品がバイオマスを原料として製造されるようになり，我が国経済の発展に寄与する。さらに，意欲ある多様な農林漁業者を育成・確保する政策等の推進と相まって，原料となるバイオマスの供給が拡大されることにより，地域の農地や森林の有効活用が図られ，農林漁業が活性化される。また，小規模利用に対応した効率的なバイオマス利用技術が確立されること等により，地域で消費されるエネルギー等が地域のバイオマスを活用して供給されるなど，地域での資源循環システムが構築され，農山漁村地域の活性化が図られる。

⑶　バイオマス利用を軸にした新しいライフスタイルの実現

私たちの身近にあるバイオマスは，資源として活用できるものであるとの意識及び生活習慣が国民一人ひとりに定着し，廃棄物系バイオマスの発生抑制及び有効活用が進む。このような国民の意識の変化に伴い，再生可能な資源を活用した製品やエネルギーの選択的利用が進み，バイオマスを活用した産業の成長が加速される。

⑷　国際的な連携の下でのバイオマス活用

海外においてもバイオマスの活用が進展し，これに伴い，品質面での基準のみならず，製品の持続可能性等に着目した基準が国際的に合意され，我が国もこれらの基準作りに積極的に参加し，国際社会における持続可能なバイオマス利用システムの確立に貢献する。また，我が国と同

じアジアモンスーン気候に属する東アジアを中心として，我が国の優れた技術を活用すること等により，地域の社会的，自然的条件に応じたバイオマス活用システムの構築を支援する。このような取組を通じて，これらの地域との結びつきが強化され，バイオマスやその製品の安定的な交易関係が構築される。

1.5.2　2020年における目標

基本計画においては，上記のバイオマスの活用が進んだ将来像を実現する観点から，2020年において達成を図るべき数値目標が設定された。具体的には，

① 「環境負荷の少ない持続的社会」を実現する観点から，バイオマスの利用拡大に関する目標

② 「農林漁業・農山漁村の活性化」及び「バイオマス利用を軸にした新しいライフスタイル」を実現する観点から，市町村によるバイオマス活用推進計画の策定に関する目標

③ 「新たな産業創出」を実現する観点から，バイオマス新産業の規模に関する目標

が設定された。なお，「国際的な連携の下でのバイオマス活用」については，その性質上，数値目標は設定しないが，施策の着実な推進により，その実現を図ることとされた。

以下，「バイオマスの利用拡大に関する目標」，「市町村によるバイオマス活用推進計画の策定に関する目標」，「バイオマス新産業の規模に関する目標」の内容について，それぞれ，詳しく述べる。

⑴　バイオマスの利用拡大に関する目標

バイオマスの利用を拡大することにより，現在，化石資源を用いて製造されているエネルギーや製品をバイオマス由来のものへと代替していくことによって，「環境負荷の少ない持続的な社会」の実現を図るため，バイオマスの種類ごとに全国平均の利用率の目標を設定するとともに，資源作物の生産拡大に関する目標を設定し，これらの目標が達成されることを前提として，炭素量換算で年間約2,600万トンのバイオマスを利用することが目標として設定された。

① バイオマスの利用率目標

バイオマスは大きく分けて，廃棄物系バイオマスと未利用バイオマスの2つに分類される。基本計画においては，廃棄物系バイオマスである家畜排せつ物，下水汚泥，黒液，紙，食品廃棄物，製材工場等残材，建築発生木材，また，未利用バイオマスである農作物非食用部，林地残材について，それぞれの利用率目標を設定している。バイオマスの種類ごとの利用率目標は，表1に示すとおりである。また，図2は，これらのバイオマスについて，年間発生量と利用状況を棒グラフとして図示したものである。

なお，例えば，未利用の海藻等は「未利用バイオマス」に含まれうるが，利用率目標は設定されていない。これは，上記の利用率目標は，現時点で年間発生量及び利用率についての経年的な把握が可能なバイオマスについて設定したものであり，それ以外のバイオマスの利用率目標は設定されていないためである。従って当然ながら，この表に記載されていないことをもって，そのバイオマスの利用が促進されないというものではない。

② 資源作物の生産拡大目標

基本計画においては，廃棄物系バイオマス，未利用バイオマス以外に，資源作物についても目標を設定している。資源作物は，廃棄物系バイオマス，未利用バイオマスとは異なり，バイオマス利用そのものを目的として生産されるものであり，適切な生産が可能となれば，利用可能なバ

表1　バイオマスの種類ごとの利用率目標

バイオマスの種類	現在の年間発生量	現在の利用率	2020年の目標
家畜排せつ物	約8,800万トン	約90%	約90%
下水汚泥	約7,800万トン	約77%	約85%
黒液	約1,400万トン（※1）	約100%	約100%
紙	約2,700万トン	約80%	約85%
食品廃棄物	約1,900万トン	約27%	約40%
製材工場等残材	約340万トン（※1）	約95%	約95%
建設発生木材	約410万トン	約90%	約95%
農作物非食用部	約1,400万トン	約30%（すき込みを除く）	約45%
		約85%（すき込みを含む）	約90%
林地残材	約800万トン（※1）	ほとんど未利用	約30%以上（※2）

※1　黒液，製材工場等残材，林地残材については乾燥重量。他のバイオマスについては湿潤重量。

※2　数値は現時点の試算値であり，今後「森林・林業再生プラン」（2009年12月25日公表）に掲げる木材自給率50%達成に向けた具体的施策とともに検討し，今後策定する森林・林業基本計画に位置づける予定。

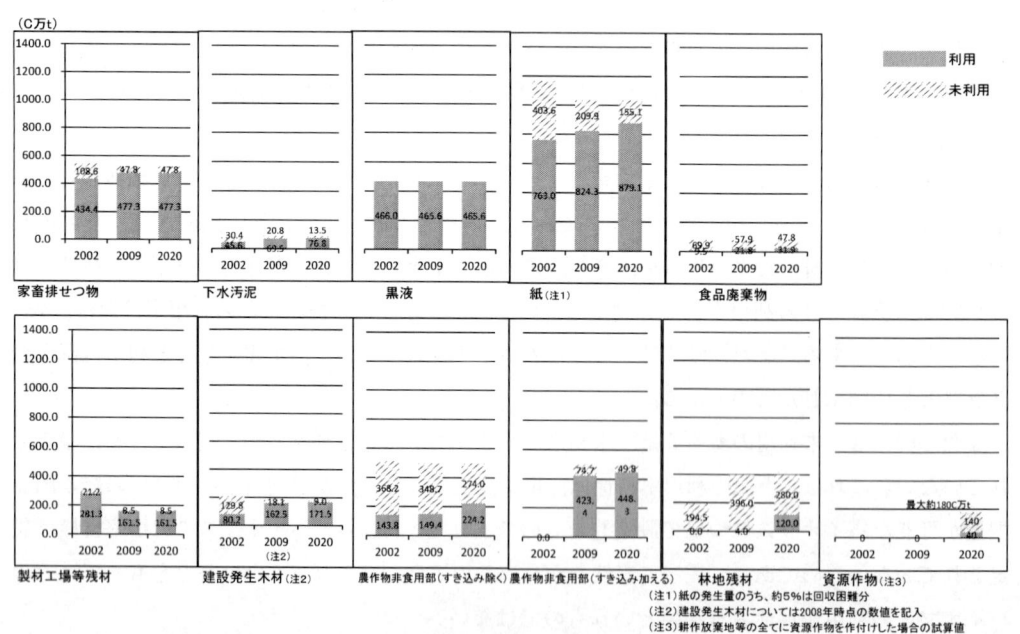

図2　主なバイオマスの発生量と利用状況（炭素換算ベース）

イオマスの量を飛躍的に拡大することが可能となる。例えば，エネルギー等を得ることを目的として増殖される微細藻類等も，資源作物に位置づけられる。

しかしながら，我が国においては，資源作物の効率的な生産技術の開発が進展していない等の理由により，エネルギー等を得ることを目的とした資源作物の栽培等は，現在，ほとんど行われていない。基本計画においては，今後，多収米や高バイオマス量さとうきび等，現行の技術体系で一定程度のバイオマス生産が可能な資源作物に加えて，生物多様性その他の自然環境等に配慮しつつ，耕作放棄地等において資源作物の粗放的な生産技術，微細藻類等の次世代バイオ燃料の技術の確立等を推進することにより，2020年に炭素量換算で約40万トンの資源作物が生産されることを目標として設定している。

⑵　市町村によるバイオマス活用推進計画の策定に関する目標

基本法においては，都道府県及び市町村は基本計画を勘案して，都道府県バイオマス活用推進計画又は市町村バイオマス活用推進計画を策定するよう努めなければならない旨が規定されている。

市町村バイオマス活用推進計画は，従来，総合戦略に基づいて策定が進められてきたバイオマスタウン構想に相当するものであり，各地域による創意工夫を活かしたバイオマス活用の主体的な取組を促進していくためには，引き続き，市町村による計画策定を拡大していくことが重要である。このことを踏まえ，基本計画においては，市町村バイオマス活用推進計画について，2020年に600市町村（全市町村数の3分の1に相当）において策定されることを目標としている。なお，既にバイオマスタウン構想を策定した市町村については，バイオマスタウン構想の進捗状況及び取組の効果等を踏まえつつ，必要に応じて，取組効果の客観的検証に関する事項を追加するなどの見直しを行った上で，市町村バイオマス活用推進計画へと移行するよう努めるものとされている。また，都道府県バイオマス活用推進計画については，全ての都道府県において策定されることを目標としている。

なお，市町村による計画策定を促進するに当たっては，総合戦略に基づきバイオマスタウン構想を策定した市町村の中には，構想に位置付けられた取組が必ずしも十分に進捗せず，構想を策定するだけにとどまった市町村が少なからず存在したこと等を踏まえ，基本計画においては，市町村バイオマス活用推進計画の進捗状況を把握するのみならず，市町村バイオマス活用推進計画が実効性のあるものとなるよう，取組効果の効果的な把握手法の開発，取組効果の客観的検証，課題を解決するための技術情報等の提供，地域の諸条件に適した技術の導入，地域住民や関係者の更なる理解醸成等を推進することとしている。

⑶　バイオマス新産業の規模に関する目標

農山漁村を中心に豊富に存在するバイオマスをエネルギーや製品として活用する環境調和型産業を育成することは，我が国の経済成長及び雇用機会の創出と世界のCO_2削減を両立させ，「環境・エネルギー大国」の実現に貢献するものである。「食料・農業・農村基本計画」（2010年3月30日閣議決定）においても，農林水産業・農山漁村に関連する資源を活用した産業を新たな成長

産業とすることにより，6兆円規模の新産業を農山漁村地域に創出することを目指すとされており，特に，「緑と水の環境技術革命」として，素材・エネルギー・医薬品等の分野で先端技術を活用した新産業の創出を図ることとされている。このことを踏まえ，基本計画においては，バイオマスを活用した新産業について，技術開発の進展によって，バイオマスに由来する新たな機能性素材やバイオ燃料等，バイオマスを活用した新たなエネルギーや製品の産業化が進展することを前提として，2020年に新たに約5,000億円の市場を創出することを目標として設定している。

1.6　バイオマスの活用の推進に関し，政府が総合的かつ計画的に講ずべき施策

　基本計画において，上記のバイオマスの活用の推進に関する目標を踏まえ，これを達成するために政府が総合的かつ効果的に講ずべきとされた主な施策について，以下に記載する。

1.6.1　バイオマスの活用に必要な基盤の整備

　バイオマスを持続的に活用していくためには，その生産，収集，流通，利用等の各段階が有機的に連携し，経済性が確保されたシステムを構築することが重要である。このようなシステムを確立するため，各段階に係る個別要素技術開発の一層の推進と併せて，バイオマス生産の基盤となる農林漁業生産基盤の整備，林地残材等の未利用バイオマスの高度利用を可能とする効率的かつ一体的な生産・流通・加工体制の構築等を推進する。特にバイオ燃料については，LCAでの温室効果ガス削減効果等の持続可能性基準を導入し，同基準を踏まえ，十分な温室効果ガス削減効果や安定供給，経済性の確保を前提に，国産バイオ燃料の本格的な生産に向けた取組を推進することとしている。具体的には，原料供給から製造，流通まで一体となった取組のほか，食料・飼料供給と両立できる稲わら等のソフトセルロース系原料の収集・運搬からバイオ燃料の製造・利用までの技術体系を確立する取組を推進する。

　また，地域においてバイオマスを効率的にエネルギー源や製品として利用する，地域分散型のバイオマス活用システムを構築するため，都道府県バイオマス活用推進計画や市町村バイオマス活用推進計画等に基づき，各地域のバイオマスの賦存状況，エネルギーや製品の需要等の自然的・経済的・社会的な諸条件に対応して，各地域に分散して配置される小規模かつ効率的な施設の整備等を推進する。その際，地域における農林漁業者等のバイオマス供給者，バイオマス製品を製造する事業者，地方公共団体等の関係者が適切な役割分担の下，密接に連携しつつ取組を推進する。なお，特に市町村バイオマス活用推進計画については，実効性ある地域のバイオマス活用システムの構築が実現されるよう，取組効果の客観的検証を踏まえつつ，その取組を推進する。また，市町村バイオマス活用推進計画の策定に当たっては，従来のバイオマスタウン構想等の地域におけるバイオマス活用の取組について，社会的，技術的，経済的な観点等から総合的な評価を実施し，その結果を地域の関係者で共有するとともに，市町村バイオマス活用推進計画の策定に役立てる。

1.6.2　バイオマス又はバイオマス製品等を供給する事業の創出等

⑴　農山漁村の 6 次産業化

　農山漁村に豊富に存在するバイオマスの活用は，地域の 1 次産業としての農林漁業とこれに関連する 2 次・3 次産業に係る事業を融合させることによって地域ビジネスの展開と新たな業態の創出を促す「農山漁村の 6 次産業化」の重要な取組の一つである。バイオマスをはじめとする農山漁村に由来する地域資源を最大限活用するため，農林漁業を軸とした地場産業を活性化するとともに，様々な資源活用の可能性を追求する。特に，「緑と水の環境技術革命」として，素材・エネルギー・医薬品等の分野で先端技術を活用した新産業の創出を図ることとし，このための戦略を策定するとともに，これに基づいて各種施策を展開する。

⑵　バイオマスを基軸とする新たな産業の振興

　農山漁村地域に豊富に存在する林地残材，稲わら，せん定枝等の未利用資源，食品残渣等の廃棄物といったバイオマスを活用して，エネルギーやプラスチック等の様々な製品を生産する地域拠点の整備を進め，そのためのビジネスモデルの構築を行うとともに，これらの取組に必要とされる技術の開発・実証等に取り組む。また，生産されたバイオマス製品を石油代替資源として積極的に地域で利活用する取組を推進する。具体的には，技術開発の進展等による経済性の向上の見通しを踏まえながら，エネルギー源や製品の原料となる資源作物等の耕作放棄地等における生産，バイオマスを原材料とする高付加価値な機能性素材の開発等を進める。

1.6.3　バイオマス製品等の利用の促進

⑴　バイオマスの種別特性に応じた高度利用の推進

　バイオマスはその種類ごとに性状，存在する場所，流通形態及び利用可能な用途等が異なっていることを踏まえ，それぞれの特性に応じて，バイオマスの高度利用を推進する。

⑵　再生可能エネルギー等としてのバイオマスの導入拡大

　エネルギーの安定的な供給の確保及び経済性に留意しつつ，我が国のエネルギー安全保障の強化等に資する再生可能エネルギーとして，バイオマスのエネルギー源としての利用を促進するため，再生可能エネルギー電源の利用を促進するための一定の方法による固定価格買取制度の構築，農山漁村においてスマートグリッド等の新たな技術の導入によりバイオマス等の再生可能エネルギーを地域単位で統合的に管理するシステムを構築し，再生可能エネルギーを高度に生産・利用する取組（スマートビレッジ）等を推進する。また，国自らの事務及び事業に関するバイオマス製品等の利用の推進，バイオマス製品等に関する知識の普及及び情報の提供，バイオマス製品等の品質及び安全性の確保に関する取組等を実施する。

1.6.4　その他

　上記の施策のほかバイオマスの活用の促進に関する人材の育成及び確保，国民の理解の増進等の施策を推進する。

1.7　バイオマスの活用技術の研究開発に関する事項

1.7.1　技術の研究開発の重要性とその推進に当たっての基本的事項

　バイオマスは持続的に再生可能な資源であり，「カーボンニュートラル」と呼ばれる優れた特性を有している。一方で，広く薄く存在し，その収集にコストを要する，化石資源と比較して一定の品質の原料を安定的に供給することが困難である等の課題を有していることから，安定的かつ効率的にバイオマスを利用していくためには，これらの課題を克服する新たな技術の開発や既存技術の改良を行っていくことが不可欠である。また，バイオマスを効率的かつ効果的に利用するためには，個々の技術開発のみならず，これらの技術を統合して，その収集・運搬から変換・加工，利用に至るまでを一つのシステムとして捉えて，事業的に成立しうる技術体系を構築することが重要である。特に，利用率の低いバイオマスについては，このような技術体系が構築されていないことが課題であり，LCA での温室効果ガス排出削減効果や安定供給，経済性の確保を前提に，技術体系を構築する上でボトルネックとなっている課題の解決に取り組んでいくことが必要である。なお，長期的な視点では革新的な新技術の開発を推進することが重要であるが，短期的には従来技術のシステム適合化やこれらを組み合わせた利用体系を構築することも重要である。バイオマス利用については，技術的にも社会的にも未成熟な部分があり，研究開発についても将来の不確実性が大きいものも少なくないが，基本計画においては，産官学が上記のような問題意識を共有しつつ，適切な役割分担の下，計画的に技術的課題の解決に取り組むとともに，社会基盤の整備を進めていくこととしている。

1.7.2　廃棄物系バイオマスの有効利用に関する技術開発の基本的な方向性

　廃棄物系バイオマスについては廃棄物処理費を付加して収集されるものもあるため，当該費用を利活用のために使用できること，事業系廃棄物については比較的まとまった量が特定の場所で発生するといった特徴があること等から，相当程度利用が進みつつあるものが存在する一方で，利用方法に更なる改善の余地があるものも存在する。このため，技術開発を推進し，変換コストの低減やカスケード利用の推進を図る。

1.7.3　未利用バイオマスの有効利用に関する技術開発の基本的な方向性

　農作物の非食用部，林地残材といった未利用バイオマスは，廃棄物系バイオマスと比較して広く薄く存在し，収集・運搬にコストを要すること等から，その利用が進んでいない状況にある。このため，基本計画においては，未利用バイオマスについて，効率的な変換技術の開発と併せて，効率的な収集・運搬・利用体系の確立を重点的に推進していくこととしている。

　未利用の海藻等，藻類については，農作物の非食用部や林地残材と比較して水分を多く含み，また，時化や潮流等の自然環境の影響によってその発生量が変動しうること等から，効率的な収集・運搬・利用体系の確立は特に重要な課題であると考えられる。

1.7.4　バイオマスの高度利用に向けて中期的に解決すべき技術的課題

　バイオマスの更なる有効活用を図るためには，革新的な技術の開発により高付加価値化や低コスト化に取り組むことが不可欠である。このことを踏まえ，基本計画において，特に以下の技術

については，バイオマスの活用を将来的に推進する際に重要な技術であることから，重点的に研究・技術開発を推進していくこととしている。

① バイオマスの効率的な収集・保管技術

農作物の非食用部や樹木のせん定枝等については，潜在的な利用可能量は大きいものの，農地や樹園地等に広く薄く存在している，発生時期が農産物の収穫期等の特定の時期に集中するといった問題があり，十分に活用されているとは言えない状況となっている。このため，農作業体系と一体となった収集システムの確立や，製品や燃料に加工しやすい形態で保管するための体系整備等，効率的な収集・保管技術の開発を推進する。

なお，効率的な収集・保管技術の開発は，先述したように未利用の海藻等の藻類にも共通する課題である。藻類についても，水分含量が農作物の非食用部等と比較して多いなどの藻類特有の要因を踏まえつつ，関連する技術の開発を推進する必要があると考える。

② セルロース系バイオマスの糖化・発酵技術

バイオ燃料の生産のために無秩序に農林水産物を利用することは，人類の生命維持に不可欠な食料向けの農林水産物の供給量を相対的に減少させ，食料需給のひっ迫や価格の高騰を招くおそれがあることを踏まえ，農作物の非食用部や草本系，木質系バイオマスといったセルロース系バイオマスの効率的な糖化技術，エタノール以外の様々な化成品原料を生産する発酵技術等の開発を推進する。

なお，海藻の主成分はセルロースではなく，アルギン酸などの難分解性多糖類であり，これをバイオ燃料等として活用していくためには，効率的な糖化技術等の開発が重要であると考えられる。

③ 次世代バイオ燃料の開発

廃食油等の油脂以外のバイオマス資源を原材料として用いることが可能で，優れた性質を有するBTL（Biomass to Liquid）等の次世代バイオ燃料の技術開発を推進する。

④ 熱化学的変換によるガス化技術及びガス利用技術

バイオマスを水素等を成分とする混合ガスに変換するガス化技術については，多様な燃料や有用物質を体系的に生産する「バイオマス・リファイナリー」構築に向けた鍵となる技術の一つとして，様々な方式が開発されている。今後，更なる効率化と安定的な運転の実現を図るため，反応時に発生するタールの効率的な処理技術等の開発を推進する。また，本技術により得られた混合ガスはコージェネレーションシステムによる発電・熱利用の他，触媒を用いてBTL，メタノール等の液体燃料，さらにはプロピレン等のマテリアルに変換することが可能であることから，混合ガスを原料とする製品や燃料の製造を行うに際しての反応条件の最適化や低コスト触媒の開発等を推進する。

⑤ バイオマスプラスチックの製造技術

プラスチックは石油資源の使用量の約2割を占めると言われており，これらと代替可能なバイオマスプラスチックの生産を実現することは，持続的な社会を構築する上で重要である。しかし

ながら，現在実用化されているバイオマスプラスチックについては，石油資源由来のプラスチックと比較してコスト面や物性面で劣るものも多いことから，バイオマスプラスチックの更なる普及に向けて，低コスト製造技術，耐熱性・耐久性を向上させる技術等の開発を推進する。

⑥　高付加価値製品の製造技術

　これまでほぼエネルギー利用しかされてこなかった木質バイオマスのリグニン成分等のより高度な活用が可能なものについて，カスケード利用体系の構築及び利用推進の観点から，炭素繊維や高機能樹脂等，多様な付加価値の高い製品を製造する技術の開発を推進する。

⑦　バイオマス変換時に発生する有害物質の除去技術

　バイオマスからエネルギーや製品を製造する場合，バイオマスに含まれる窒素，硫黄等が原因となって，有害物質が生成される可能性があることから，これらを安価で効率的に除去するための技術の開発を推進する。

1.7.5　低炭素社会の実現に向けて長期的に取り組むべき技術開発の方向性

①　バイオマス資源の創出

　将来的に我が国においてバイオマスを活用した低炭素社会を実現していくためには，現在存在している未利用バイオマス及び廃棄物系バイオマスを最大限活用することに加えて，我が国の国土条件に適応した新たなバイオマス資源を創出し，その利用体系を構築していくことが重要である。このため，バイオマスの生産効率の優れた微細藻類やイネ科多年生植物等，将来的な利用が期待される新たなバイオマス資源について，育種技術，培養・栽培技術，有用成分の抽出・変換技術等の開発を推進していく。また，その際，必要に応じて，植物の持つ環境浄化機能に着目し，植物を活用した有害物質の除去（ファイトレメディエーション）とバイオマス生産を同時に行う技術等の開発を推進する。

②　バイオマス・リファイナリーの構築

　化石資源依存から脱却し，持続可能な社会を構築するためには，現在の「オイル・リファイナリー」に代わり，バイオマス全体を余すところなく物質やエネルギーとして利用する「バイオマス・リファイナリー」を構築することが必須となる。このため，「バイオマス・リファイナリー」の構築が相当程度進んでいる製紙産業等における取組を参考にしつつ，バイオマスを汎用性のある化学物質に分解・変換する技術の開発を進めるとともに，バイオマス製品等の用途に応じてこれらの物質から高分子等を再合成する技術の開発を体系的に推進する。

1.8　まとめ

　バイオマスを持続的に活用していくためには，その生産，収集，変換及び利用の各段階が有機的につながり，全体として経済性のある循環システムを構築することが重要である。未利用の海藻や微細藻類などの藻類についても，経済性や LCA を考慮した温室効果ガスの削減効果，生物多様性の確保等に配慮しつつ，カスケード利用の推進，効率的な収集・運搬・利用体系の確立等を図っていくことが重要であると考える。

　バイオマスの活用を推進していくためには，農林漁業者，バイオマス製品等の製造業者，地方公共団体等の多様な関係者が適切な役割分担の下，従来以上に密接に連携していくことが必要である。バイオマスの活用による，地球温暖化の防止や循環型社会の形成への貢献，新たな産業の発展，農山漁村の活性化等を実現するため，今後とも，関係者のご理解とご協力をお願いしたい。

注 1)　本節のうち意見に関する部分は筆者の個人的な見解であり，筆者の所属機関の見解を示すものではない。
注 2)　バイオマス活用推進会議の事務局である農林水産省については副大臣。
注 3)　4回開催された分科会を含む。

2 アポロ&ポセイドン構想2025の現状と課題

香取義重*

2.1 はじめに

　産業革命以降，人類は化石燃料を大量消費してきた。「2004年ピークオイル説」や新興国における石油消費量の急激な増加が相まって石油価格が高騰している。また，チュニジアに端を発したイスラム諸国の民主化運動が，わが国の石油輸入量の86％を依存している中東産油国にも飛び火する可能性が高まり，石油資源の安定供給に係る混迷の度合いが高まっている。

　ところで，米国のアポロ計画の本質は，1960年代初頭に，大陸間弾道弾（ICBM）の技術開発競争でソ連に先を越されてしまったことに危機感を抱いた米国のケネディ政権が，国家の威信をかけて国家戦略を発動したものである。

　一部に，『月着陸の映像は，ハリウッドで撮影されたものである。』との批判があった。しかし，ケネディ政権にとって，自由主義社会を共産主義の脅威から守ることができれば，そのような一般大衆の批判はどうでも良いことであった。

　一方，「アポロ&ポセイドン構想2025」は，石油資源の枯渇に伴う価格高騰への漠たる不安を抱いている日本の将来に対して，国土面積は狭隘ではあるが世界第六位の排他的経済水域（EEZ）とそこに燦々と降り注ぐ太陽エネルギーを有効に活用する技術開発をして実用化すれば，日本国民の漠たる将来への不安を克服できることを示したものである。

　「アポロ&ポセイドン構想2025」も安倍政権が提唱した「イノベーション25」に提案した。しかし，その後の短命を繰り返す政権に長期的国家戦略の発動を期待すべくもない。

　とはいうものの，「海洋バイオマス・フォーラム」のメンバー（企業等の組織）やアドバイザー（学識経験者等の個人）の輪が拡大している。それらの賛同者の人々の協力を得て，本構想の実現に向かって着々と前進している。本構想全体の実現時期は2025年頃を目指しているが，中核的要素技術の確立を目指して，技術実証実験に着手する準備を進めているところである。

　米アポロ計画でも，中核的要素技術の技術開発を行うために，ジェミニ計画やマーキュリー計画を実施した。その例に倣って，優先的に進めるべき中核的技術を絞り込んで，技術実証実験を実施することを計画している。ただし，その規模が大きいために，技術実証実験とは言うものの，それ自体が一つの社会技術システムを構築することになる。

　そこで，本節では，本構想の思考過程の現状とその技術実証実験計画を進める上での課題を記すことにする。

＊　Yoshishige Katori　㈱三菱総合研究所　科学技術部門統括室　コンセプト・プロデューサー

2.2　アポロ&ポセイドン構想 2025

2.2.1　アポロ&ポセイドン構想 2025 とは

(1)　発想の原点

2002 年頃，1998 年来続いてきた宇宙太陽発電衛星システム（SSPS）の構想づくりが佳境に入っていた。本構想は，地球から 36,000km の制止軌道上に 1GW 級（原子力発電所 1 基分に相当）の太陽光発電システムを構築して，2.45GHz のマイクロ波ビームで昼夜 24 時間地上にエネルギー伝送しようとするものである。

地上には，直径 10km のレクテナ（受電設備）を設置する必要がある。そこで，発電以外のアプリケーションとして，レクテナの代わりに洋上に大規模な藻場を造成することを考えた。そして，海藻にマイクロ波を日夜照射すれば，海藻の生産力を 2 倍に向上させることができる計算である。

これが，図 1 に示すように，「アポロ&ポセイドン構想 2025」の発想の原点である。マイクロ波の海洋産業利用としては，海藻の生育状況を X バンド合成開口レーダー（SAR）を用いて観測することも考えられる。光学センサーと比較すると，X バンド SAR は，自ら発射するマイクロ波の反射波を合成開口アンテナで受信して画像をアクティブに再生するので，周回軌道からでも昼夜や天候に関係なく海藻の生育状況を観測することができるメリットがある。

(2)　構想の概要

わが国政府の「バイオマス・ニッポン総合戦略推進会議」は 2007 年 2 月に，「国産バイオ燃料の大幅な生産拡大」を策定し，2030 年頃までにバイオ燃料生産を 600 万キロリットル/年まで増やす構想をまとめた。だが，同じころ㈶日本エネルギー経済研究所から「日本国内の既存のバイ

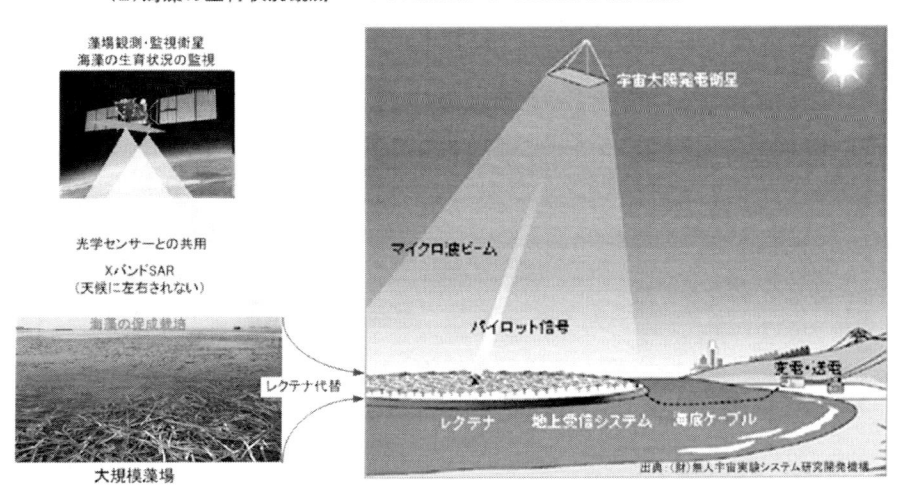

図 1　「アポロ&ポセイドン構想」の発想の原点

オマスだけでは, 100万キロリットル/年が限界である」という報告書が発表された。政府は木材や稲わらなども使うとした。しかし, こうした繊維系の原料からバイオエタノールを製造する技術は, コスト面などの課題が未解決である, というのが後者の算出根拠であった。

それらの論争をしり目に, 「アポロ＆ポセイドン構想2025」では, 世界第六位の排他的経済水域（EEZ）を有効活用し, 1万km^2（＝100km×100km）の大規模な浮体式藻場を造成して, 6,500万dry-t/年のホンダワラから2,000万キロリットル/年のバイオ燃料を生産することを, 2007年3月に神戸で開催された世界海藻学会の場で発表した。

図2に示すように, 浮体式藻場の造成場所は, 水深が300〜400mで3万km^{2}の面積を有する大和堆の1/3を利用することを想定した。日本海の温度躍層は夏から冬にかけて水深15〜100mの範囲で季節変動している。そこで, 春から夏にかけて栄養塩不足に陥る可能性のある海表面の大規模藻場に対して, 温度躍層下の栄養塩を汲み上げて海藻に散布する方法についても考慮している。

海藻は含水率が90％程度であるので, 廃棄する海水を長距離運搬することは好ましくない。そこで, 浮体式藻場近傍に複数の大型海洋バイオ燃料プラント船を配置することを計画した次第である。そこで生産したバイオ燃料は, タンカーで陸域に運搬する計画である。

⑶ コンセプト・ベースド・アプローチへの転換

日本の研究開発は, 明治時代以降, 欧米からコンセプトや技術を導入して, その性能を改善する歴史が連綿と続いてきた。しかし, 国際技術開発競争でフロントランナーに立った現在, 自らコンセプトを創出することが求められている。

思考法も従来のフォアキャスティング型テクノロジー・ベースド・アプローチからバックキャ

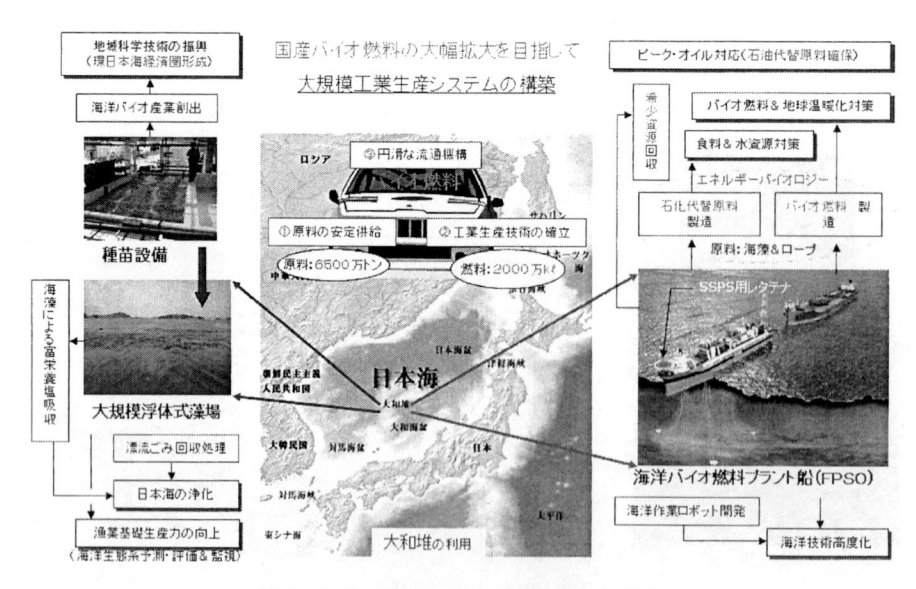

図2 アポロ＆ポセイドン構想2025の構成

スティング型コンセプト・ベースド・アプローチに転換する必要がある。前者では，往々にして要素技術を寄せ集めてピラミッド（コンセプト）を作ろうとする。しかし，後者では，ピラミッドの形と構造を設計してから，必要な要素技術を集めることになる。要素技術有りきではなく，このようなアプローチを採用して技術革新をすることで，ノンリニア・イノベーションを生起させることができる（図3）。

　本構想を実現するには，電磁気学，熱力学，化学工学，生命科学，海洋工学など多岐にわたる分野の英知を結集する必要がある。そこで，これらの異分野の専門家がコラボレーション（協業）する場が必要になる。我々の場合は，「海洋バイオマス・フォーラム」がその場を提供している。

　具体的には，まず，コンセプトをトータルシステム展開する。それを複数のサブシステムに分解して，その機能を明確にするとともに，各サブシステム間の入出力関係を明らかにする。次に，その機能を実現できる構成技術を体系的に探索する。構成技術の探索にあたっては，個別技術に拘泥することなく，その技術の寄って立つ基本原理を重視して，最適な要素技術の組み合わせを確認する目的で基礎実験を実施することになる。

⑷　アポロ＆ポセイドン構想 2025 の実現に向けて

　経済性を持って本構想を実現するには，以下に示す4つの技術を確立する必要がある。

　①大規模藻場造成技術，②海藻のバイオエネルギー変換技術，③中間生成物の高付加価値化技術，④バイオ燃料利用技術。

　①については，「磯焼け現象」が進行するわが国の沿岸域の実状を鑑るに，既存の藻場から海

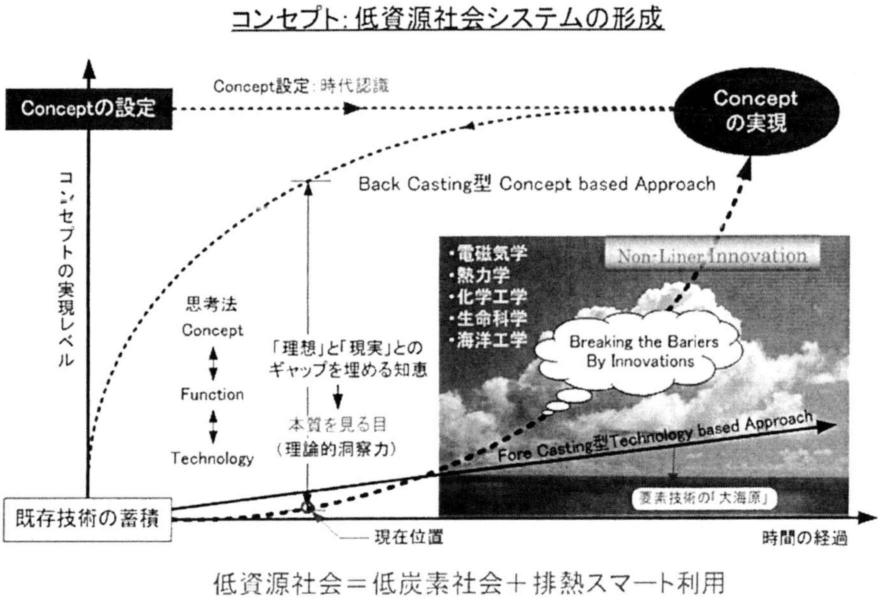

コンセプト: 低資源社会システムの形成

低資源社会＝低炭素社会＋排熱スマート利用

図3　ノンリニア・イノベーションの生起方法

洋資源作物として大量の海藻を収穫することは許されないことである。磯焼け対策として藻場を再生するだけでは，事態は変わらない。沿岸域の既存の藻場を増殖するか，沖合に人工の藻場を造成する必要がある。

　②については，大型海藻に限らず高含水率のバイオマスをエネルギー変換する技術を確立する問題に帰着することができる。例えば，陸域のバイオマスでも，林地残材は含水率が50～55％と非常に高いため，既存のバイオエネルギー変換技術では燃料効率が悪いという問題がある。賦存量が多いにもかかわらず，ごく一部（約1％）が製紙原料等に利用されている以外は殆ど利用されていないのが現状である。

　③については，バイオマスからバイオ燃料だけを製造しているだけでは，採算が取れないことが明らかになってきた。石油精製・化学工業（オイル・リファイナリー）と同様に，経済性を確保するにはエネルギーとしてもマテリアルとしても利活用が可能なバイオマスの特性を活かして「バイオマス・リファイナリー」を構築する必要がある。つまり，大型海藻の幅広い用途への利活用を実現するためには，大型海藻から得られる燃料や物質の多様化や高付加価値化について取り組むことが求められている。また，大型海藻が有する金属元素濃縮能を活用して，海水中に溶存している各種の金属元素を回収する技術を確立することも重要である。

　④については，バイオ燃料の多様化に備えて，ガソリンや軽油に数％混合して使用するバイオエタノールやバイオディーゼルの利用技術だけではなく，凝縮性ガスであるバイオオイルや液化ガスであるバイオDME（ジメチルエーテル）の利用技術についても技術開発を進める必要がある。なお，DMEは液化ガスであること，改質が容易であることなどから，近い将来SOFC（固体酸化物型燃料電池）が実用化すれば，オンボード改質器を付加することで，燃料電池用水素キャリアとしての用途も期待される。

　この4つの技術を同時に技術開発することは，現在の内向き思考の環境の中で資金調達面でも困難が伴う。特に，②の技術が確立していない段階で，①の技術開発を先行させることは困難である。そこで，順番として②～④の技術開発を進めて，優先的に②の技術確立を図ることを計画している。原料に関しては，当面は，含水率の高い四季折々の未利用なバイオマスを90％程度と，10％程度の大型海藻を混合して使用する計画である。大型海藻の利用率を下げれば，沿岸域で大型海藻を増養殖することで必要量を確保することができる。

　②の技術を確立すれば，大型海藻のみならず，山間部に放置されている林地残材や含水率の高い四季折々の未利用な農業残渣も有効に利活用することができるようになるので，農林漁業の未利用資源を活用した農山漁村の活性化に貢献することができるものと考えられる。

2.2.2　研究開発のあゆみ

(1)　研究開発のフェーズ

　2003年正月，家内の親父さん（元千葉県水産試験場場長）に「植物プランクトンの大量発生に伴う赤潮を集めて石油代替燃料を生産する」アイデアを話したら，鼻でせせら笑われてしまった。その後，書店で「海藻利用への基礎研究—その課題と展望—（成山堂書店）」を手に取る機

表 1　研究開発のあゆみ

期	期間（年度）	特　徴〈名称〉
第一期	2003〜2005 （H15〜17）	〈新生アポロ＆ポセイドン構想〉三陸沖に回遊 ・構想づくりフェーズ ・部分燃焼方式―メタノール製造 ・H16〜17 年度　㈳研究産業協会にて調査研究を実施
第二期	2006〜2008 （H18〜20）	〈アポロ＆ポセイドン構想 2025〉日本海の大和堆 ・概念設計フェーズ ・糖化発酵方式―バイオエタノール製造 ・海洋バイオマス・フォーラム結成 ・2007 年 3 月 27 日　国際海藻学会にて公表 ・「電磁水熱反応法」の基礎実験
第三期	2009〜 （H21〜）	〈アポロ＆ポセイドン構想 2025〉 ・基本計画フェーズ ・「人造光合成」の基礎実験 ・ガス化合成方式―バイオ DME & EtOH 製造 ・マイクロ波加熱方式の採用 ・実証実験フェーズ：Smart Collar Community Program 　　　　　　　　若狭湾等の沿岸域の利用

会に恵まれた。その編著者である東京水産大学（現 東京海洋大学）の能登谷先生に電話をかけると，快く会っていただけることになった。2003 年 8 月 4 日の夏の暑い日に，大学の研究室に能登谷先生を訪問したのが本プロジェクトの始まりである。

　「アポロ＆ポセイドン構想」は，表 1 に示すように，3 つのフェーズに大別することができる。第一期では，「新生アポロ＆ポセイドン構想」と称したが，第二期からは「アポロ＆ポセイドン構想 2025」と改名して今日に至っている。一部の人々の間には，多額の国家予算が投入されて実施しているとの誤解がある[1]ようであるが，平成 16〜17 年度の㈳研究産業協会における細やかな調査研究[2,3]費用以外は，今日まで賛同者の皆さんのボランティア活動によって支えられているのが実態である。

① 　第一期（2003〜2005 年度）

　原料とする大型海藻は，能登谷先生の助言によって「ホンダワラ科」に決まった。ホンダワラ科は生産力が高いこと，成長すると気泡を持ち流れ藻となる等の特徴を有している。

　最初は，三陸沖の黒潮と親潮が交わって大きな渦を形成する場所を大型海藻の藻場造成場所に選択することを計画した。バイオ燃料化技術は，海藻を部分燃焼してメタノールを製造することを選定した。その当時，中部電力の川越発電所ではダムに流入する流木を集めて原料にし，部分燃焼方式によるメタノール製造技術の実証実験を行っていた。

　㈱海洋研究開発機構・地球環境フロンティア研究センターの宮澤主任研究員に，三陸沖から根室沖にかけて形成される大規模な渦場内部に流れ藻として回流している期間を，「地球シミュレーター」を用いて海洋シミュレートすることを依頼した。その結果によると，流れ藻場は 4 か月程度はその大規模な渦場内に滞留していることが分かった。

海藻バイオ燃料

　本構想を初めて外部で関係者以外に発表したのは，2004年12月18日（土）に㈳日本航空宇宙学会宇宙ミッション研究会が東京大学で開催した第2回宇宙ミッション・シンポジウム～空と海からの宇宙利用～における招待講演であった。

② 第二期（2006～2008年度）

　この期に入って，調査研究活動を推進する目的で，「海洋バイオマス・フォーラム」を結成し今日に至っている。会員は，メンバー（企業等の組織）およびアドバイザー（学識経験者等の個人）から構成される。時たま，新聞などのマスコミに一部の会員の名前が公表されることもあるが，全容は原則として非公開にしている。

　2006年9月に安倍内閣が発足した。安倍政権（当時）の所信表明演説に盛り込まれた公約の1つとして「イノベーション25」があった。これは，当時の研究開発政策の主流であった「フォーカス21」のような短期的（3～5年以内）に成果を求める科学技術政策に対して，2025年までを視野に入れた成長に貢献するイノベーションの創造のための長期的戦略指針の策定を政府として重点的に進めることを示したものである。

　内閣府に「イノベーション25特命室」が設置され，ホームページ上で「イノベーションでつくる2025年の社会」について，2006年12月末までの期限付きで意見募集があった。そこへ我々の構想を，「アポロ＆ポセイドン構想2025」として提案した。

　また，2007年3月27～30日に神戸で開催された第19回国際海藻学会において，能登谷先生に「The Apollo & Poseidon Initiative 2025」として発表していただいた。

　含水率の高い大型海藻を部分燃焼方式を用いてバイオ燃料化することはエネルギー収支が合わないので，バイオ燃料製造技術の見直しを行った。京都府立海洋センターからホンダワラを50kg送ってもらい，「電磁水熱反応法」を用いて，それを前処理・糖化するとともに，酵母によって発酵させてバイオエタノールを生成させる基礎実験を実施した。ホンダワラにもセルロースが含まれるので，原理的には過熱水蒸気によって加水分解して単糖化し，それを発酵させることでバイオエタノールを生成することが可能である。しかし，単糖が過分解されて発酵阻害物質が生成されることを抑制するために，過熱水蒸気の温度設定及び加熱時間の調整を行ったり，その主成分であるアルギン酸を過熱水蒸気によって加水分解することでウロン酸（マンヌロン酸およびグルロン酸）を生成できるが，その不安定なウロン酸を酵母によって発酵させることが課題として残された。

　2007年5月に㈶東京水産振興会から発表された「オーシャン・サンライズ計画」では，「RITEバイオプロセスに用いる微生物株に，遺伝子工学的改良によりアルギン酸の利用能と耐塩性を付与する方法が実現性が高いと考えられる。」としている。また，我々は，京都大学大学院の坂教授がNEDOに提案した「加圧熱水・酢酸発酵・水素化分解法によるリグノセルロースからエコエタノール生産」法[4,5]からヒントを得て，図4に示すように，まずアルギン酸を過熱水蒸気で加水分解した後のウロン酸を，エステル化と水素化分解し，それを，さらに発酵させて，エステル化と水素化分解を繰り返すことによって，バイオエタノールを生成することを考案した。そのこ

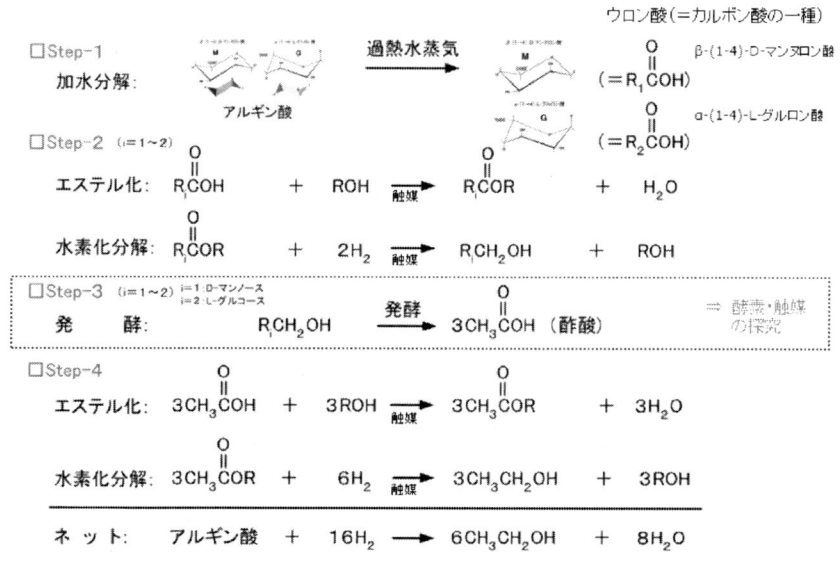

図 4　アルギン酸からバイオエタノールを製造する新手法

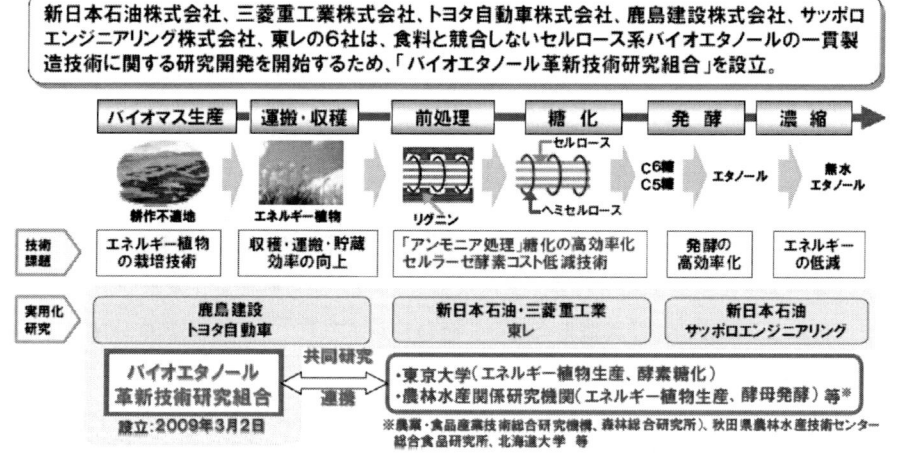

図 5　バイオエタノール革新技術研究組合の体制と役割

とを，トタール（フランスのオイル・メジャー）の技術者に自慢げに話すと，『フランスでは，手間と時間をかければ価値が上がるブランデーは造るが，どうして日本人は単に燃やすだけのバイオ燃料製造にそんなに手間暇をかけるのか？』と，シビアなアドバイスを受けた。このアドバイスは，以後の研究開発の方向性を試行錯誤する際に大変役立っている。

「海藻化学工業」のコンセプトを打ち出すとともに，アルギン酸の高付加価値化の検討に取り組んだのもこのころである。アルギン酸の高付加価値化や，褐藻類は金属元素濃縮能を有することなどの研究成果が，2008 年 2 月 19 日（火）の日刊工業新聞に掲載された。『資源大国 ニッポン 2025 年に』，『海藻からバイオ燃料 三菱総研が構想 希少金属も回収』という見出しである。

　ただし，高付加価値化するための設備投資に新たな建設資金が必要になることに留意する必要がある。

③　第3期（2009年度〜）

　当時は，国を挙げて酵素糖化発酵法の全盛期であった。2009年3月2日に，図5に示すように，わが国を代表する民間大手企業6社によって，「バイオエタノール革新技術研究組合」が設立され，産学官連携の"オールJapan"体制で，バイオ燃料の国際競争に打ち勝つことを目標に掲げて技術開発を開始した時期でもある。2009年4月にはNEDOから当該組合が，5年間の期限付きで，「セルロース系エタノール革新的生産システム開発事業」を受託した。現在も40人余りの技術者が技術開発に従事しているようである。

　酵素糖化発酵法は基質特異性が高い，高含水性原料のバイオ燃料化には適さない等の欠点を有している。そこで，国土面積の広いブラジルや米国の技術開発動向ではなく，森林大国であるカナダや比較的国土面積の狭い欧州の技術動向を調査した。その結果，木質バイオマスのバイオ燃料化のためにガス化合成方式の技術開発が進展し商用システムの建設が進んでいることが分かった。

　しかし，バイオマスのガス化合成方式にも欠点がある。その課題は，酵素糖化発酵法と比較して収率が悪いことである。その根本原因は，バイオマスをガス化して合成ガス（CO，H_2）を生成する際に，H_2の生成比率が低下することにある。そこで，過熱水蒸気を触媒に作用させて低下するH_2を生成して補充する技術を探索した。そこで使用するエネルギーは，排熱を回収して利用することを考えた。

　この技術を確立できれば，バイオマスのガス化によって発生するCOやCO_2をメタンガス（CH_4）に変換することができるので，ガス化合成方式の収率を大幅に改善することができる。この方法は，排熱エネルギーを利用して，過熱水蒸気とCO_2から直接炭化水素であるCH_4を生成するので，我々はその技術を「人造光合成」と命名した。そして，過熱水蒸気分解触媒を探索する目的で基礎実験に取り組んだ。

　2010年7月24日（土）に京都大学で，米IEEE MTT—S Kansai Chapterが新戦略領域シリーズ＜第1回＞マイクロ波マテリアルサイエンスワークショップを開催した。そこでの招待講演の準備を進める中で，バイオマスの「マイクロ波加熱方式」に出会えたことは，ガス化合成法の課題を克服する上で大変幸運であった。

　マイクロ波を用いた我々の研究開発の概要を，2.3項で述べることにする。

⑵　**海洋バイオマス・シンポジウムの実施**

　表2に示すように，それまでの研究成果を発表するとともに，幅広い分野の英知を結集する目的で海洋バイオマス・シンポジウムを継続的に開催してきた。様々な異分野の方々と交流することができ，講師の方々にも最新の話題を提供していただいたおかげで，以後の調査研究を進めていく上で大変参考になっている。

表 2　海洋バイオマス・シンポジウムの開催状況

回	開催日	講演題目および講演者
第 1 回	2005/02/14	1. 新生アポロ＆ポセイドン構想　　　　三菱総合研究所　参与　香取義重 2. 海藻，藻場機能と海洋の利用　　　　東京海洋大学　教授　能登谷正浩 3. バイオマスからの熱化学的液体燃料製造技術の開発 　　　　　　　　　　　　　　　　長崎総合科学大学　教授　坂井正康 4. 海洋予測変動システムの海洋産業利用　　東京大学　教授　山形俊男
第 2 回	2007/06/28	1. 国産バイオ燃料の大規模生産拡大 　　　　　　　　　　　　　　農林水産省環境政策課　課長　末松広行 2. 海洋基本法・海洋基本計画への期待　　東京大学　教授　湯原哲夫 3. 第 19 回国際海藻シンポジウム報告と海洋環境と資源保全のための海洋バ イオマス資源の生産　　　　　　東京海洋大学　教授　能登谷正浩 4. アポロ＆ポセイドン構想 2025―味噌・醤油工業から海藻化学工業へのイ ノベーション― 5. 日本海の海洋予報　　　　　　　　　　東京大学　教授　山形俊男
第 3 回	2008/03/12	1. 最近のちきゅう南極海環境生態系の動向 　　　　水産総合研究センター　遠洋水産研究所　研究室長　永延幹男 2. 地球シミュレータの産業利用―グローバル〜ナノ― 　　　　　　海洋研究開発機構　産業利用推進グループリーダー　新宮哲 3. ホンダワラ科海藻の増養殖技術の開発 　　　　　　　　　　京都府海洋センター　主任研究員　竹野功璽 4. アポロ＆ポセイドン構想 2025―海藻のバイオ燃料技術の研究開発― 5. 海洋生態系と海洋炭素循環 　　　　　　地球環境フロンティア研究センター　主任研究員　宮澤泰正
第 4 回	2010/09/29	1. 製鉄会社の海の森づくり 　　　　　　　　　新日本製鉄　技術開発本部　主幹研究員　堤直人 2. アポロ＆ポセイドン構想 2025―メタンエネルギー社会の産業基盤技術と 電磁波及び大型海藻の役割― 3. 下水汚泥ガス化技術とその応用 　　　　　　タクマ　エンジニアリング統括本部　専任課長　斎賀亮宏 4. 天然ガス，バイオマスを利用した次世代クリーン燃料自動車 　　　　交通安全環境研究所　環境研究領域　副研究領域長　佐藤由雄

2.2.3　アポロ＆ポセイドン構想 2025 の関連プロジェクト

⑴　既往プロジェクト

　海洋バイオマスからのエネルギー生産システムの研究開発は，1973 年の第一次エネルギー危機（オイルショック）を契機に，石油代替エネルギーの一つとして米国（1973〜1982）及び日本において検討された。システムの概念設計がなされ技術的，経済的な可能性が検証された。また，小規模な実験を含めたトータルシステムのフィージビリティスタディが精力的に行われた。以下にその内の 1 つのプロジェクトの概要を紹介する[1]。

　以下に紹介するプロジェクトは日本小型自転車振興会からの補助事業として実施された調査研究であり，1978 年に㈳日本海洋開発産業協会に委員会が設けられて，検討された。日本における将来のエネルギー安定確保のためのエネルギー源多様化に資する技術開発という位置付けで

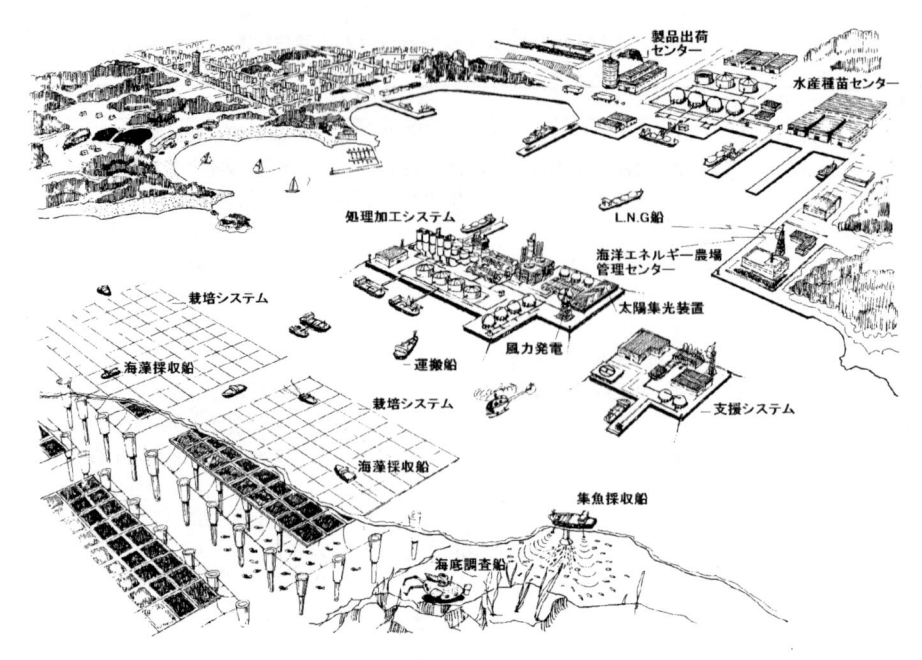

図6　海藻エネルギー回収システム概念図

調査されたものである。調査研究概要は以下の通りである。

a)　調査内容

　　①海洋バイオマスからのエネルギー生産に関する海外（主に米国）研究実施状況

　　②日本近海の大規模海洋使用のための基礎調査

　　③海洋エネルギー農場システムの基本構想

b)　システムの概念

　本システムは沿岸域でマコンブを栽培し，それを原料に副生品を回収するとともに残渣をメタン発酵しエネルギーを回収する。主にエネルギー農場の可能性に重点が置かれていた。図6に全体システムの概念図を示す。

c)　システムの物質収支とエネルギー収支

　概念設計の結果得られた物質・エネルギー収支は以下のとおりであり，189万トンの海藻から生産されるエネルギーの60%が自家消費分となり，生産できるエネルギーは40%である。

　　　①物質収支

　　　・原料　　海藻（マコンブ）　　　1.89×10^6 t／年

　　　・製品　　メタン　　　　　　　　2.2×10^5 t／年

　　　　　　　　アルギン酸　　　　　　4.0×10^3 t／年

　　　　　　　　KCl　　　　　　　　　 2.2×10^5 t／年

　　　　　　　　飼料，肥料　　　　　　3.5×10^5 t／年

　　　②エネルギー収支

　　　・必要エネルギー：17.4×10^{11} kcal／年

　　　・生産エネルギー：29.0×10^{11} kcal／年（メタン）

d)　海洋エネルギー農場の建設費及び運転経費（表3，4）

　建設費では栽培，収穫システムに全体の約50％が必要である。

e)　今後の課題

　経済性の検討でも明らかなように原料海藻の生産コストを下げることが大きな課題であり，そのための生産性向上，自家消費エネルギーの収支改善のための自然エネルギーの利用，そして，大規模栽培の環境影響評価手法等が課題となった。

　　①海藻の生産性に関する研究

　　②海域制御技術の開発

　　　湧昇装置の開発。栄養塩の高い吸収利用の機作。

　　③不稔性ジャイアント・ケルプの導入（生産性向上／環境影響）

　　④副生品の選択及びプロセス設計

　　⑤自然エネルギー利用の開発

　　⑥環境影響評価（生態系に与える影響）

(2)　最近のF/Sプロジェクト

①　財団法人 東京水産振興会[6,7]

　㈶東京水産振興会に設置された研究委員会（座長・酒匂敏次東海大名誉教授）は2007年5月9日，バイオエタノールを海藻から大量に生産する構想「オーシャン・サンライズ計画」を初めて公表した。本計画は，平成18〜19年度に「水産バイオマス経済水域総合利活用事業可能性の検

表3　建設費

システム	建設費（億円）	構成比
栽培	694	40
収穫	154	9
処理・加工	173	10
支援	695	41
計	1,716	100

表4　運転経費

システム	経費（億円）	構成比
栽培	36	14
収穫	33	12
処理・加工	25	9
支援	16	6
償却費	86	33
金利（8％）	68	26
計	264	100

討（財団法人東京水産振興会）に関する委員会」で検討された。日本の豊富な海洋空間（資源）を活用する，海洋資源及び環境開発プロジェクトの内容を発表したものである。

排他的経済水域（EEZ）と領海を合わせて面積で447万km^2，世界では第六位に位置するこの地の利を活かし，資源エネルギー問題や地球温暖化，産業創造や国土保全に寄与していこうとする計画である。年間1.5億トンの海藻（ホンダワラ科のアカモク）を養殖して約400万トンのバイオエタノールを生産する計画である。

本調査研究では，RITE菌を遺伝子組み換えしたアルギン酸の酵素糖化方法（図7）を提案した上で，具体的な数値を引用しながらコスト試算を行っている。

② 社団法人 日本土木工業協会[8]

㈳日本土木工業協会では，協会内に「海洋基本計画推進専門委員会」を設置して，2008～2009年度の2年間にわたり，マリンバイオマス（海藻）からエネルギーを取り出すシステムを対象として，国内外の構想や研究動向を調査した。

その結果，『EEZなど大水深での栽培施設の建設に関しては，建設業の貢献が期待できるが，経済性の高い燃料生成技術が要求され，メタンガス発酵の高速化，アルギン酸糖化・発酵の効率化などが課題である。燃料生産を主目的とした場合，経済収支とエネルギー収支は両立しにくい』という報告書を作成している。

(3) 水性バイオマスの資源化技術開発事業

農林水産省水産庁増殖推進部研究指導課では，平成20年度から5年間の計画で「水産バイオマスの資源化技術開発事業」を推進している。

具体的な事業内容は，以下に示す3項目に大別される。

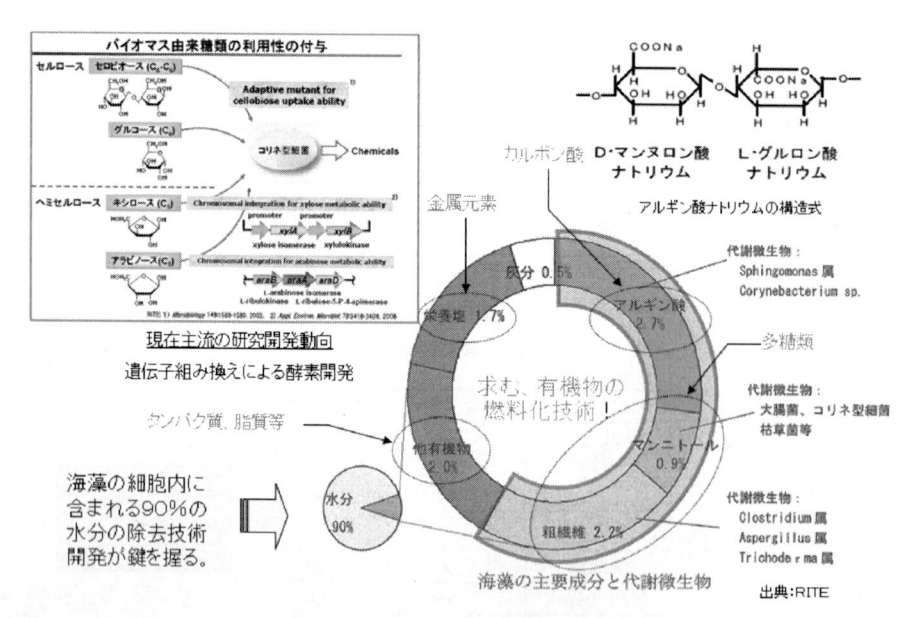

図7 ホンダワラの主要成分と代謝微生物

a)　海洋バイオマス高付加価値化技術開発

①　未利用海藻バイオマスからオリゴ糖等機能性物質を効率的に生産する技術を開発するため，海藻を分解し，機能性を高めるために，酵素などを用いる生物学手法などを検討し，これらの方法により生成した成分について機能の評価を行う。

②　海藻等の未利用藻類バイオマスから発酵等により有用物質を生産し，有効利用する技術を開発するため，藻類バイオマスの有機酸発酵条件を検討するとともに，生成した有用成分をバイオプラスチック等へ応用する技術を検討する。

③　漁業生産阻害生物等に含まれる機能性物質を有効利用する技術を開発するため，抽出した有用成分の利用方法等を検討する。

b)　海洋バイオマス燃料・エネルギー変換技術開発

①　海藻バイオマスからメタンやエタノールなどのバイオマス燃料の生産技術を開発するため，原料海藻の処理技術の検討，海藻類等のメタン発酵の条件検討，海藻の主成分であるアルギン酸等からのエタノール発酵技術開発に向けたアルギン酸代謝機能の解明，エタノール発酵微生物の探索とそれらを利用した発酵条件の検討を行う。

②　藻類に含まれる一般成分，脂質成分，多糖および多糖を構成する単糖の組成，地域や季節による成分の変動などを明らかにし，バイオマス燃料の原料としての基礎データや藻類の成長や生活史などの生物特性に関する情報等を収集することにより，資源作物として可能性のある海藻類等を探索する。

c)　リファイナリーシステム構築検討

平成20〜22年度にかけて収集した日本各地における水産バイオマス資源の分布・発生状況に関するデータ及び本事業で開発中の技術水準と周辺関連技術の現状を踏まえて，水産バイオマスリファイナリーシステムの構築の検討を行う。なお，費用対効果の評価にあたっては，外部経済の導入についても検討する。

以上は，平成23年度事業の公募仕様書の内容であるが，それによると，平成23年度の単年度事業であるにもかかわらず，平成20〜22年度の成果報告書は，貸与資料になっている。貸与資料については業務終了後，速やかに返却することとし，発注者の承諾なしにみだりに公表，複製してはならないこととしている。

本プロジェクトは，当該分野における大型の国費（年間予算6千万円規模。ただし，エネルギー以外の利用課題も含める）を投入した本格的な国家プロジェクトである。その研究成果が早く公表されることが期待される。

本事業の実施体制は，次の通りである。水産総合研究センターが，海藻からエタノールを生産するコストや生産量を見積もるために必要となる海藻成分（特に糖質の種類と含有率）やそれらのエタノール発酵収率等の基礎データの調査を行っている。また，東京海洋大学が酵母を，北海道大学が海洋細菌を利用したエタノール生産技術の開発の検討を行っており，最終的に海藻からエタノールを生産することの実用性を見極めようとしている。

　しかし，後述するように，海藻などを含めた高含水率な農林漁業バイオマスからバイオ燃料を製造する技術は，本事業で検討されているような味噌・醤油産業の応用技術が全てではない。全く異なる原理に基づいた技術が他の分野にも数多く存在する。実用性の見極めに当たっては，研究者という者は，往々にして自分達の得意分野の殻に閉じ籠りがちになることは致し方ないとして，重要な政策判断に係る国はもっと幅広い視点で広範囲な分野から意見を求めるべきであると考える。

　さもないと，本技術開発事業が，大型海藻の資源化技術開発など，世界に誇れる数少ない貴重な資源である排他的経済水域（EEZ）において，大型海藻バイオマス利活用の道を自ら閉ざしてしまう可能性が高いことに留意する必要がある。それは，わが国の沿岸域の漁村再生の道を閉ざすことにもなりかねない。

　従来のビジネス・モデルでは，システムの採算を確保するために，原料価格を低く抑えて，燃料価格を高く設定せざるを得ない。その結果，原料の仕入れと価格競争力のない燃料の販売に苦労しているのが現状である。この悪循環を断ち切るには，中間生成物を高付加価値化して販売することが考えられる。

　また，後述するように，経済収支シミュレーションを実施してみれば，エネルギー変換技術開発による製造コスト低減は重要であるが，それは必要条件でしかないことが分かる。それに，高付加価値化技術とエネルギー変換技術を別々に検討しても要素技術開発テーマの芽出しに役立つだけである。両者を一体化したシステム的な発想で検討しないと，実用性の見極めには不十分である。

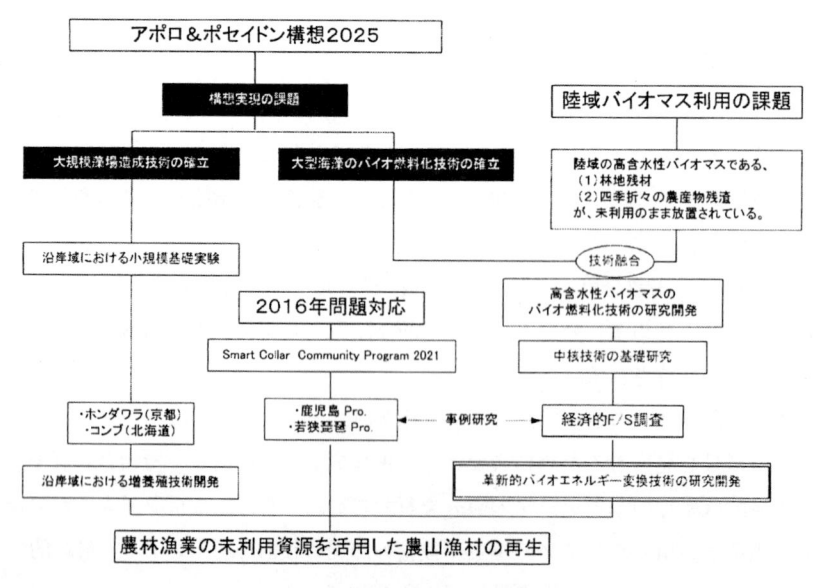

図8　構想実現の課題

2.3 革新的バイオエネルギー変換技術の研究開発

2.3.1 アポロ＆ポセイドン構想 2025 の実現方策

　本構想を実現するには，図8に示すように，①大規模藻場造成技術の確立と，②大型海藻のバイオ燃料化技術の確立が必要である。一方，先の事業仕分けによって，バイオエネルギー関係の平成23年度新規予算を全部カットされたこともあり，現段階では，いずれの関連省庁も新規プロジェクトを立ち上げることが厳しい状況にある。

　ホンダワラなどの褐藻類は，アルギン酸が主成分であるばかりではなく，50～55％程度水分を含む林地残材などの陸域の未利用バイオマスと同様に，90％程度の高含水性であることが，大型海藻のバイオ燃料化を困難にしている。そこで，大型海藻のバイオ燃料化技術が確立できない段階で，大規模藻場造成技術の研究開発を少しでも前進させるには，沿岸域における磯焼け対策の延長線上で，大型海藻の増養殖技術として技術開発を進めることが考えられる。

　また，大型海藻を海洋バイオマス資源として大量に確保できない現段階では，大型海藻と併わせて高含水率な陸域の未利用バイオマスをバイオ燃料化する技術開発を技術融合して推進することが現実的である。この技術開発を推進すれば，大型海藻のバイオ燃料化技術が確立できるので，大規模藻場造成技術の研究開発にも弾みがつくものと考えられる。

2.3.2 大型海藻のバイオ燃料化の課題

　大型海藻には，陸域のリグノセルロースと比較してリグニンは含まれないものの，含水率が高く，表5に示すように，アルギン酸のようなエタノールに変換しにくい糖質を主成分に含んでいる。従って，さらにエタノール変換が難しい，あるいはエタノール変換する際に多くのエネルギー投入が必要であると考えられている。

表5　大型海藻の種類とその多糖類　海藻が生産する多糖類（小林，1996）

海藻	細胞壁骨格多糖	細胞間粘質多糖	貯蔵多糖
緑藻	セルロースⅠ（バロニア科） セルロースⅡ（アオサ属） β-1,3 キシラン（イワツタ科，ハネモ科，ハゴロモ科，チョウチンミドロ科） β-1,4 マンナン（ミル科，カナノリ科）	含硫酸キシロアラビノガラクタン（シオグサ属ジュズモ属，イワヅタ属，ミル属） 含硫酸グルクロノキシロナムラン（アオサ属，アオノリ属） 含硫酸グルクロノキシロラムノガラクタン（カサノリ属）	アミロース アミロペクチン
褐藻	セルロースⅡ ヘミセルロース	アルギン酸（ワカメ属，コンブ属，アラメ属，マジメ属，マクロシスチン属） フコイダン（ヒバマタ属）	ラミナラン
紅藻	セミロースⅡ ヘミセルロース β-1,3 マンナン（アマノリ属） β-1,4 キシラン（アマノリ属）	寒天（テングサ目，スギノリ目，イギス目） カラギナン（スギノリ科，ミリン科，オキツノリ科） ボルフィラン（アマノリ属）	紅藻デンプン

　しかし，味噌・醤油産業に用いられている糖化発酵法の発想に拘泥することなく，もっと広く外部に目を転じてみると，もっと新しい世界（技術）が見えてくる。大型海藻は高含水率な有機物の代表例であるが，例えば，下水汚泥も大型海藻に負けず劣らず含水率が高い。そこで，下水汚泥の再資源化・減容化技術開発からヒントを得ることも一考に値する。海藻に限らず，含水率が高いが故に，未利用バイオマス扱いされている四季折々の様々な農産物非食料部や林地残材をバイオ燃料化する道も開けるものと思われる。ただし，大型海藻の糖質成分は，表5に示すように，細胞壁骨格多糖，細胞間粘質多糖，貯蔵多糖から構成されるので，下水汚泥の再資源化・減容化技術をそのまま転用しただけでは，大型海藻の課題を解決したことにはならない。

　近年，わが国で下水汚泥は年間7,500万トン余り発生しており，その再資源化技術開発を行うことによって，その減容化を図ることもできることから，大手電機メーカーやプラントメーカー，水処理メーカー等が積極的に研究開発投資を行っている。ここでは，酵素糖化法を用いたバイオエタノールの製造技術開発は行われていないが，固体燃料（RDF）化，メタン発酵，ガス化発電，ガス化合成などの様々な技術開発が実施されている。

　そこで，後述する革新的バイオエネルギー変換技術開発において，比較的潤沢に研究開発費が流れている下水汚泥の再資源化技術開発動向からヒントを得て，大型海藻を含んだ高含水性バイオマスのガス化合成法の技術開発に取り組むことは，経済合理性に適った研究開発手法であると考える。

　特に，急速熱分解技術は1980年代後半に出現した比較的新しい技術である[9]。さらに，内部加熱方式であるマイクロ波加熱技術も，現在は黎明期にある。両技術を組み合わせたバイオ燃料製造技術は，今後急速に進展していくものと期待している。

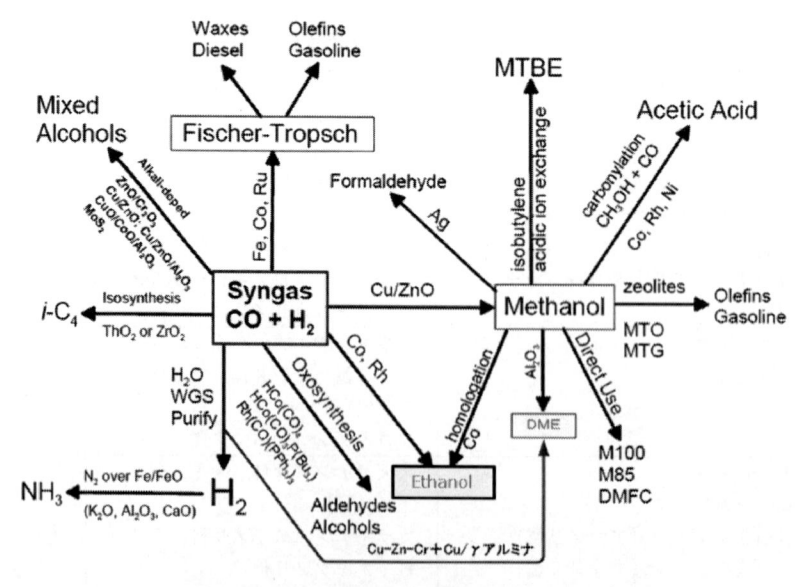

図9　ガス化合成法の合成触媒とその生成物[10]

2.3.3　革新的バイオエネルギー変換技術の開発

⑴　低温急速熱分解＆炭化システム

　我々は，革新的バイオエネルギー変換システムの基礎研究開発に着手したところである。まず，中間生成物として，バイオオイルや合成ガス（H_2，CO）を製造する。次に，図9に示すように，適当な合成触媒を選択することで，合成ガス（H_2，CO）からバイオエタノールやDME（ジメチルエーテル），メタンガスを合成することができる。

　現在は，中核的技術（マイクロ波加熱方式）の基礎実験を実施している。この革新的変換技術を確立すれば，大型海藻ばかりでなく，含水率の高い四季折々の未利用な農林漁業資源をも原料に用いることができるようになる。

　ガス化合成法の収率および採算性の評価として，『重量比で20％というのはちょっと寂しい気もするが，自然の摂理だから仕方がない。残り80％は水とCO_2になってしまう。…商用レベルとしては，1日100トン処理できるようなプラントであれば，それなりの量の液体燃料も合成でき，スケールメリットも効いて，安くできるという試算がある』[11]と言われている。

　そこで，図10に示すように，低温急速熱分解＆炭化法を考案した。炭化工程で生成する炭素とスチームを用いて，水性ガス反応を生起させることで合成ガス（H_2，CO）を生成する計画である。従来の方法では，バイオマスに含まれる水分を乾燥させて廃棄しているが，我々の方法ではスチームを有効に活用することで，バイオエタノールおよびDMEの理論weight収率32％を目指している。DMEは，エタノールの異性体（分子式は同じであるが化学構造式が異なる）である。DMEの化学構造式は，CH_3OCH_3と表わされ，C-C結合していないので，燃焼させても殆どススを発生しないという利点がある。

　また，合成ガス（H_2，CO）からエタノールやDMEを合成する場合，メタノールを経由する間接合成法と合成ガス（H_2，CO）から直接合成する直接合成法が存在する。間接合成法は既に完成された技術であるが，設備の規模が大きくなる欠点があることから直接合成法の研究開発が進

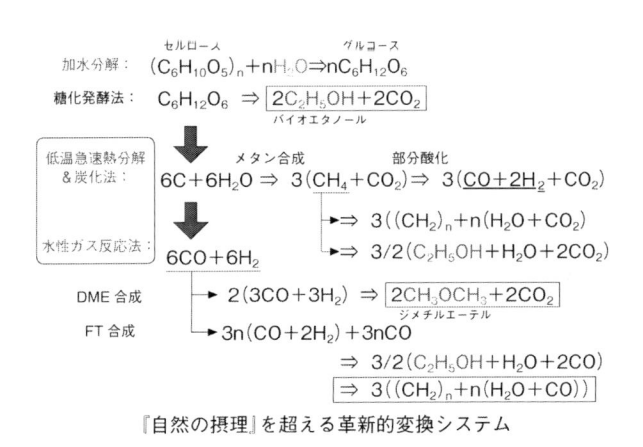

『自然の摂理』を超える革新的変換システム

図10　革新的バイオエネルギー変換技術の基本プロセス

められている。さらに，DME の直接合成法には 2 種類の方式がある。我々は，$H_2 : CO = 2 : 1$ のモル比になる直接合成法を採用して合成触媒を変えるだけで DME とエタノールを製造可能なプラントの開発を目指している。

なお，FT（フィッシャー・トロプシュ）合成法を用いれば，炭化水素鎖を生成させることができる。この連鎖の長さを炭素 C 数で表すが，図 11 に示すように，短い方はナフサなどの軽いもの，長くなるにしたがってガソリン，灯油，軽油，ワックスが生成される。

つまり，FT 合成法を用いれば，合成ガス（H_2, CO）からバイオディーゼルを生成することが可能である。しかし，バイオディーゼルは燃焼時に PM（粒子状浮遊物質）を発生する。そこで，我々は，バイオエタノールはガソリンの，DME はディーゼル油の，バイオオイルは重油の第三世代化石代替燃料として位置付けている。次世代 SOFC（固体酸化膜型燃料電池）で用いる水素は，DME をオンボード改質することで容易に得ることができる。

(2) マイクロ波と大型海藻の役割

① マイクロ波の役割[13]

最近，マイクロ波，ミリ波の電磁波が，第 3 の加熱手段として注目を集めている。マイクロ波・ミリ波を用いた電磁波加熱方式は，古典的な熱伝導・対流伝熱と赤外線輻射伝熱の中間に位置づけられる内部加熱方式である。

マイクロ波加熱は，マイクロ波がつくり出す振動電磁場を，誘電体を構成している双極子，空間電荷，イオンの振動・回転運動と作用して，熱エネルギーに転換することによって生起する。

物質との相互作用による電磁波の熱変換過程の性質から，①巨視的には，熱伝導及び対流伝熱に無関係な内部加熱状態が発生する，②微視的には，局所的にルシャトリエの法則に拘束されない高温状態の“電磁波励起・非平衡化学反応場”が形成されることから，化学反応を高速に促進

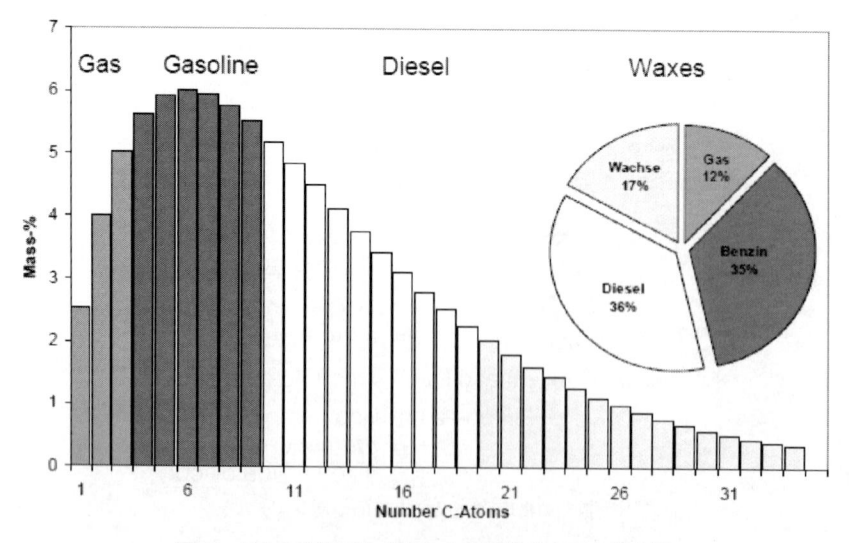

図 11　FT 合成法で生成される各種炭化水素の割合[12]

する効果が発生する。さらに，③固相においては分極のみならず，電導によるジュール損失，渦電流損が発生する。

　よって，高温で長時間を必要とする従来型の熱平衡化学反応プロセスを，電磁波エネルギーによる非平衡化学反応プロセスに置換すれば，低温短時間操業に移行させることができるので，エネルギー変換設備を小型化・少資源化することが可能になる。その結果，プラントの建設コストやランニング・コストを低減することができるので，"スケールメリット"を追求した在来型のエネルギー変換プラントに関する設計手法や経済性評価手法に変更を迫ることになる。

　つまり，加熱工程にマイクロ波加熱方式を採用すれば"スケールメリット"の呪縛から開放される。従って，加熱炉のプラント・サイズをコンパクト化できるようになるばかりではなく，従来技術では採算が取れないような比較的少量生産でも損益分岐点を確保するシステムを構築することが可能になる。

　従来の"スケールメリット"を追求するバイオ燃料製造方式では，半径50km以内の範囲から原料となるバイオマスを収集して，20万kl/年規模の大規模プラントを建設しないと採算が取れないと言われている[14]。

　しかし，我々の場合は，半径50kmに相当する範囲を10個のエリアに分割して，各エリアに地産地消システムを構築することを計画している。その時の各エリアに設置するバイオ燃料製造設備は約2.5万kl/年の生産量を計画している。この生産規模でも採算を取るには，内部加熱の原理を用いたマイクロ波加熱方式を採用することが必要不可欠である。

② 大型海藻の役割

　バイオマスをマイクロ波加熱する場合，溶媒が重要な役割を果たすことが知られている。溶媒は，①ポリマー合成原料生成，②溶解時間短縮，③温度・圧力上昇抑制，④マイクロ波吸収率向上，⑤非平衡化学反応場の積極活用等の様々な目的に使用され，その使用目的によって様々な溶媒が選択される。

　我々は，大型海藻をバイオマスの供給源であるとともに，低温急速熱分解工程における増感熱触媒として用いることを計画している。

③ 物質・熱収支シミュレーション

　革新的バイオエネルギー変換システム（図10）の物質・熱収支シミュレーション結果の一例を表6に示す。バイオマスの処理能力は1トン/時間と設定している。主要な化学反応式を，以下に示す。なお，いずれの合成化学反応も発熱反応である。

$$\text{DME 合成反応式：} 2CO + 4H_2 = CH_3OCH_3 + H_2O - 205.3\text{kJ/mol} \tag{1}$$

$$\text{EtOH 合成反応式：} 2CO + 4H_2 = C_2H_5OH + H_2O - 239.5\text{kJ/mol} \tag{2}$$

$$\text{CH}_4\text{ 合成反応式 ：} CO + 3H_2 = CH_4 + H_2O - 206.2\text{kJ/mol} \tag{3}$$

　また，図12は，基礎実験用装置の一部として用いているマイクロ波加熱装置の外観を示したものである。その処理能力は，30kg/h（想定の1/33の能力に相当）である。

表6 物質・熱収支シミュレーション結果の一例

	DME (CH_3OCH_3)	バイオエタノール (C_2H_5OH)	メタンガス (CH_4)
改良前			
生産量	439.0kg/h	329.4kg/h	200.5kg/h
正味生産量	229.3kg/h	275.5kg/h	132.9kg/h
燃料 CO 使用量	133.2kg/h	533.9kg/h	133.2kg/h
生成物の自家使用量	209.7kg/h	53.9kg/h	67.5kg/h
マイクロ波加熱器出力	219.3kW	120.0kW	219.3kW
空洞共振器出力	525.8kW	525.8kW	525.8kW
改良後			
生産量	439.1kg/h	439.2kg/h	197.4kg/h
正味生産量	326.3kg/h	321.6kg/h	197.4kg/h
燃料 CO 使用量	133.2kg/h	133.2kg/h	133.2kg/h
生成物の自家使用量	112.8kg/h	117.6kg/h	−
マイクロ波加熱器出力	60.0kW	60.0kW	109.7kW
空洞共振器出力	260.5kW	260.5kW	336.5kW
最適 p 値	1/3	1/3	0.67
水分添加量	120 + 171.7kg/h	120 + 171.7kg/h	120 + 185.5kg/h
炭素添加量	−	−	247.5kg/h

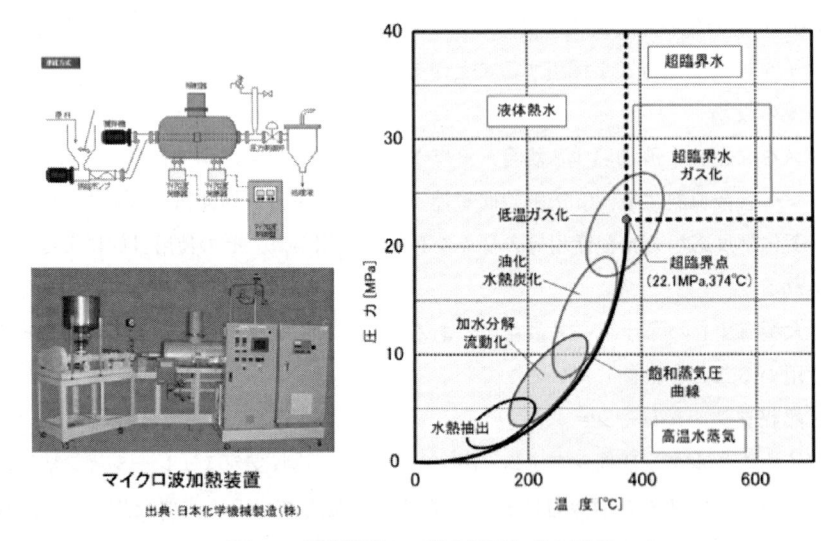

図12 実験装置の一部の外観とその原理

(3) ケース・スタディ

　今まで，バイオマスは「低炭素社会」を構築するために，有望なカーボンニュートラルな再生可能エネルギー資源であるとの文脈で論じられてきた。しかし，東日本大震災に伴う「原子力発電」安全神話の崩壊を契機に，大型海藻を含んだ四季折々のバイオマスは地域社会，とりわけ農山漁村における貴重な自給自足エネルギー原料としての役割が大きく期待されるようになるこ

とが予想される。

　このような期待に応えるには，単に技術的研究課題を解決するだけでは不十分である。つまり，バイオ燃料化技術の研究開発と実用化のための技術開発とでは別次元の問題が存在する。社会技術システムとして成立するかどうかは，バイオマス原料の安定調達やバイオ燃料需要に安定供給できるかどうかの検討も併せて行うことが必要になる。

　バイオマス・ニッポン総合戦略会議の「我が国のバイオマス賦存量・利用率（2006年）」によると，廃棄物系バイオマスと未利用バイオマスからなる（図13）。また，石油連盟の「石油製品の用途別国内需要」によると，農林漁業用途では年間630万klの石油製品（灯油・軽油・重油）を使用している。

　わが国のバイオマス賦存量を推計する時，林地残材は含水率が50〜55％と高いこともあり，その賦存量は過小評価される傾向にある。バイオマス・ニッポン総合戦略会議の推計では，わが国の林地残材賦存量は340万t/年であるが，㈶新エネルギー財団のレポート[15]によると，森林組合調査を元に1,000〜1,500万dry-t/年と試算している。つまり，含水率が高いバイオマスの燃料化技術が確立されていないが故に，わが国には4,000万dry-t/年程度のバイオマスが未利用のまま放置されていることになる。

① エリア分割

　これらのバイオマスを有効に活用して，農林漁業の一次エネルギー需要を満たすには，市町村を計画の基本単位とする従来のバイオマス・タウン構想とは異なる発想が必要になる。

　我々は，次のように計画した。図14に示すように，日本全体を21のブロックに分割する。各ブロックは，原則2つの地域から構成する。各地域は半径50kmの円の面積に相当する広さを有

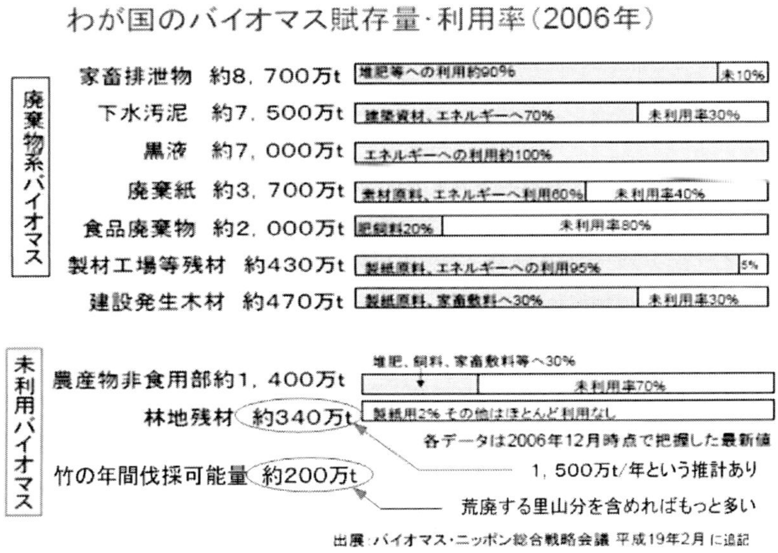

図13　日本のバイオマス賦存量・利用率

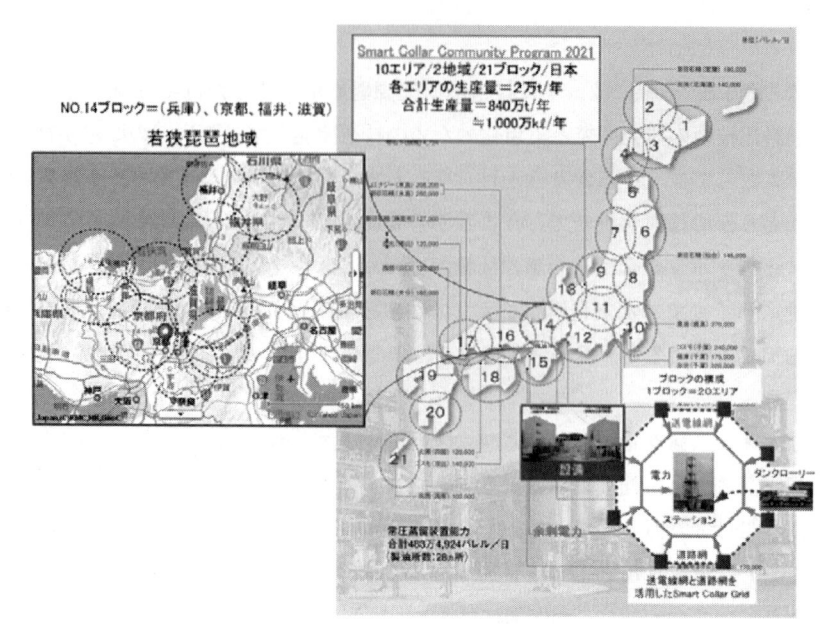

図14 若狭琵琶地域のエリア分割（一案）

表7 バイオDME生産計画の目標値

エリア分割	10エリア／2地域／21ブロック／日本	
半径	エリア当り：17km，グループ当り：53.6km	
	エリア	ブロック
ha当りバイオマス生産量	2.64wet-t/ha/年（ただし，含水率50%，緑地率50%と想定）	
原料生産　生産能力	200dry-t/日／エリア	120万dry-t/年
原料生産　合計	6万dry-t/年／エリア	2,520万dry-t/年
燃料生産　原料処理能力	8dry-t/h(16wet-t/h)／エリア	
燃料生産　燃料生産能力	64トン/日，2万トン/年	40万トン/年
燃料生産　合計	20万トン/年/地域	840万トン/年

する。次に，各地域を，10個のエリアに分割する。そして，エリアごとにバイオ燃料製造設備を設置するとともに，地域ごとに中間生成物を高付加価値化するセンターを1カ所設置するものとする。

　例えば，No.14ブロックは，兵庫地域（兵庫県）と，若狭琵琶地域（京都府，福井県，滋賀県）によって構成される。若狭琵琶地域のエリア分割（一案）は，図14に示す通りである。

② 　地域経済の再生に役立つ地産地消システムの開発

　表7に，各エリアにおける生産計画の目標値を示す。各エリアで，年間6万dry-tのバイオマスから約2万t/年（≒2.5kl/年）のバイオDMEを生産して近隣の農山漁村に供給する。若狭琵琶地域全体では，60万dry-t/年のバイオマスから約20万t/年のバイオDMEを生産して供給する計画である。その際，当該地域全体で大型海藻を6万wet-t/年使用する計画である。さらに，中間生成物から高付加価値化製品を5万t/年製造するために，当該地域全体で10万dry-t/年の

バイオマスを使用する計画である。

DMEと軽油では発熱量が異なるので，熱量補正を行う必要がある。農林漁業で使用している630万 kl/年の石油製品をバイオ DME で代替するには，669（≒630×10.200/6,900）万 kl/年，重量換算で 528（＝669×0.789）万 t/年を供給することで可能になる。

③ 経済性評価－経済収支シミュレーション－

革新的バイオエネルギー変換システムの経済性を評価する目的で，若狭琵琶地域をモデル地域に選んで経済収支シミュレーションを実施した。経済収支シミュレーションのための，主要データの設定条件を図15に示す。またその結果の一例を表8に示す。

若狭琵琶地域全体では，原料として，高含水率な四季折々のバイオマスを 70万 dry-t/年，大型海藻を6万 wet-t/年使用して，DME を 20万 t/年，高付加価値製品を5万 t/年製造する計画である。それぞれの単価および売買金額は，20円/dry-kg で 140億円/年，40円/dry-kg で 24億円/年，60円/ℓ で 152億円/年，350円/kg で 175億円/年である。褐藻類に含まれるヨウ素が258t/年回収でき，1,500円/kg で販売すると 387百万円の売上げになる。

設備投資額は，480億円で 1/2 補助を受けるものと想定している。その内訳は，高付加価値化設備が 80億円，DME 製造設備が 40億円/設備×10設備＝400億円である。

経済収支シミュレーション結果に示すように，安価なバイオ燃料を提供・販売すると共に，しかるべき値段で原料を購入すると，両者の売買金額がほぼ拮抗してしまう。そこで，別途プラントの維持運用費用を捻出してシステム全体の採算を確保する必要がある。

従来は，割高な燃料価格で販売せざるを得なかった。その打開策として，中間生成物を高付加価値化して製造販売することで，プラントの維持運用費用を捻出することができる。ただし，し

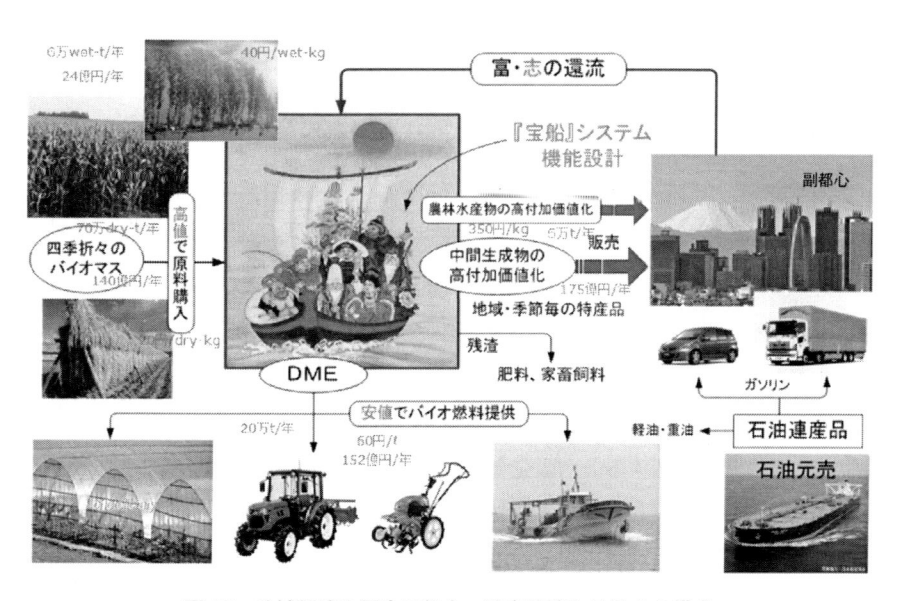

図15 地域経済の再生に役立つ地産地消システムの構成

表8　経済収支シミュレーション結果の一例

［単位：億円］

No.	項　目	単　価	事　業　年　度											備　考
			1	2	3	4	5	6	7	8	9	10	11	
1	社員配置計画													
	管理部門		12	4	4	4								計24人
	高付加価値化センター		10	4	4	2								計20人
	DME製造設備		20	30	30	20								計100人
	社員数累計		42	80	118	144	144	144	144	144	144	144	144	
2	建設コスト													
	建設コスト累計		140.0	280.0	400.0	480.0	480.0	480.0	480.0	480.0	480.0	480.0	480.0	
	高付加価値化センター	80億円	60.0	20.0										
	DME製造設備	40億円/設備	80.0	120.0	120.0	80.0								10設備
	補助金	1/2補助	-70.0	-70.0	-60.0	-40.0								
	合　計		70.0	140.0	200.0	240.0	240.0	240.0	240.0	240.0	240.0	240.0	240.0	
	期初借入金残高		70.0	140.0	200.0	240.0	240.0	220.0	180.0	110.0	60.0	30.0	0.0	
3	収入													
	燃料販売	60円/ℓ	30.4	76.0	137.6	152.0	152.0	152.0	152.0	152.0	152.0	152.0	152.0	20万t/円
	普及品販売	350円/kg	35.0	87.5	140.0	175.0	175.0	175.0	175.0	175.0	175.0	175.0	175.0	5万t/円
	高額品販売													
	ヨウ素販売	1,500円/kg	0.8	1.9	3.1	3.9	3.9	3.9	3.9	3.9	3.9	3.9	3.9	258t/円
	合　計		66.2	165.4	280.7	330.9	330.9	330.9	330.9	330.9	330.9	330.9	330.9	
4	支出													
	原料購入	20円/dry-kg	28.0	70.0	112.0	140.0	140.0	140.0	140.0	140.0	140.0	140.0	140.0	70万dry-t/年
	大型海藻	40円/wet-kg	4.8	12.0	19.2	24.0	24.0	24.0	24.0	24.0	24.0	24.0	24.0	6万wet-t/年
	小　計　①		32.8	82.0	131.2	164.0	164.0	164.0	164.0	164.0	164.0	164.0	164.0	
	人件費	500万円/年/人	2.1	4.0	5.9	7.2	7.2	7.2	7.2	7.2	7.2	7.2	7.2	
	維持運営費	20%	28.0	56.0	80.0	96.0	96.0	96.0	96.0	96.0	96.0	96.0	96.0	
	減価償却費	15年償却	4.7	9.0	12.4	14.3	13.3	12.4	11.6	10.8	10.1	9.4	8.8	定率法
	借地料		0.0											
	固定資産税	税率1.4%	0.9	1.8	2.4	2.8	2.6	2.4	2.3	2.1	2.0	1.8	1.6	
	支払い利息	金利2%	1.4	2.8	4.0	4.8	4.8	4.4	3.6	2.2	1.2	0.6	0.0	
	研究開発費		0.5	0.5	0.5	0.5	1.0	1.0	1.0	1.0	1.0	1.0	1.0	
	小　計　②		37.6	74.1	105.2	125.6	124.9	123.4	121.7	119.3	117.5	116.0	114.6	
	支出合計	（①＋②）	70.4	156.1	236.4	289.6	288.9	287.4	285.7	283.3	281.5	280.0	278.6	
5	収支													
	税引前利益		-4.2	9.3	44.3	41.3	42.0	43.5	45.2	47.6	49.4	50.9	52.3	
	法人税等	税率40.87%	0.0	3.8	18.1	16.9	17.2	17.8	18.5	19.4	20.2	20.8	21.4	
	税引後利益		-4.2	5.5	26.2	24.4	24.8	25.7	26.7	28.1	29.2	30.1	30.9	
	借入金返済						20.0	40.0	70.0	50.0	30.0	30.0	0.0	
	キャッシュフロー		0.5	12.8	30.5	31.2	10.5	-9.8	-39.9	-19.8	0.3	0.2	30.2	
	キャッシュフロー累積		0.5	13.3	43.8	75.0	85.4	75.6	35.7	15.9	16.2	16.4	46.5	回収率9.7%

　かるべき量を製造販売しても，商品価格が値崩れを起こさない既存マーケットが存在するコモディティーケミカル等の普及品の中から選択することが重要である。

　機能性食品や生理活性物質は単価は高額であるが，市場規模はそれほど大きくない。従って，潜在需要を超えて過剰に生産すると，販売金額は稼げるものの，値崩れを起こして製造原価を割り込み赤字生産に落ち込んでしまうことに留意する必要がある。

　また，中間生成物の高付加価値化製品の選択とその製造設備の技術開発に当たっては，バイオ燃料製造技術との共有割合を増やして「バイオマス・リファイナリー」を形成することで，なる

べく追加投資を抑制することが要点になる。この選択を誤ると，高付加価値化製品の製造販売が本業の足を引っ張るという逆効果に終わる可能性が高い。

　この問題に関する議論は，㈳日本海洋開発産業協会に設置された「海洋バイオマスエネルギー変換研究委員会」において，その下部組織として「副生品回収システム検討ワーキング・グループ」を設置し，他のワーキング・グループとは独立して別途に調査研究した報告書[16]が大変参考になる。

　当該委員会では，マコンブのバイオ燃料製造技術としてメタン発酵技術を採用することを前提としていた。従って，当該ワーキング・グループでは，原料のマコンブから様々な副生品を回収する提案がなされた。しかし，1) 副生品回収システムを別途構築するための設備投資が新たに発生する，2) 副生品回収のためにマコンブのメタン発酵で生成されるエネルギーより多くのエネルギーを消費する等の理由で，副生品回収システムを設けても採算を確保することには寄与できないと結論付けている。

　要点を整理すると，次の通りである。単にバイオマスの燃料化技術を確立しただけでは地域経済の再生に役立つ地産地消システムの採算を確保することはできない。中間生成物の高付加価値化製品を製造販売して，システムの維持運用費用を捻出することで採算を確保する必要がある。ただし，バイオ燃料と高付加価値化製品の製造システムを一体的に整備することによって，その維持運用費用を抑制することで，その製造販売目標金額を低減する必要がある。副生品の議論は，酵素糖化発酵法もメタン発酵法と同様と推測される。

2.3.4　大型海藻の増養殖と収穫

⑴　若狭湾における海藻の賦存量

　若狭湾（図16）は，大型海藻の増養殖の実験研究を実施する場所として有力な候補の一つである。京都府海洋センターでは，当該海域において長年実験研究を実施しており，藻場造成に役立つ貴重なデータが豊富に蓄積[17~19]されている。

　京都府海洋センターの長年の観測データによると，当該海域における一年生種であるアカモクの生産力は 60wet-t/ha/年程度であるが，多年生種では 30～50wet-t/ha/年程度である。京都府の丹後半島西端から福井県の東尋坊東端までの藻場面積（第4回自然環境保全基礎調査）は，京都府で 2,038ha，福井県で 1,383ha である。

　ホンダワラ科海藻は，種により生産力が異なり，かつ各区域に生育している海藻の組成が明らかでないので，当該海域の褐藻類の生産力を安全目に評価して 30wet-t/ha/年と想定すると，年間生産量は次のように求めることができる。

　　30wet-t/ha/年 ×（2,038 ＋ 1,383）ha ＝ 102,630wet-t/年 ≒ 10.2 万 wet-t/年

　当該沿岸域では，図17に示すように，2月から11月にかけて既存の藻場から，成熟期を過ぎると 10.2 万 wet-t/年の褐藻類が流れ藻として流出する。浮遊する流れ藻を放置しておくと約 70％は海底に沈んでしまうが，収穫タイミングを考えずに闇雲に大量に収穫してしまうと，当該

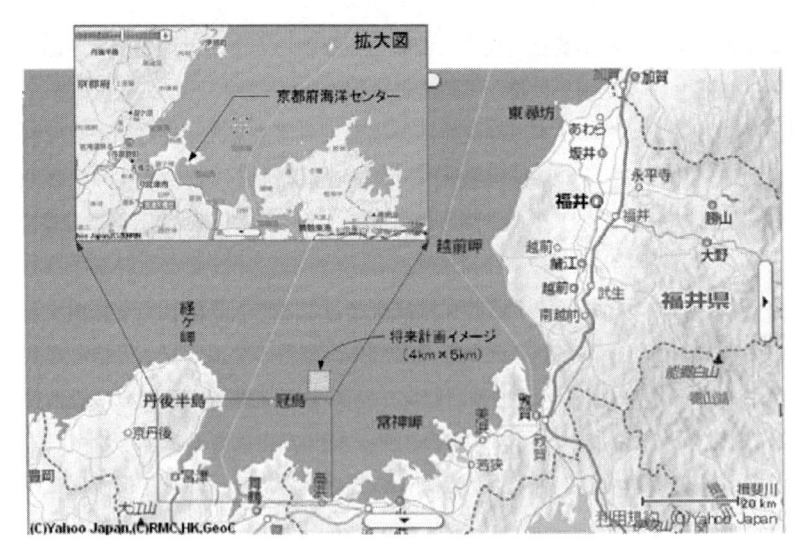

図16　若狭湾周辺の概況

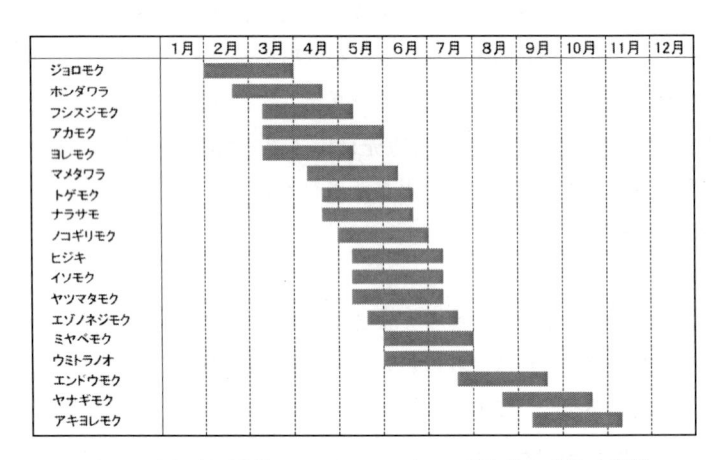

図17　京都府沿岸域におけるホンダワラ科海藻の成熟時期[20]

海域における食物連鎖や魚の産卵，稚魚の成育等に影響を与える恐れがある。そこで，以下に示す3種類の方法を組み合わせて，当該海域における褐藻類の生産量を16万 wet-t/年に増産し，合計6万 wet-t/年の流れ藻を収穫することを計画する。

① 影響を与えない範囲で，既存の藻場から発生する流れ藻を収穫する。

② 増殖：既存の藻場の一部を，生産力の大きい種に改変する。

③ 養殖：沖合に，浮体式藻場を造成する。

(2)　**流れ藻の収穫**

図18に示すように，ホンダワラ類の多くの種類は多年生（寿命が数年）であり，夏頃に発芽してから1年間はあまり成長しないが，2年目の秋から冬にかけて主枝は，1m以上の長さにまで

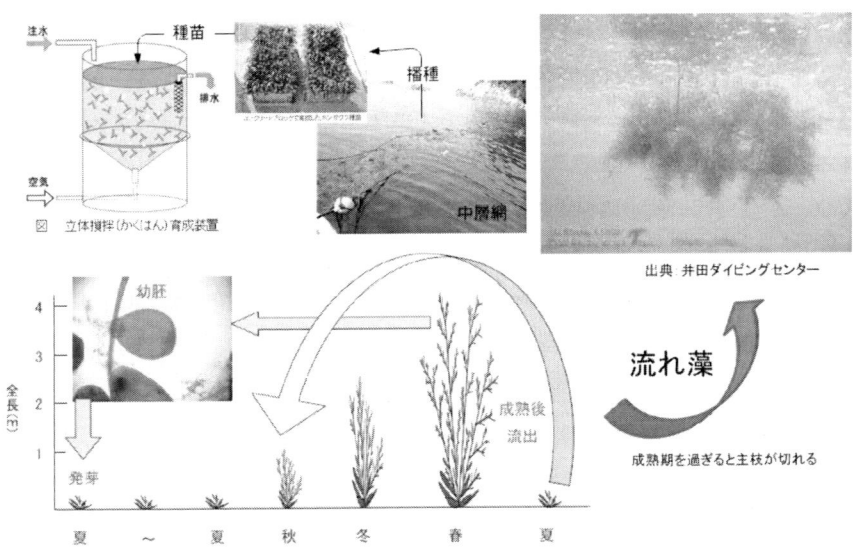

図18　ホンダワラ類の生活環

成長する。そして，春になると成熟して主枝上に「生殖器床」という部位を作り，その中に陸上植物の種に当たる「幼胚」を作り，周囲に散布する。その後，主枝は切れて流出するが，付着器と茎状部は越夏し，秋から再び主枝を生長させる。なお，生殖器床を形成して幼胚を作る「成熟時期」は種類によって異なる（図17）。

　一方，1年生（寿命が1年）であるアカモクは，夏頃に発芽するとすぐに成長し，冬には全長が1m以上に達する。そして，春に成熟して幼胚を散布し，その後，岩から付着器ごと流出する。多年生種も1年生のアカモクも，成熟後には流出して大量の「流れ藻」を発生させる。流れ藻は，流れ着いた場所で放出されずに残っていた幼胚を散布するため，藻場が拡大する上で大変重要な役割を果たしている。

　褐藻類は成熟期を過ぎると主枝が切れて流れ藻になる。その性質を利用して海藻を収穫することができる。藻類の種類によって成熟期は異なるが，流れ藻として浮遊しているものを捕獲して収穫すれば，収穫作業が軽減されるばかりでなく，基盤に幼胚が着床することで養殖した藻場を自己再生させて持続的に維持することが期待できる。また，収穫時期が2から11月にわたって分散することは，収穫作業の負荷分散ができる，保管期間が短く保存量が少ない等の理由から原料海藻の生産コストを低減することに役立つ。

　また，幼胚を播種して陸上施設で種苗を育種して，藻場を修復することに備える必要がある。これらの播種技術や種苗技術に関する一連の技術は，すでに京都府海洋センターで技術開発されているので，それを活用することができる。

⑶　浮体式藻場の基本構造

　定置網漁用の漁具は技術開発が進み，10年以上の耐用年数を有するまでに進歩している。図19

に示すように，この定置網漁用の漁具を転用して浮体式藻場を構築するものとする。定置網に使われている側網を横に広げて基盤を構成し，そこに褐藻類を付着させることにより藻場を造成する。海藻を繁茂させて養殖するための基盤面の水深は，浮子までのロープの長さを調節することで維持することができる。

　最大で $20km^2$ の実行面積を確保する場合，漁業活動への影響を回避するには，大規模な藻場を1か所に集中して設置する必要はなく，小分けして藻場を造成することができる。建設業界が期待するような大型海洋工事にはならないが，藻場造成の初期投資額を大幅に削減することが可能になるので，原料海藻の生産コストを削減することに役立つ。

2.4　今後の課題

2.4.1　既存の行政施策の課題

⑴　大型海藻の活用の課題

　大型海藻は革新的バイオエネルギー変換技術において重要な役割を期待されているにも拘わらず，既存の行政施策に大型海藻の活用が期待されていないことは，今後の技術開発を進めていく上で最大の課題である。当面は，「バイオマス活用推進基本計画」の改定の際に，当該基本計画に大型海藻の活用を盛り込む努力をすることであろう。

　『バイオマス・ニッポン総合戦略』（平成18年3月）では，『2050年頃には，海洋植物などの新作物による…』といった認識である。『国産バイオ燃料の大幅な生産拡大』（平成19年2月）では，『中期的（2030年ころまで）の目標』の中では，大型海藻の利用には全く触れられていない。『バイオマス活用推進基本計画』（平成22年12月）では，『…微細藻類やイネ科多年生植物等，将来的な利用が期待される新たなバイオマス資源について，育種技術，培養・栽培技術，有

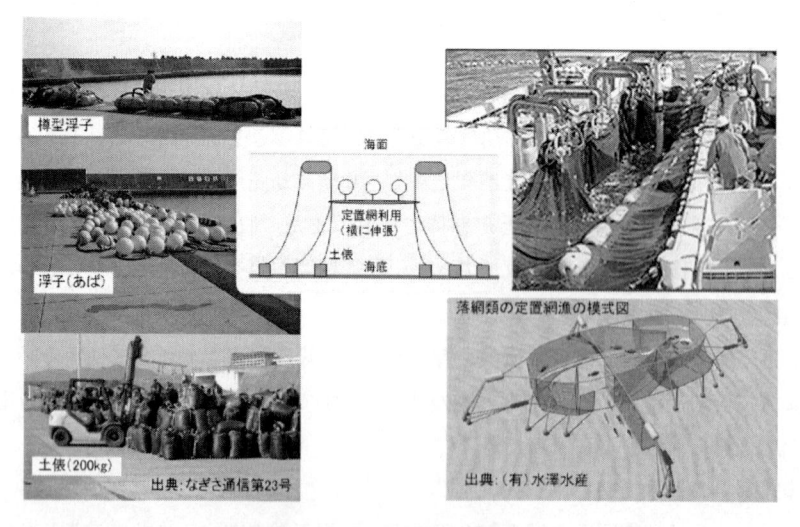

図 19　浮体式藻場の構造

用成分の抽出・変換技術等の開発を推進していく。』ことになっている。1920年頃から形を変えて30年周期で繰り返す「微細藻類ブーム」には触れてはいるものの，大型海藻の活用に関する記述は全く見られない。

　わが国は，世界第六位の海岸線と排他的経済水域（EEZ）を有しているにも拘らず，重要な政策立案のメンバーである「バイオマス活用推進専門家会議」の委員に，森林関係や微細藻類の有識者は参加しているものの，海洋関係の有識者が1名も含まれていないこともその一因と思われる。最近まで，気候変動に関する政府間パネル（IPPC）でさえ，海洋には殆ど関心を払ってこなかったので，無理からぬことではあるが…。

　しかし，2009年10月に，国連環境計画（UNEP）が報告した「Blue Carbon」[21]で地球の炭素循環における海洋の重要性を喚起したことで，世界の潮流は変化している（図20）。

(2)　バイオマス活用推進基本計画の課題

　「バイオマス・ニッポン総合戦略」（平成14年12月27日閣議決定，平成18年3月31日改定）は，バイオマスをエネルギーや製品として総合的に活用し，持続可能な社会「バイオマス・ニッポン」を早期に実現することを目的として，2010年度を目途とする具体的な目標を設定し，目指すべき姿及びその進展シナリオを示したものである。

　同総合構想に基づいて，平成15年からの6年間において1府6省のそれぞれの事業として合計約1,200億円が執行された。図21は，その期間中に国の補助金を受けて取り組んだ代表的なバイオ燃料（バイオエタノール）の技術開発及び実証実験地区を示したものである。一定の成果を上げてはいるものの，様々な課題が存在している。最大の課題は，『補助金が切れると採算は厳しいものが多い』[22]と，言われていることである。

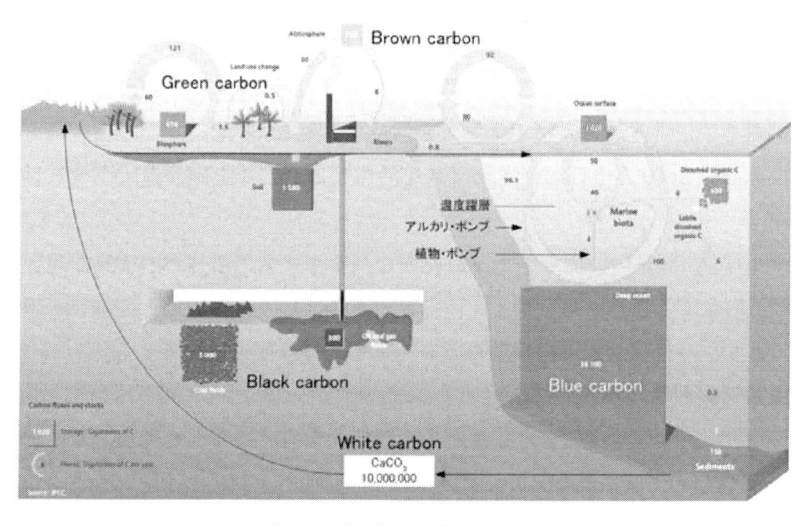

図20　地球の炭素循環と炭素のストック量

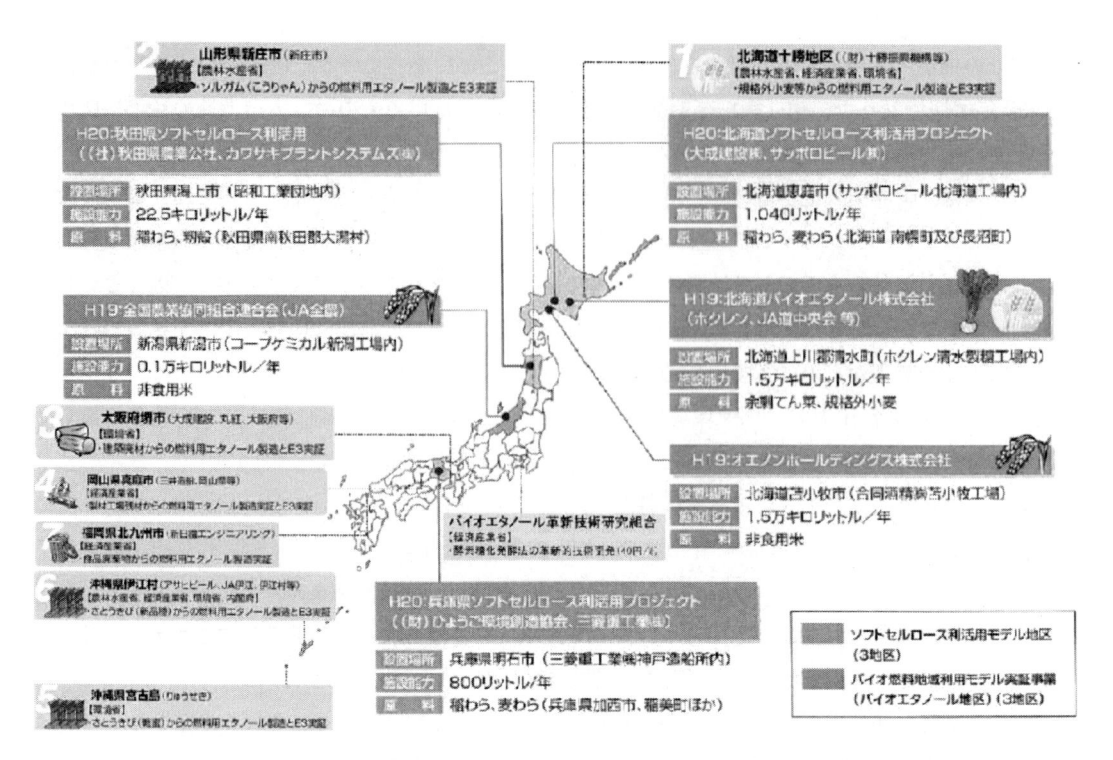

図21 バイオ燃料（バイオエタノール）技術開発＆実証実験地区

　この原因は，バイオマス・ニッポン総合戦略の推進手段である「バイオマス・タウン構想」の策定が，廃棄物処理と同様に，市町村を基本単位としていることにあると考えられる。市町村単位では，実証実験事業目線では充分な広さの面積である。しかし，事業化段階で採算を取るために必要となる量のバイオマスを収集・確保するには，殆どの場合，計画単位の面積が狭すぎることが課題である。

　国は，同総合戦略を発展的に解消して，平成22年12月17日に，「バイオマス活用推進基本計画」を閣議決定した。目標年次を2020年に置いた同基本計画では，600市町村においてバイオマス活用推進計画を策定すること，バイオマスを活用する約5,000億円規模の新産業を創出すること，炭素量換算で約2,600万トンのバイオマスを活用すること等を国が達成すべき目標として掲げている。

　同基本計画では，市町村の範囲を越える広範囲なバイオマス活用体系の構築が重要であるとの認識から，都道府県でも推進計画を策定することを求めているが，従前と同様に，事業主体は市町村であることが，今後我々の計画を進めていく上で大きな課題である。

(3)　微細藻類ブームの行方

　微細藻類の研究は，1920年代にクロレラが光合成機能を有することを発見したことに始まる。1950年代は栄養食品の生産手段として注目された。注目すべきは，オイルショックを受けて代替エネルギー開発が盛んに行われた1970〜90年代のDOE（米国エネルギー省）での研究開発及び

1980〜90 年代の国内での NEDO（新エネルギー・産業技術総合開発機構）－RITE（地球環境産業技術研究機構）のサンシャイン・ニューサンシャイン計画における一連の開発である。その後，オイル価格が落ち着いたため，研究活動も下火になっていた。

1988 年，岩手県釜石市平田に，新日本製鐵，大成建設など 24 社の出資により，㈱海洋バイオテクノロジー釜石研究所（MBI）が開業した。同研究所は，出資会社と NEDO などからの研究資金を得て，約 20 年間海洋バイオテクノロジーを中心とした研究開発を続けてきた。特に，2002 年度から 2007 年度にかけて NEDO「ゲノム情報に基づいた未知微生物遺伝資源ライブラリーの構築」（通称：未知微生物プロジェクト）を受託し，日本国内はもとより，パラオ，ミクロネシア，フィジーなどから 5,600 株の未知微生物を含む約 50,000 株の海洋微生物を収集し，SSU rDNA 配列に基づく系統解析も行うなど，世界有数の海洋微生物ライブラリーを構築した。

しかし，種々の事情により同研究所は，2008 年 3 月末にこの研究活動を停止して，2008 年 4 月より北里大学感染制御研究機構の一員として新たにスタートした。

一方，大型海藻プロジェクトの方は，1981〜1983 年度の調査研究の実施と並行して，実証実験の準備を進めていたが，予算が付かず急遽中止になった。当時を知る関係者によると，それがトラウマになって今日の微細藻類との明暗を分けているとのことである。

近年の地球温暖化問題の高まりから，CO_2 吸収能力を有する藻類が注目されるようになった。リグノセルロースや高含水性バイオマスのバイオ燃料化技術開発がなかなか進展しない中で，同じ藻類でも微細藻類は，油脂成分を直接産生する藻類が存在することから，世界的に開発熱が再燃している。取り組みが進んでいる米国では，石油大手エクソンモービルが微細藻類のバイオ燃料生産に約 530 億円を投じる計画で，政府と民間合わせて 1 兆円以上の投資があるという。

欧州における航空機を対象とする温室効果ガス（CO_2）の排出規制として，欧州委員会が 2006 年 12 月に EU 域内を離着陸する航空機を対象に CO_2 排出規制の導入を決めた。これらの規制では，EU 域内の国内線と国際線は 2011 年から，また EU 域内と域外を結ぶ国際線については 2012 年から排出規制が適用されることになる。その排出規制の施行が間近に迫っていることも，「微細藻類ブーム」の再来に拍車をかけている。

国内においても，科学技術振興機構の戦略的創造研究推進事業（JST CREST）「二酸化炭素排出抑制に資する革新的技術の創出」研究領域で筑波大学大学院生命環境化学研究科渡邊信教授の研究テーマ「オイル産生緑藻類 *Botryococcus*（ボトリオコッカス）高アルカリ株の高度利用」が 2008 年度の研究テーマとして採択され，5 年間で 3.5 億円の予算で実施されている。

産学連携プロジェクトにおいても，2008 年 6 月 18 日には，東京工業大学（発起人，柏木孝夫教授）で「海洋バイオマス研究コンソーシアム」が結成され，2010 年 6 月 18 日には，筑波大学（発起人，渡邊信教授）で「藻類産業創生コンソーシアム」を結成すると共に，学内に実証用試験設備を建設している。

また，ナショナルプロジェクトにおいても，2010 年度には微細藻類燃料に関するプロジェクトの採択が相次いでいる。新エネルギー・産業技術総合開発機構（NEDO）の次世代バイオ燃料の

製造技術開発事業で，「微細藻類由来バイオ燃料製造技術開発」を実施している。デンソーが中央大学原山教授らとの共同研究により窒素飢餓状態で炭化水素及び油脂生成するシュードコリシスティスの研究を実施しており，日立プラントテクノロジー－ユーグレナ－慶應義塾大学－JX日鉱日石エネルギーチームがユーグレナの研究を実施，JFEエンジニアリング－筑波大学チームも研究を開始している。デンソーは農林水産省プロジェクトでもマイクロアルジェやトヨタ自動車らと共同研究を実施している。

さらにはJST CREST（科学技術振興機構 戦略的創造研究推進事業，研究総括：製品評価技術基盤機構（NITE）安井理事長）では，「二酸化炭素排出抑制に資する革新的技術の創出」の一環として神戸大学近藤昭彦教授がスピルリナ菌の研究を実施している。近藤昭彦教授らは，アーミング技術と呼ばれる遺伝子組み換え技術を応用した微生物の代謝経路を変換する技術を確立している。酵母や枯草菌などの細胞表層に，本来は持っていない酵素などを作らせて，新しい代謝機能を持たせる技術であり，作られた微生物はアーミング酵母やアーミング枯草菌などと呼ばれる。この方法により，本来は栄養源とはならないセルロースなどを資源としてエタノール，アミノ酸，乳酸などを製造することが研究規模で成功している。この技術により，今までは利用されなかった植物の非可食セルロースなどの利用に道が開けると同時に，いくつもの酵素反応ステップを経ていた複数の反応を単純化することができる。

また，東京農工大学田中准教授は海洋珪藻の研究を実施中であり，2010年度からJST CREST/さきがけにて，東京農工大学松永学長を研究総括とする研究領域「藻類・水圏微生物の機能解明と制御によるバイオエネルギー創成のための基礎技術の創出」が新たに立ち上がった。筑波大学渡邊信教授は，環境省やJST CRESTでもボトリオコッカスの研究を実施している。

期待先行の「微細藻類ブーム」であるが，微細藻類を利用したバイオ燃料の製造は，微細藻類の培養・回収・乾燥，微細藻類からの油分の抽出，抽出した油分の燃料化（改質）といった各工程において技術的課題が山積みしている[23]。

旧サンシャイン計画等において，CO_2固定を軸にした微細藻類の研究開発が行われてきたものの，国内に培養等の根幹となる技術は一部保有しているが十分ではない。また，わが国では培養から燃料化までの実用化レベルでの一貫したシステム開発も行われていない。さらに，バイオ燃料として利用するためのスケールアップ，コストダウンを中心とする技術開発や国土面積が狭隘な中での広大な培養用地確保，遺伝子組み換え株の外部拡散防止・安全対策等が，実用化にあたって大きな課題となっている。

2.4.2 原料価格問題

日本の海藻養殖漁業家は，買い上げ価格が湿重量1kg当たり200円を切ると生産しなくなると言われている。また，「第84次農林水産省統計表（平成20〜21年）」から各種漁業資源の生産額単価を算出した結果を表9に示す。わが国の海面漁業と海面養殖では多少異なるが，海面漁業の海藻類では，236円/wet-kgとなる。含水率を90%と想定すると，2,362円/dry-kgにもなり陸上のバイオマスと比較すると著しく高価になる。6万wet-t/年の海藻を原料に使用する場合，原

表 9　漁業資源の生産単価の比較表

No.	漁業資源	漁獲量（t）	生産額（百万円）	単価（円/wet-kg）	備考
1	海面漁業合計	4,386,826	1,126,448	256.8	
	まぐろ類	257,228	166,805	648.5	
	かつお類	357,515	76,295	213.4	
	いわし類	567,108	61,809	109.0	
	あじ類	196,041	39,749	202.8	
	さば類	456,552	39,188	85.8	
	海藻類	103,601	24,468	236.2	
	北海道	69,730	18,098	259.5	
	愛知	10,511	158	15.0	殆どがアオサ
	京都 + 福井	570	385	675.4	
	鹿児島	275	92	334.5	
	沖縄	322	56	173.9	
2	海面養殖合計	1,242,112	448,955	361.4	
	こんぶ類	41,356	10,622	256.8	北海道と岩手
	わかめ類	54,249	7,349	135.5	岩手と宮城
	その他海藻類	22,583	667	29.5	殆どが沖縄
	基本データの出典：第 84 次農林水産省統計表（平成 20〜21 年）				

料購入費用は 142 億円/年にもなってしまう。最近高騰している鉄鋼価格でさえ 40〜70 円/kg 程度に過ぎない。

　また，食料用に栽培される海面養殖のこんぶ類やわかめ類の漁獲量は，それぞれ 4 万 1 千 t/年，5 万 4 千 t/年である。漁獲量が多いにもかかわらず，その生産額単価は 257 円/wet-kg，136 円/wet-kg と高額である。

　ただし，愛知県では，生産額単価が 15 円/wet-kg である。愛知県の海藻類は殆ど，収穫が容易なアオサである。漁獲量も年間 1 万 wet-t 程度である。一方，京都府と福井県の海藻の合計漁獲量は 570wet-t/年，生産額は 3 億 8,300 万円である。

　養殖の手間を省いたり採取が容易な流れ藻を捕獲する等の工夫によって，生産額単価を 40 円/wet-kg 程度に低減する努力が必要である。現在の京都府と福井県における海藻類の生産額は 3 億 8,500 万円であるが，6 万 wet-t/年を収穫する場合，年間 24 億円の生産額になる。全国ベースでは，海洋資源作物として漁獲量 252 万 wet-t/年，生産額 1,008 億円/年とほぼコンブ類の海面養殖に匹敵する新規需要を創出することができる。

　浮体式藻場を造成する場合，その養殖方法の選択が海藻のコストを大きく左右することになる。コンブ養殖のように，毎年手間暇をかけるのではコストがかかり過ぎる。浮体式基盤に藻場を自己再生させる技術を開発する必要がある。

　京都府海洋センターでは，砂浜にホンダワラの藻場を造成する技術開発を行っている。また，新日本製鉄が磯焼け対策として開発した「海の森づくり」技術[24] も参考になる。新日本製鉄では，現在，全国 20 カ所で「海の森づくり」に取り組んでいる（図 22）。この磯焼け再生技術は，北海道大学の本村泰三教授による「有機鉄追求理論：コンブ生活環完結に向けての鉄の必要性」

の実証実験によって裏付けられている。

　図23は，コンブおよびヒジキの生活環を示したものである。コンブ類とホンダワラ類では，その生活環が全く異なる。京都府海洋センターの長年の研究によると，ホンダワラ類の幼胚は1〜2m程度の範囲にしか飛散しないと言われている。ホンダワラの浮体式藻場を自己再生させて安定的に維持していくためには，ホンダワラ類の幼胚の着床・発芽メカニズムに関しても理論的解明が求められるところである。

2.4.3　社会状況変化への対応

　今まで，バイオエタノール，バイオディーゼル（BDF），固形燃料（RDF）がバイオ燃料の3点セットであった。これらは，それぞれ別プロセスで製造されている。一方，我々は，バイオエタノール（ガソリン代替），バイオDME（ディーゼル油代替），バイオオイル（重油代替）を次世代バイオ燃料の3点セットと位置付けている。これらは，我々が考案したプラントを用いれば，合成触媒を変更するだけで，同一プラントで製造することができる。

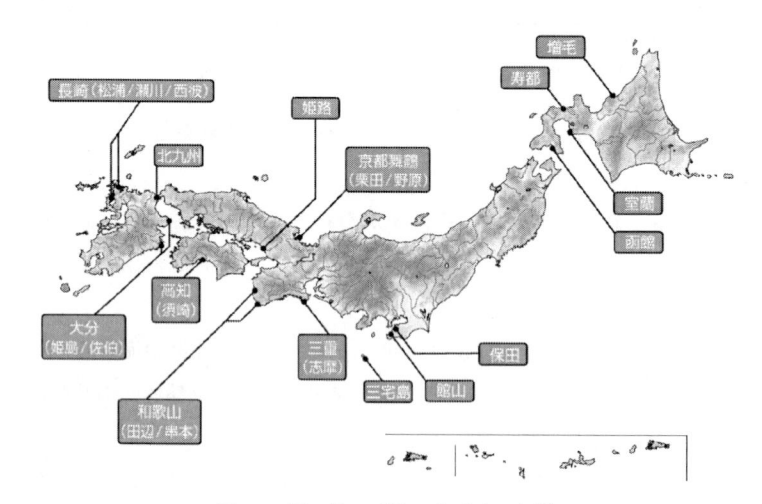

図22　新日鉄の「海の森づくり」[24]

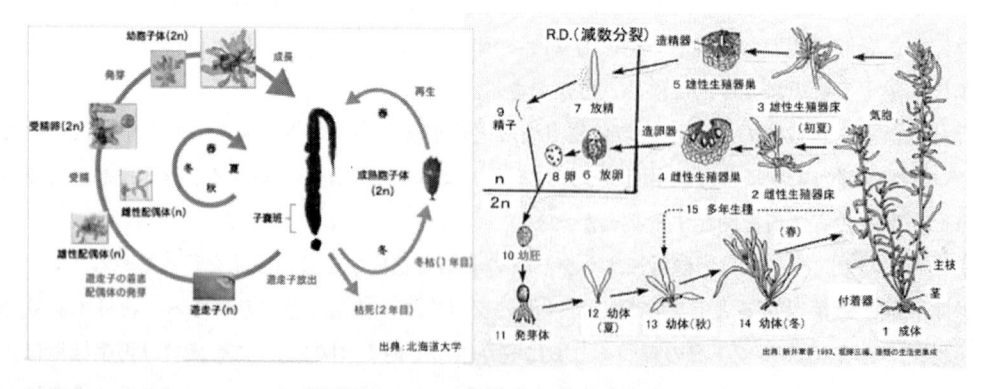

図23　コンブおよびヒジキの生活環

　DME は馴染みのない人が多いが，わが国では8万 t/年の製造能力を持つ商用プラントが既に稼働している。ただし，当該プラントは，天然ガスを原料に用いているところに難点がある。DME をスプレー用フロン代替ガスとして用いるには大変有用である。しかし，自動車用燃料として用いるのであれば，わざわざ天然ガスを DME に転換しないで圧縮天然ガス（CNG）として直接用いれば良いとの批判がある[25]ことが，天然ガス由来 DME の普及を阻んできた一因でもある。また，制度面では，高圧ガス保安法が普及のネックになっている。

　一方，BDF は廃油から簡単に製造可能なことから，各自治体で様々な品質の製品が製造されている。しかし，BDF は，カーボンニュートラルではあるが，ディーゼル油と同様に，オフロード車の排ガス規制対策には貢献できない。

　オフロード車とは，フォークリフト，ブルドーザー，トラクターなどの特殊自動車のうち，公道を走行しないことから道路運送車両法の規制を受けない自動車を指す（ナンバープレートの付いていない特殊自動車のことである）。

　オフロード車の排出ガス規制は，平成 17 年 5 月に制定されたオフロード法（正式には，「特定特殊自動車排出ガスの規制等に関する法律」という）に基づいて実施される（図24）。法規制の開始日は，別途，政令で定められており，オフロード車の使用者に対する法規制は平成 18 年 10 月 1 日からとなる。

　規制対象となるオフロード車は，平成 18 年 10 月 1 日以降に製造されたもので，ガソリン，液化石油ガスまたは軽油を燃料とするものである（一部，法規制適用の猶予期間が与えられているものがある）。ただし，現在使用中のものを含む平成 18 年 10 月 1 日より前に製造されたオフロード車については，規制の対象から除外されており，将来，中古車として転売するような場合であっても，この規制を受けることはない。

　なお，オフロード車は，種別（燃料別，エンジン出力別，新規生産車と継続生産車の別）に応

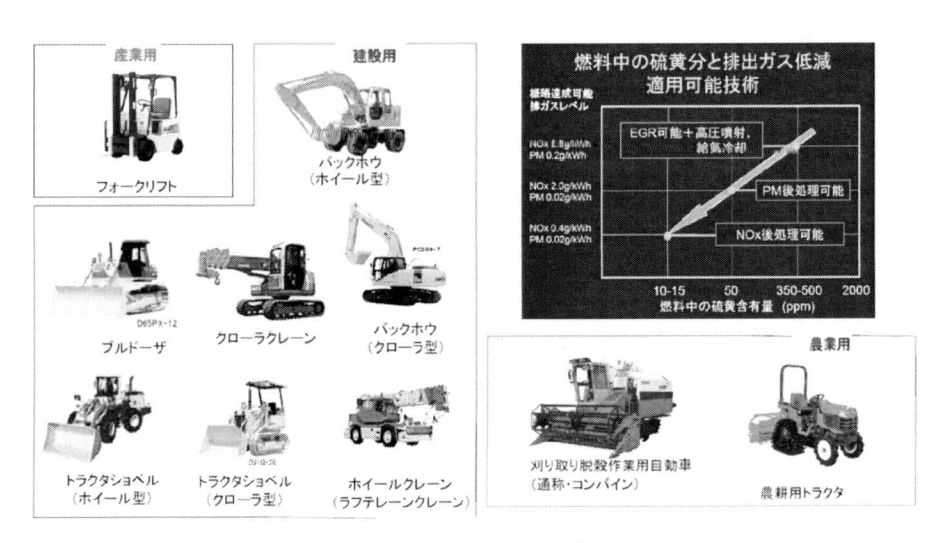

図24　オフロード車の排ガス規制と対象車種

じて，法規制適用の開始時期が異なるが対象車数は590万台にのぼる（図25）。

2016年から強化されるオフロード車の排出ガス規制強化に対して，産業用や建設用の特殊自動車では，その対応策が進んでいる。しかし，農林漁業分野の特殊自動車の対応策は殆ど進んでいない。この規制をエンジン側でクリアーするには，大きな排ガス浄化装置を搭載せざるを得なく，本来搭載すべきペイロードを搭載できなくなる可能性がある。

そこで，我々は，㈶交通安全環境研究所の協力を得て，燃料側で対応することを考えている。バイオDMEは，ディーゼルエンジンで燃焼させてもPM（ススなどの粒子状浮遊物質）を発生しないので，高価な排ガス浄化装置を購入しなくとも済むと言う算段である。バイオDMEの流通は，JA農協やコンビニでカセットボンベを販売するアイデアもある。

農山漁村におけるバイオDMEの利用を積極的に推進する理由は，オフロード車の排ガス規制強化対応だけではない。今後の原油価格の高騰や石油精製能力の25％削減，給油所過疎地の増加等を考慮して検討した結果，農林漁業の自給自足エネルギーとして第三世代バイオ燃料の3点セットを選択したのである。なお，バイオオイルは，ビニールハウスの暖房用燃料として用いる計画である。

都市部におけるガソリン需要の落ち込みから，石油元売り各社は2013年度までに石油精製能力を25％削減する計画を経済産業省に提案している。ガソリンや軽油は石油精製の連産品である。しかし，ガソリンの需要が25％減少したからと言って，農林漁業活動を25％削減するわけにはいかない。

また，少子高齢化や過疎化の進行を背景に，地方のガソリンスタンド（GS）が急減している。経済産業省の調査では，GSが3店舗以下の「給油所過疎地」は2010年10月末時点で229町村と，全市町村の13.3％を占めた。今後とも「給油所過疎地」は確実に増加する見通しである。農山漁村部におけるGSの減少は，そこでの日常生活や農林漁業活動に深刻な影響を及ぼすものと考えられる。

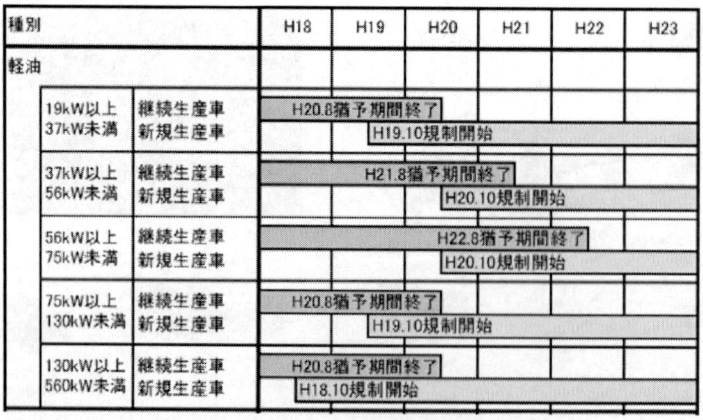

種別		H18	H19	H20	H21	H22	H23
軽油							
19kW以上 37kW未満	継続生産車	H20.8猶予期間終了					
	新規生産車		H19.10規制開始				
37kW以上 56kW未満	継続生産車		H21.8猶予期間終了				
	新規生産車			H20.10規制開始			
56kW以上 75kW未満	継続生産車				H22.8猶予期間終了		
	新規生産車			H20.10規制開始			
75kW以上 130kW未満	継続生産車	H20.8猶予期間終了					
	新規生産車		H19.10規制開始				
130kW以上 560kW未満	継続生産車	H20.8猶予期間終了					
	新規生産車	H18.10規制開始					

図25　法規制適用の猶予期間と開始時期

2.5　おわりに

　「アポロ＆ポセイドン構想2025」は，夢物語の部分が多くて何度聞いても理解できないと言う人々もいるが，そのような批判も無理からぬことである。本構想のコンセプトや機能は一貫しているが，それを実現するための技術は，日々変化してきた。

　そして，海洋バイオマス・フォーラムのメンバーの協力を得て基礎実験を試みることによって，理論的考察を確認してより実現に近い技術に絞り込んできた。その際，身銭を切って基礎実験に協力していただいたメンバーの方々が保有する知的所有権を保護するために，あえて核心的技術の内容を分かりやすく説明して公開する努力を怠ってきたことが，その一因であることは明白である。

　本節では，「アポロ＆ポセイドン構想2025」の概要を示すと共に，本構想の実現に向けた基本的な枠組みを述べることに力点を置いた。マイクロ波という電気エネルギーを使用してバイオ燃料を製造する訳であるから，製造プロセスのエネルギー収支には充分な配慮が必要である。その核心的技術の解説は，大変興味をそそるホットな話題である。しかし本稿の主目的は本構想の実現に向けた道筋を示すことにあるので，稿を改めるものとする。

　現在は，原理的検討はほぼ完了し，『宝船』システムの機能設計も完成の域に達したものと思われる。これからは，計画の実現に向けてより現実的な技術実証実験フェーズに移行する。それに伴い，実証実験フィールドを確保する必要がある。また，基礎実験もボランティア活動で対処可能なレベルを超えつつあることから，今後は，公的資金の獲得に努力する所存である。

　マイクロ波発信器の半導体化や溶媒・触媒の技術開発における最近の著しい技術進歩は，我々の計画の経済的実現性をより高めるものであり，大変勇気付けられる今日この頃である。

謝辞

　海の物とも山の物とも分からないアイデアの段階から能登谷正浩東京海洋大学名誉教授や山形俊男東京大学教授に色々な局面でご指導をいただいたことは，研究開発を進めていく上で大変励みになっている。また，単なる『泥船』システムに過ぎないかも知れない段階からご支援をいただいている「海洋バイオマス・フォーラム」のメンバーおよびアドバイザーの方々にも深く感謝いたしたい。

　「アポロ＆ポセイドン構想2025」の来し方行く末を記録に留めて置くことは，たまたま先を歩む機会に恵まれた者の責務であると考える。自ら道を拓こうとする方々にとって多少なりとも参考になれば望外の幸せである。

文　　　献

1）内田基晴，日本の水産分野におけるバイオ燃料研究の動向，日本水産学会誌，**75**（6），p.1107（2009）

2）㈳研究産業協会，平成16年度エネルギー・地球環境委員会報告書（2005.3）

3) ㈳研究産業協会, 平成 17 年度エネルギー・地球環境委員会報告書 (2006.3)

4) NEDO, バイオマスエネルギー先導技術研究開発, p.25 (2010.11)

5) 坂志朗, わが国における木質バイオマスエネルギーの現状と将来展望, 新エネルギー導入促進セミナー, p.29 (2006.9.21)

6) ㈶東京水産振興会, 平成 18 年度 水産バイオマス経済水域総合利活用事業可能性の検討報告書 (2007.3)

7) ㈶東京水産振興会, 平成 19 年度 水産バイオマス経済水域総合利活用事業可能性の検討報告書 (2008.7)

8) ㈳日本土木工業協会 海洋開発委員会 海洋基本計画推進専門委員会, マリンバイオマス計画等に関する検討 (2010.3)

9) 農林水産省, カナダにおける木質バイオマス液化技術の現状と動向に関する現地調査, p.4 (2010.9)

10) P.L. Spath and D.C. Dayton, Technical and Economic Assessment of Synthesis Gas to Fuel and Chemicals with Emphasis on the Potential for Biomass-Derived Syngas, p.3, NRL/TP-510-34929 (2003)

11) 産業技術総合研究所, きちんとわかる木質バイオマス, p.62, 白日社 (2009)

12) 現在のトピックス BTL, www.eonet.ne.jp/~forest-energy/.../BTLtales.pdf

13) Katori, Industrial Infrastructure Technologies for the Methane Energy-based Society and the Role of Microwaves, pp.258-259, KJIEES 2010-10-4 (2011)

14) バイオ燃料技術革新協議会, バイオ燃料技術革新計画, p.14 (2008.3)

15) ㈶新エネルギー財団, バイオマスの利活用に関する提言, p.2 (2010)

16) ㈳日本海洋開発産業協会, 海洋バイオマスによる燃料油生産に関する調査成果報告書 第 6 部 副生品回収システム (1984.3)

17) 京都府海洋センター, ホンダワラの種苗生産と海面養殖, 季報第 83 号 (2005)

18) 京都府海洋センター, ホンダワラ藻場の環境浄化機能, 季報第 86 号 (2006)

19) 京都府海洋センター, ホンダワラ類の増殖, 季報第 96 号 (2008)

20) 道家章生, 京都府沿岸域に分布するホンダワラ科海藻の成熟期 (短報), 海洋センター研究報告, No.26 (2003)

21) UNEP, Blue Carbon-The Role of Healthy Ocean in Binding Carbon (2009) URL: http://www.grida.no/publications/rr/blue-carbon/

22) 日経産業新聞, バイオ燃料の虚実 (上) 国内生産, 補助金頼み (2010.7.27 (火))

23) 産業競争力懇談会, 農林水産業と工業の連携研究会〜微細藻燃料分科会〜, (2011)

24) 中川雅夫, 堤直人ほか, 新日鉄の「海の森づくり」, NIPPON STEEL MONTHLY, pp.3-6 (2010.11)

25) 産業構造審議会産業技術分科会評価小委員会, 「DME 燃料利用機器開発事業」制度評価 (事後) 報告書, p.44 (2008.7)

3 韓国の海藻バイオマス開発プロジェクト

Jeong-Jun Yoon[*1], Yong Jin Kim[*2], Choul-Gyun Lee[*3]

3.1 はじめに

世界は化石燃料の過大な使用による枯渇と環境汚染という大きな二つの問題に直面していて，自然と共存しながら安定的に発展しようとする"持続的な成長（sustainable development）"の概念が話題になっている[1]。現在，採掘可能な石油埋蔵量は約3兆バレルであるが，このまま使い続けるとあと40年後には深刻な石油不足が起こり，第3の石油波動（オイルショック）に直面する可能性が非常に高い。また，世界のエネルギー供給源である中東の情勢が不安定となり，原油高時代に入っている。さらに，気候協約などにより二酸化炭素の排出に対する制裁が強化される兆しが見えていて持続的な発展とともにエネルギー保存及び効率的な環境保存のために代替可能な新しいエネルギーの開発に関心が集められている[2]。

最近，温室ガスの発生が少なく環境に優しい代替エネルギーの開発によってこれからの国家間のエネルギー戦争から生きのびていけるという認識が高まっていて，先進国を中心として環境汚染及び地球温暖化の問題を解決するために化石燃料の使用について規制を強めている。それに環境に優しいバイオ，水素，太陽などの新再生エネルギーを拡散させるために国の政策立案とともにこれらの新再生エネルギーの供給と使用を促進している。韓国においてもこのような新再生エネルギーの開発に積極的であるが米国やEUのような新再生エネルギー使用国と比較するとまだ始まった段階に過ぎない。

韓国のエネルギー輸入依存度は97％に達していて過去数年間エネルギー輸入額は急増している。2004年には496億ドルであった原油の輸入額が原油価額が急騰した2008年には約1,279億ドルに達した（図1）。

このようなエネルギー輸入額の急激な増加は図2に示しているように，過去30年間バレル当たり10〜40ドルで相対的に安定していた国際原油価額が最近4〜5年間急騰して2008年の初めにはバレル当たり100ドルを超えて最高額を更新したことによる。

急激な化石燃料使用量の増加により世界の原油埋蔵量が急激に減っていて，このために原油の生産量も減少していく事が予測される。特に2020年以降には原油生産量が急激に減少し始めることが予測され，原油価額上昇はこれから加速することが見込まれる。数年の内，原油価額がバ

＊1 Jeong-Jun Yoon　Green Materials Technology Center, Korea Institute of Industrial Technology（KITECH）

＊2 Yong Jin Kim　Green Process & Material R&D Group, Korea Institute of Industrial Technology（KITECH）

＊3 Choul-Gyun Lee　Department of Biotechnology, College of Engineering, Inha University

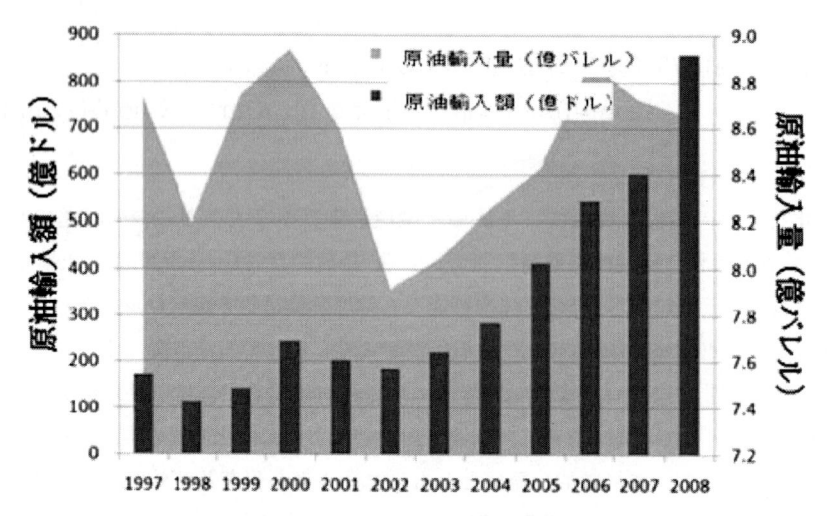

図1　韓国における原油輸入量及び原油輸入額
資料：韓国エネルギー管理公団より改変

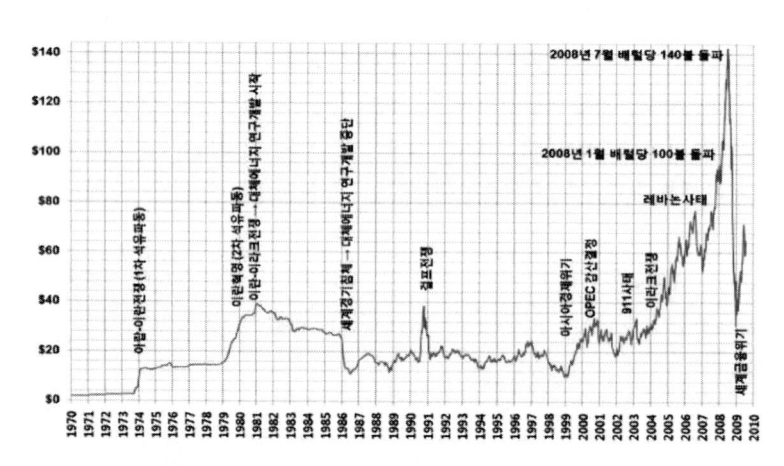

図2　1970年度以後国際原油価額推移（WTI基準）

レル当たり250〜300ドルになることを予測していて，悲観的に予測する人は10年以内に原油価額がバレル当たり500ドルを超えると予測している。しかし，現在使用されているエネルギーの大部分は石油，石炭，天然ガスなどの化石燃料であり，これを代替する新再生エネルギーの開発が急務となっている。

　全世界人口は化石燃料の使用のみで年間80〜90億トンの炭素を排出していて（図3），この中で約40億トン以上の炭素が大気中に放出されている。また，全世界人口は2005年に138,900 terawatt-hour（TWh）のエネルギーを使用しており，この内86.5％が化石燃料を使用して生産された。地球上の人口が約90億を超えることが予測される2050年にはこれより2倍のエネルギーが必要とされ，大気中に排出される二酸化炭素などの温室ガスの量も着実に増加することが

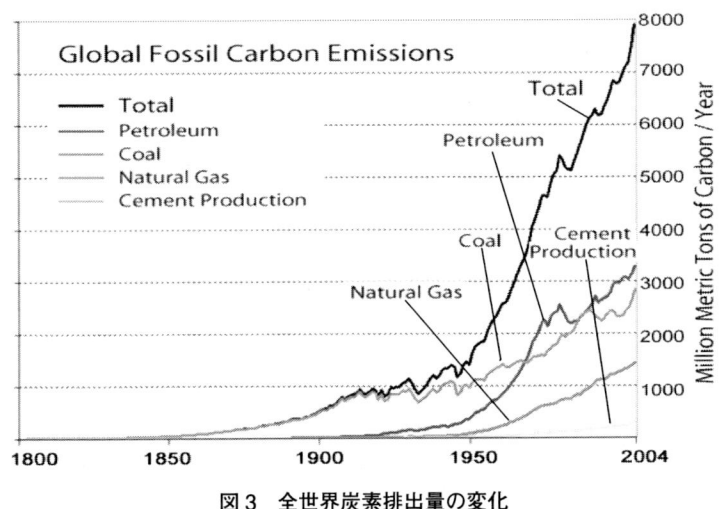

図3 全世界炭素排出量の変化
資料：米国エネルギー省（DOE）

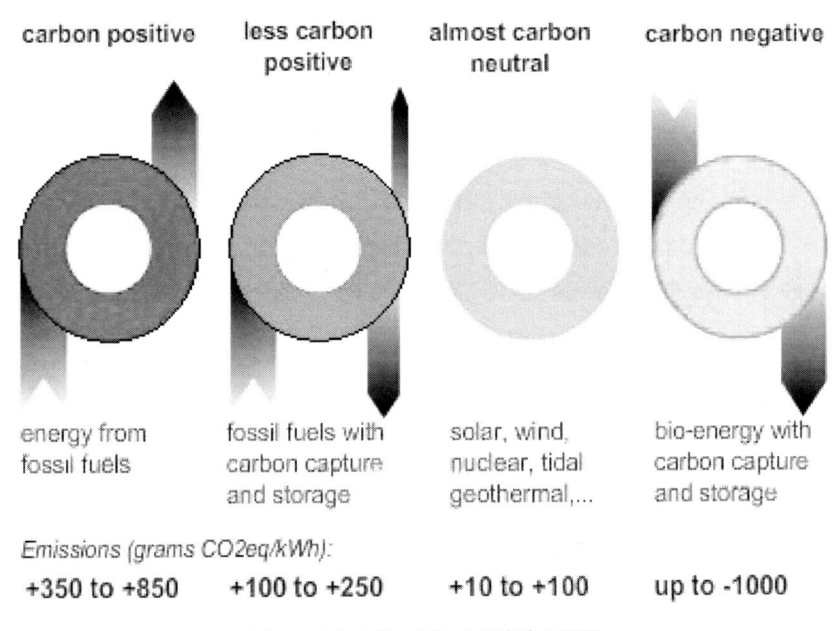

図4 エネルギー源による炭素の後足
資料：BioPact

予想されている。人類の生産活動による二酸化炭素などの温室ガスの増加は地球から放射される赤外線を再び吸収することにより地球の温度を上げる悪循環の原因となる。現在の状況が続くことにより21世紀末の極地の温度は現在より約7～8度上昇することが予測される。このような温

度上昇は海水面の上昇と異常気温，洪水や干ばつなどの異常気候を引き起こしている。

これに対し，バイオエタノールやバイオディーゼルのようなバイオエネルギーは化石燃料に比べると相対的に少ない温室ガス（GHG）を排出する。最近のバイオエネルギー研究は適当な炭素分離貯蔵法（CCS = Cabon Capture and Storage）と連結される場合，むしろ炭素を消費しながらエネルギーを獲得することができる（図4）。これは風力，太陽光及び太陽熱などの新再生エネルギーより有利な長所になる。

現在，研究されている多様な種類の新再生エネルギー分野の中で，特に輸送分野は当分の間，液体燃料が使用されることが当然となっていて，バイオエネルギーの重要性はより一層浮き彫りになっている。

3.2 バイオエネルギーと食糧問題

バイオエネルギー（バイオエタノール及びバイオディーゼル）の生産量は持続的に増加している[3]。バイオディーゼルはヨーロッパを中心として生産されていて，バイオエタノールはブラジルと米国を中心として大量に生産されている（図5）。

しかし，2008年の原油価額の急騰にバイオエネルギーが対処できなく，むしろ穀物価額の上昇と食糧不足の状況をもたらした（図6）。

この事は澱粉質系バイオマスである穀物などからバイオエネルギーを作ると食糧と競合する

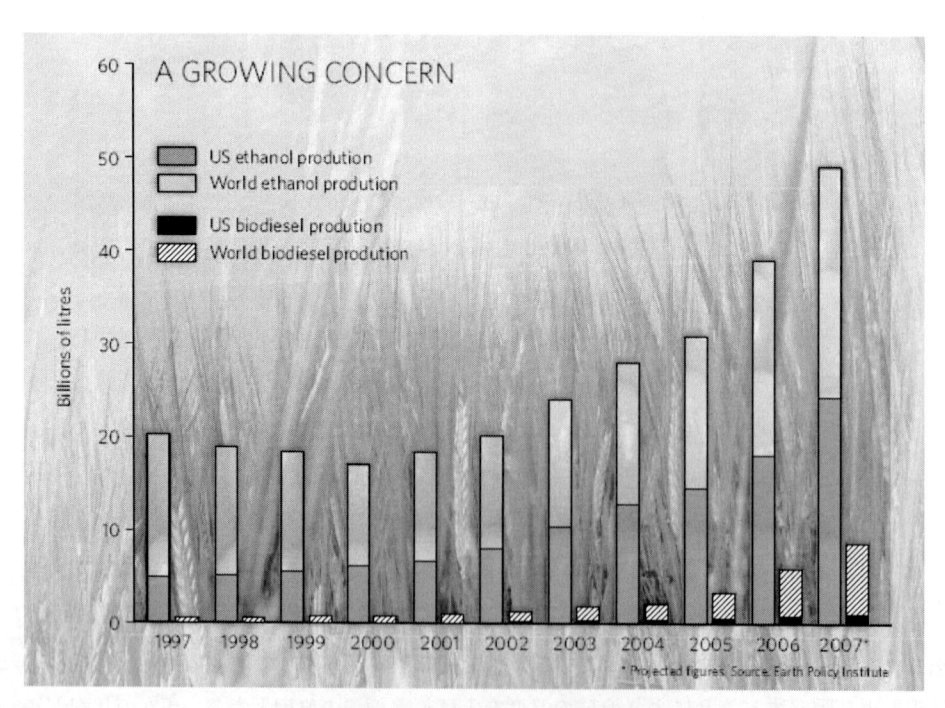

図5　世界及び米国のバイオエネルギー生産量変化の推移
資料：Projected figures，Earth Policy Institute

図 6　2000 年以降の穀物価額の推移
資料：CBOT（Chicago Board of Trade）

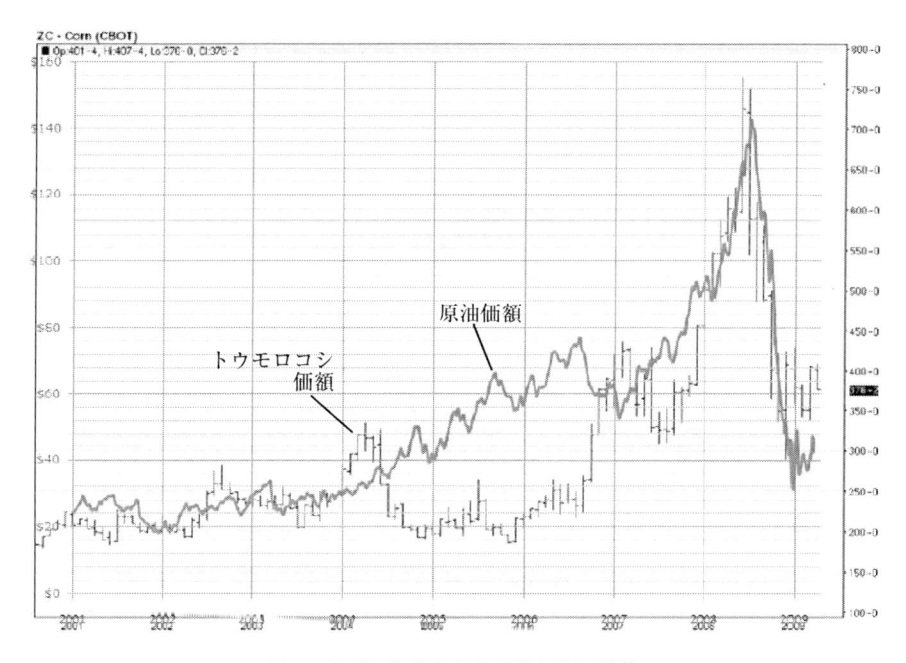

図 7　最近の穀物価額と原油価額の推移

しかない真理を確実に見せた資料になり，食糧と競合するバイオマスをバイオエネルギーの原料
として使用することは長期的にみると損害であるとする主張が提起されてきた[4]。南米及び東南
アジアなどの地域にある熱帯多雨林などをバイオエネルギー生産のための作物栽培地へと変更
した場合，これらによって生産されるバイオエネルギーによって低減される二酸化炭素より，少
なくても 17 倍，多くは 420 倍に達する温室ガスを排出するという報告もある[5]。糖質系バイオマ
スであるサトウキビを利用する場合にも同様であり，国際穀物価額の上昇はバイオエタノールを
生産するために着実に増加している穀物の量と密接な関係があることがわかる。ブラジルでも

2008年後半の原油価額の上昇に応じてより多くのバイオエタノールの生産にサトウキビが使用され，国際砂糖価額まで暴騰した。21世紀に入って原油価額とトウモロコシ価額の推移を同時に重ねると2つの価額推移が一致しているのが分かる（図7）。

　結論として非食用作物を利用したバイオエネルギーが，現在の化石燃料の枯渇による原油高の問題と地球温暖化による環境破壊の問題を同時に解決できる最も望ましい解決策である。

3.3　韓国における海藻類バイオエネルギー開発の正当性

　上述したように，現在商用化されているバイオエタノールの原料は木質系バイオマスを除いては食糧資源と直結している糖質系及び澱粉質系を使用しているので食糧をエネルギーへと使用しているという道徳的問題だけではなく，原料の需給問題も発生しうるという批判もある。また，陸上植物の栽培には窒素肥料の使用だけではなく，淡水の使用が必要とされているので，スウェーデンのストックホルム環境研究所が世界の水不足の事態を警告したと発表した。したがって，韓国のような栽培面積が狭くてバイオマス資源が不足している状況ではバイオエネルギーの原料の多様化が必要である。

表1　韓国の国土指標

韓国の国土指標	面積（km^2）	比率（%）
国土面積	99,373	100.0
国土中森林面積	63,700	64.1
国土中田畑面積	19,902	20.0
領海面積（12海里）	71,000	71.4
領海中海藻類の養殖場面積	750	0.075
排他的経済水域（200海里）	225,214	226.6
干潟面積	2,550	2.6

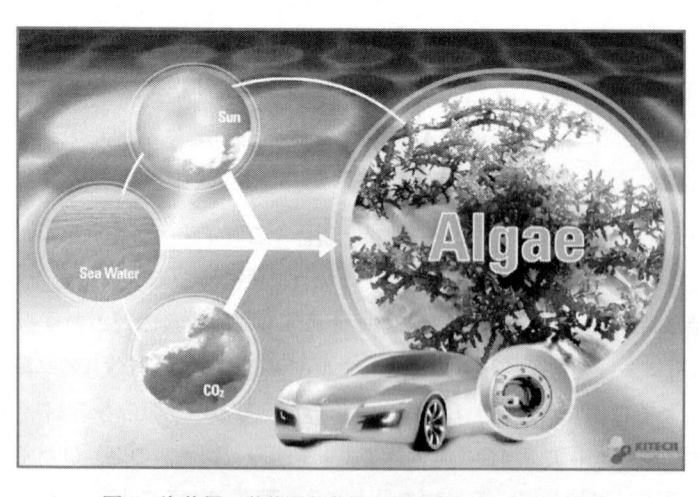

図8　海藻類の栄養源と有効利用を表している模式図

　表1に示しているように韓国の場合，国土の3面が海に囲まれているので海洋資源が豊かである。しかし，現在，韓国にある海藻類の養殖場面積は約75,000 ha でありこれは国土面積の0.075%に過ぎないので，これらを利用したバイオエネルギー生産技術及び二酸化炭素の低減方法は非常に効果的な方策になりうる。

　海藻類バイオマス（Seaweed biomass）は，他のバイオマスより成長性が非常に優れていて（東南アジアの場合，年4〜6回収穫可能），広々とした海を利用できるので利用可能な面積が広くて淡水，土地，肥料など原価が高い資源を使用する必要がなく，海水，太陽及び二酸化炭素のみで成長することができる（図8）。また，海藻類（主に紅藻類）にはリグニン成分がないので木質系バイオマスより前処理工程や糖化工程が簡単であり，大規模な養殖栽培から原料の確保ができれば糖質系または澱粉質系バイオマスを利用したエタノール生産工程と同様な工程費用でバイオエタノールの生産ができると推測される[4]。このような事により，海藻類バイオマスを利用したバイオエネルギーの生産が韓国だけではなく全世界的に脚光を浴びている。

3.4　韓国の海洋バイオエネルギー政策及び技術開発プロジェクト

　現在，韓国で使用されている新再生エネルギーの約30%がバイオエネルギーであるが，大部分は木質系バイオマスを利用する固体燃料である（表2）。最近，韓国政府は第3次新再生エネルギー技術開発及び利用・普及の基本計画を発表し，2030年までに韓国の全体エネルギー使用量の11.27%である2,338万 TOE の新再生エネルギーを普及させると発表した（表3）。この中でも特に，バイオエネルギー及び廃棄物分野の新再生エネルギーは2030年の新再生エネルギー需要分の30%以上を占めるというのが韓国政府の第3次新再生エネルギー基本計画で示された（表4）。

表2　OECD 国家の1次エネルギーに占める新再生エネルギーの比重

(%)

| 区　分 | 国名 | 総再生エネルギー | 水力 | バイオマス | | | | 地熱 | 太陽熱 | 風力 | 生活廃棄物 |
				計	固体	液体	ガス				
総1次エネルギー対比	米国	4.2	1.1	2.5	2.1	0.2	0.2	0.4	0.1	−	0.2
	日本	3.5	1.6	1.1	0.9	−	0.2	0.6	0.1	−	0.1
	ドイツ	3.2	0.5	1.9	1.5	0.2	0.3	−	0.1	0.5	0.3
	フランス	6.0	1.9	3.6	3.4	0.1	0.1	−	−	−	0.4
	スペイン	6.8	2.6	3.3	3.0	0.1	0.2	−	−	0.8	0.1
	韓国	0.6	0.2	0.2	0.2	−	−	−	−	−	0.1
総再生エネルギー対比	米国	100	25.2	59.5	49.8	5.9	3.9	9.0	1.5	−	3.8
	日本	100	44.8	30.2	24.5	−	5.7	17.7	13.5	−	3.4
	ドイツ	100	14.7	59.5	46.2	5.1	8.1	−	2.1	14.4	7.9
	フランス	100	31.4	60.6	57.8	1.6	1.2	−	−	−	6.6
	スペイン	100	38.2	48.4	43.8	1.8	2.8	−	−	11.2	1.5
	韓国	100	35.9	30.6	30.6	−	−	−	−	−	0.1

資料：Energy Balances of OECD Countries（2002-2003），2005 Edition

バイオエネルギーの場合，増加率は比較的低い方であるが，増加量は最も多くなることが予測されている。この中で2008年9月に韓国政府が国家的に新再生エネルギー事業へ集中的に投資するという“17大新成長動力事業”に含まれている「海洋バイオエネルギー」が重点的に推進されている[6]。

現在，韓国政府の中で3つの政府省庁（知識経済部；Ministry of Knowledge Economy，国土海洋部；Ministry of Land, Transport and Maritime Affairs, 農林水産食品部；Ministry for Food, Agriculture, Forestry and Fisheries）で海洋バイオエネルギー事業を本格的に試みている。海洋

表3　最終エネルギー及び新再生エネルギーの普及展望（目標案）

	2008	2010	2015	2020	2030
最終エネルギー（百万TOE）	183.0	186.8	196.3	205.9	207.5
新再生エネルギー（千TOE）	5,107	5,989	8,505	12,014	23,379
比　　重	2.79%	3.21%	4.33%	5.84%	11.27%

資料：第3次新再生エネルギー技術開発及び利用・普及基本計画

表4　新再生エネルギー需要展望（目標案）

	2008	2010	2015	2020	2030	年平均増加率
太陽熱	33 (0.5)	40 (0.5)	63 (0.5)	342 (2.0)	1,882 (5.7)	20.2
太陽光	59 (0.9)	138 (1.8)	313 (2.7)	552 (3.2)	1,364 (4.1)	15.3
風　力	106 (1.7)	220 (2.9)	1,084 (9.2)	2,035 (11.6)	4,155 (12.6)	18.1
バイオ	518 (8.1)	987 (13.0)	2,210 (18.8)	4,211 (24.0)	10,357 (31.4)	14.6
水　力	946 (14.9)	972 (12.8)	1,071 (9.1)	1,165 (6.6)	1,447 (4.4)	1.9
地　熱	9 (0.1)	43 (0.6)	280 (2.4)	544 (3.1)	1,261 (3.8)	25.5
海　洋	0 (0.0)	70 (0.9)	393 (3.3)	907 (5.2)	1,540 (4.7)	49.6
廃棄物	4,688 (73.7)	5,097 (67.4)	6,316 (53.8)	7,764 (44.3)	11,021 (33.4)	4.0
合　計（千TOE）	6,360	7,566	11,731	17,520	33,027	7.8
1次エネルギー（百万TOE）	247	253	270	287	300	0.9
1次エネルギー対比比重	2.58%	2.98%	4.33%	6.08%	11.0%	

資料：第3次新再生エネルギー技術開発及び利用・普及基本計画

バイオエネルギー生産技術に関して一番最初に始めたのは知識経済部であり，知識経済部傘下の研究機関である韓国生産技術研究院（KITECH）が紅藻類由来バイオエタノール生産源泉技術開発事業（2008～2011 年，30 億ウォン）を行っている。特に，KITECH が開発した紅藻類由来バイオエタノール生産技術は世界で最初に開発した技術であり，国際特許を出願している（PCT/KR2008/001102RO/KR）。また，2009 年に韓国政府は"新成長動力事業の細部推進計画"を発表し，2009 年から始めて 2012 年に終了する予定の研究費 150 億ウォン規模の"世界最初の海藻類由来バイオエタノール生産用のパイロットプラント建設"の事業を始めた。主な内容は海洋バイオ燃料の初期商用化のために 4,000 L/day 規模のパイロットプラント建設である。

　一方，国土海洋部では，海洋生物を利用したバイオエネルギー技術開発事業について 2009 年から 2018 年まで 10 年間の長期的開発計画を立てている。推進背景は化石燃料の代替及び二酸化炭素の低減のため海洋バイオエネルギーの源泉技術を確保し高付加価値の新成長動力を創出することである。また，海洋バイオエネルギー技術開発の目標は バイオエタノール及びバイオディーゼルにおいて先進国対比で 2018 年までにそれぞれ 90%，95% まで引き上げて，2030 年になるとそれぞれ 100% まで達することを目標としている（表 5）。

　国土海洋部の海洋バイオエネルギー生産目標は，2018 年までにバイオエネルギーを年間 5 万 TOE 生産及び温室ガスを 15 万 CO_2 トンまで低減するシステムを構築することである（表 6）。

　農林水産食品部は"海藻類バイオマスの量産及び統合的活用技術"に関する開発事業を 2009 年から 2021 年まで計画している（表 7）。農林水産食品部は他の省庁が推進している海洋バイオエネルギーの開発とは違って安定的な海藻類バイオマスの確保とグリーンエネルギー技術の開発及び統合的な原料を利用した産業化を通じて雇用創出を目指している。まず，2020 年までに海

表 5　海洋バイオエネルギー技術開発目標（先進国対比）

(%)

区　分	現　在	2013 年	2018 年	2030 年
バイオディーゼル	74.1	85	95	100
バイオエタノール	64.9	80	90	100

資料：新成長動力細部推進計画 2009，国土海洋部

表 6　海洋バイオエネルギー生産目標

区　分	2010	2013	2018	2030
最終エネルギー（百万 TOE）	186.8	196.3	205.9	207.5
新再生エネルギー（千 TOE）	5,989 (3.21%)	8,505 (4.33%)	12,014 (5.85%)	23,379 (11.27%)
バイオエネルギー（千 TOE）	987 (16.5%)	2,210 (26.0%)	4,211 (35.1%)	10,357 (44.3%)
海洋バイオエネルギー（千 TOE）	－	3 (0.1%)	5 (1.1%)	5,000 (48.3%)

資料：新成長動力細部推進計画 2009，国土海洋部

表7　海藻類を活用した代替エネルギー自立の基盤構築

段階的目標	海藻類養殖場（千ha）	生産性（ton/ha）	生産量（千ton）	乾燥量[1]（千ton）	単糖類		エタノール生産量		
					糖化収率（%）	単糖類（千ton）	発酵収率（%）	（千ton）	（億L）
現在	110	50	5,500	550	60	83	70	29	0.38
2014	250	200	50,000	5,000	80	1,000	80	408	5.23
2020	500	250	125,000	12,500	85	3,852	90	1,768	22.66
2030	500	300	150,000	15,000	90	6,413	90	2,943	37.74

資料：新成長動力細部推進計画 2009，農林水産食品部

藻類の養殖場 50 万 ha を確保し，大量養殖の技術と非発酵性糖類までエタノールに転換する技術を開発することにより年間 22.7 億 L のエタノールを生産して国内ガソリン消費量の 20%を代替することを目標としている。

3.5　結論

　全世界の多くの国々が原子力，風力，潮力，地熱，太陽熱及び太陽光などの新再生エネルギーに対する研究とともにバイオエネルギー研究を並行するのは液体燃料の必要性が重要であるからで，2008 年の石油波動を経験したことにより海洋藻類のような第3世代バイオエネルギーへと関心が集中した。海洋バイオエネルギーの商用化に成功するためには，原料確保にどの位経済性があるのかがカギである。21 世紀が過ぎる前に人類は OPEC を中心とした石油生産国の影響から脱却し，バイオマスを大量確保している農業生産国の影響力が増加していくと予測される。バイオエネルギー生産に必要なバイオマスを確保するための競争は国家の興亡を左右するほどに重要な問題である。しかしながら，国土面積が狭い韓国においてはバイオエネルギーを生産するために農地や森林を開発することはできないので，結局海を利用するしかない。

　結論として，韓国においては多様な少量のバイオエネルギーを生産することはできるが，原油輸入の相当な部分を代替できる解決策は海洋バイオエネルギーが唯一であり，どこの地域を利用しても海藻類の大規模な培養技術の確保が急務である。

文　　　献

1) Mclaren, J. S., Crop Biotechnology Provides an Opportunity to Develop a Sustainable Future, *Trends Biotechnol.*, **23**（7），339-342（2005）

2) Wright, L.,Worldwide Commercial Development of Bioenergy with a Focus on Energy Crop-based Projects, *Biomass and Bioenergy*, **30**（8-9），706-714（2006）

3) Tollefson, J., Energy: Not Your Father's Biofuels, *Nature*, **451**, 880-883（2008）

4）Kim, Y. J. *et al.,* 海洋バイオエネルギー，*BT News．* **16**（1），6-18 （2009）

5）Fargione, J. *et al*., Land Clearing and the Biofuel Carbon Debt, *Science*, **319**, 1235-1238 （2008）

6）知識経済部，国土海洋部，農林水産食品部／新成長動力細部推進計画（2009）

第3章　バイオエタノール生産技術

1　酵母発酵によるアオサ・ホテイアオイからのエタノール生産

浦野直人[*1]，高木俊之[*2]

1.1　はじめに

　近年，石油代替クリーンエネルギーとしてのバイオエタノール生産が，世界的レベルで急激に拡大している。とりわけ，アメリカとブラジルの生産量は突出し，二国で世界の生産量の8割近くを占めている（図1）[1]。アメリカでは2012年までにガソリンのバイオエタノール混合量を75億ガロン（約2,900万kl）とすることを義務付け，州により異なるが，ガソリン車は概してE10（エタノール10%混合ガソリン）対応となっている。ブラジルでは自国内でのガソリンへのバイオエタノール混合率を20〜25%とすることを義務付け，すでに全車両がE25対応車となっている。日本でも，鳩山前首相が2020年までに二酸化炭素の排出量を25%削減（1990年比）することを国連演説するなど，クリーンエネルギー開発に力を注いでおり，農水省は2030年までに600

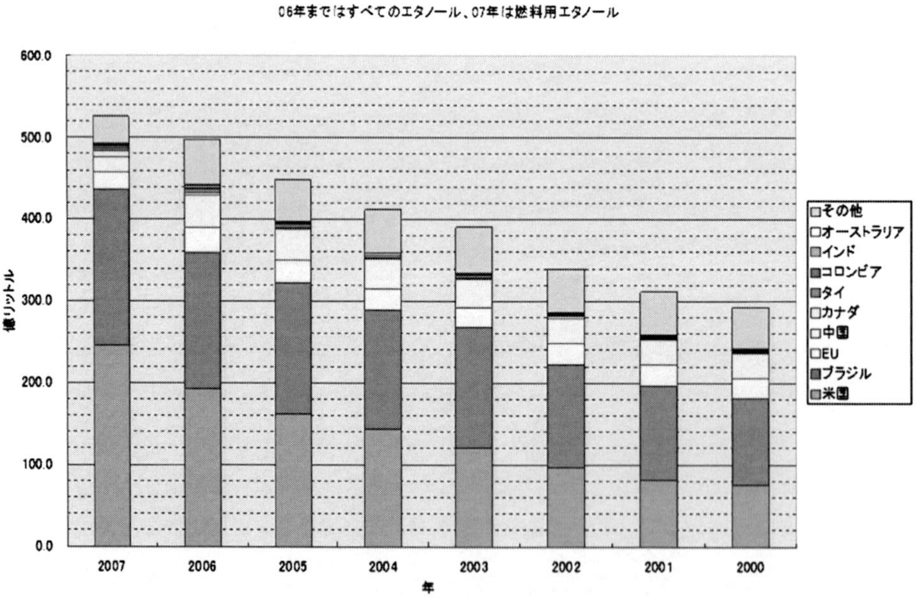

図1　世界のバイオエタノール生産

＊1　Naoto Urano　東京海洋大学　海洋科学部　海洋環境学科　教授

＊2　Toshiyuki Takagi　東京海洋大学大学院　海洋科学技術研究科　海洋環境保全学専攻

万 kl のバイオエタノールを市場供給することを見込んでいる。これが実現すれば全国規模で E10 の実施が可能となるため，京都議定書実現に向けてバイオエタノールが果たす役割は非常に大きい[2,3]。

バイオエタノール原料は，アメリカではトウモロコシ，ブラジルではサトウキビを中心として恒常的に燃料利用されている[4]。その理由は耕地あたりのエタノール生産量がトウモロコシで 2.1 kl/ha，サトウキビで 5.1 kl/ha と高く，しかもこれらの糖質・デンプン系バイオマスは糖化が平易であることに基因している。しかし一方で，アメリカでは全栽培トウモロコシの約 30% をバイオエタノール生産へと使用し，ブラジルではサトウキビから抽出できる砂糖類の約 50% をバイオエタノール生産原料へ供給しているため，原料の燃料化と食糧化が競合するという問題点がある。こうした背景から，バイオエタノールの生産拡大に伴い食料危機などの弊害が，世界的なレベルで現実的に発生しつつある[5]。

上記の情勢を踏まえて，食糧化と競合しない第 2 次世代のバイオエタノール原料開発が急務であり，植物のセルロース系バイオマスに注目が集まっている。セルロースバイオマスは食糧化との競合がほとんど無いが，植物体内で難分解性高分子のリグニンがセルロースと強固に結合していることが多く，糖化とそれに続く高効率な発酵を困難にしている。従って，セルロース系バイオマスを原料とするためには，糖化・発酵のコストと労力の低減，高効率化を目指した技術開発を必要としている。

現在，日本の農水省が早期実用化を目指しているセルロース系バイオマスは，稲わら・廃木材等の農業廃棄物・陸上植物[3]が中心であり，計画中に海藻・海草・水草などの海洋バイオマスは含まれていない（理由は 1.2 参照）。しかし，バイオエタノール生産を陸上由来原料に限定してしまうことは，供給量の不安定さから生産規模の縮小に繋がり易くなるであろう。バイオマス原料を限定せず，できる限り広範囲からの原料供給を試みることが望ましい。特に，海と陸を生物生存域の体積比で比較すると，海：陸 = 50：1 と試算される上，海は人類の未踏達域を多く残しているため，海洋バイオマスは無尽蔵の未利用資源であると言っても過言ではない。そこで本節では，海洋バイオマス（本節での海洋とは淡水・汽水を含む水圏全体を指す）の中で，富栄養化した沿岸で大繁殖している海藻のアオサ，湖沼や河川で類似問題を引き起こしているホテイアオイに焦点を絞り，それらを原料としたバイオエタノール生産に関する開発現状とその将来性に関して，著者らの研究を中心に概説する。

1.2　海洋バイオマス（アオサ・ホテイアオイを中心として）

1970 年代のオイルショック以来，海洋バイオマスは膨大な供給量を含む未利用エネルギー源としての大きな期待が掛けられ続けてきた。しかし，今日までに実用化レベルに達した研究がほとんど無く，あくまで将来展望を踏まえた技術蓄積としての期待のみに留まっている。その主な理由は

① 海洋バイオマスは陸上のそれと比べて存在密度が希薄であるため，1 地点での大量収穫が

困難である。

② 海洋バイオマスの水中での収穫は労力を要するため，時間とコストがかさむ。

③ 海洋バイオマスは水分含量が90%以上と高く，取扱いが困難であると共に，実質的な大重量の収穫が困難である。

④ 海洋バイオマスの運搬に船舶を使用することで，運送費がかさむ。

などの問題点を含むことであり，これらの理由からエネルギー収率の低い原料とみなされ，実用開発が回避されてきたことに基因している[6]。

ところで第2章で述べたように，三菱総研と東京海洋大らが共同して新生アポロ・ポセイドン構想2025と称する計画[7]が進んでいる。日本の領海内に海洋プランテーション（海藻の大規模栽培場）を設立する。洋上プラント船上に，海藻の回収，原料加工（脱水・糖化），エタノール製造（発酵・精製）の全システムを構築する。2025年を目途に，海藻から年2,025万klのエタノールを生産し，同時にウランやレアメタルも回収する計画である。生産バイオエタノールは日本で消費するガソリンの1/3程度に当たるとしている。本構想は最終到達年次を2050年としており，半世紀に渡る長期的研究開発であるが，海洋バイオマスが保持する問題点①〜④をほぼ全て解消できる構想として期待されている。また一方で，水産庁が主催して平成19年度より，海洋（水産）バイオマスの資源利用に関する総合的技術開発（6カ年計画）が行われている。未利用海藻・水草等からの生理活性物質の抽出，それら残渣のエネルギー化や飼料化により，海洋バイオマスの徹底的カスケード利用を目指している。本計画は海洋バイオマス早期実用化のための技術開発を行うことを目的としており，出口が見えた研究が幾つも進行している。

なお，本節で述べる海藻とは「海産多細胞性藻類」の総称であり，その種類は2万5千種に及び，地球上の全植物種の約5%に当たる。沿岸海域には主に緑藻，沖合に出るにつれて褐藻や紅藻が多く繁殖している。著者らは以下の海藻をバイオエタノール原料として研究している。

　　緑藻：アオサ

　　褐藻：コンブ，ヒジキ，ホンダワラ（アカモク），ワカメ

　　紅藻：アサクサノリ，テングサ

海藻のうち食糧として利用されているものは不可食部位を原料とすること，未利用海藻は全部位の原料利用を計画している。本節では海藻中でも期待の大きいアオサを取り上げて解説する。

1.2.1　アオサ（*Ulva* 属）

アオサは浅海の岩礁に付着したり海水中に浮遊した状態で成長する。日本の海岸で日常的に目にする海藻で，特に富栄養化した海域では緑色濃く大きく成長する。日本ではこれまで，アオサはふりかけ等の食品へ利用されてきたが，アオノリやヒトエグサと比べて品質が劣るとされている。また富栄養化海域で採集されたアオサは，異臭の発生や藻体内に重金属が蓄積されている可能性が高く，食用として不適切なものが多い。近年では大都市近郊で，アオサが春から夏にかけて大繁殖している沿岸が増大している。アオサは繁殖過多になると，漁網との絡まり，海岸に漂着し腐敗による悪臭の発生，浜遊びの妨害，養殖アサリ艶死の誘引等，市民生活への悪影響をも

たらしている。中国では 2008 年 8 月の北京オリンピックの開催 1 週間前に，北京沿岸でアオサが大発生し，水辺を利用する競技の開催が危ぶまれる等，その顛末に世界が注目した。中国当局の迅速な行動でアオサは除去され，競技に支障はなかったが，富栄養化海域でのアオサ大発生がもたらした典型的な事件と言えよう。

　日本の都心で手軽にアオサの繁殖が観察できるスポットとして，横浜市八景島の海浜公園がある。ここでは夏場になると毎年のように，アオサが海岸に大量に打ち上げられ，年によっては大型トラックを何台も使用して運び出すこともある（図 2）[8]。ところが，回収したアオサをどう処分したら良いか？　という問題に突き当たっている自治体も多い。焼却処分する場合には，水分含量が多過ぎるため天日乾燥を必要とするが，悪臭の発生源となる。また，埋め立て処分するには，それに応じた場所が必要になる。そこで，沖合へ運んで再散布する手段をとっている地域も有り，アオサの繁殖が簡単に減少しない一因ともなっている。一方で，アオサの成長の速さ，分布域の広さなどから，生態を上手に制御することで水質浄化への応用が期待されている[9]。富栄養化した沿岸で成長したアオサは，水質浄化に貢献しつつ過密繁殖するため，成長が止まった後に回収してエネルギー利用することは有効な手段であろう。著者らは浜名湖産のアオサを試料として研究を行っている。

　次に，著者らは淡水圏のバイオマスにも目を向けている。近年，日本の湖沼ではホテイアオイ，ウォーターレタス，オオカナダモ，コカナダモ等の外来産水草の大繁殖が問題視されるようになった。日本産水草を押しのけて繁茂している外来産水草は，利用価値が無く生態系破壊をもたらす害草と捉えられているが，エネルギー化の観点からは魅力的な未利用資源であり有効利用が期待される。本節ではホテイアオイを取り上げて解説する。

1.2.2　ホテイアオイ（*Eichhornia crassipes*）

　ホテイアオイは熱帯産浮遊性水草であり，南米，アフリカ，東南アジア等の熱帯・亜熱帯では湖沼や河川などの淡水・汽水域で通年にわたり大繁殖している。生態系や船舶航行に深刻な影響を与えていて，通称「青い悪魔」と呼ばれ世界的害草の一つとされている[10]。2008 年秋に，著者

図 2　トラックによるアオサの運搬

へある日本人ボランティア団体から連絡が来た。「私達がケニアの湖で爆発的に大発生したホテイアオイの回収に携わっていた際に，従事者の何人もが呼吸困難や気分が悪くなる症状を呈してしまった。ホテイアオイが何かしらの有毒ガスを放出しているのか？」との問い合わせであった。著者は，「ホテイアオイが人体に有害なガスを発生する可能性は少ないであろう。ただし呼吸すると酸素を吸収し，二酸化炭素を体外へ放出する。大繁殖したホテイアオイは日光下では光合成代謝が主体となるが，日陰になると主に呼吸代謝を行うため，周囲の大気中の酸素濃度の減少と二酸化炭素濃度の増大を引き起こし，作業従事者が一時的に呼吸困難を呈したのであろう。」と回答した。酒造など微生物発酵に携わる従事者が発酵タンク近傍で勤務していると，時に呼吸困難に見舞われ死亡する例すらあるが，これは酵母発酵による周辺酸素濃度低下がもたらす災害である。ケニアの例は，ホテイアオイがいかに水圏環境で大繁殖しているかを伺うことができる興味深い逸話である。

　ホテイアオイは19世紀末に日本に持ち込まれ[11]，現代では一般家庭の金魚鉢や庭池で水質や水温の安定化，夏に咲く青い花の観賞用の目的で栽培されることが多い。自然水圏では春から早秋にかけて各地の湖沼で大繁殖し，水面を覆い尽くすと水中生物を窒息死させたり，他の水生植物の増殖を著しく阻害してしまうなどの生態系破壊をもたらしている。さらに熱帯原産であるため，晩秋を過ぎると枯れて腐敗し，より著しい水質汚染を引き起こしている。野生ホテイアオイの回収・処分にはコストがかかり，福岡県大川市では除去のために年間約6,000万円の予算が使われている[12]。一方で，ホテイアオイは根からの重金属や有機物の吸収能が高く，千葉県では全国有数の富栄養化湖沼である手賀沼の水質浄化のために，ホテイアオイを毎年夏季に手賀沼で栽培し，腐敗前の晩秋期に回収し堆肥化している[12]。また，埼玉県大利根町では春から夏季に休耕田でホテイアオイを栽培して一面に紫色の花を咲かすことで町興しに利用し，秋から冬季には利

図3　大利根町のホテイアオイ栽培

用法が無く枯れるまで放置している。そこで，著者らは大利根町で繁殖したホテイアオイ（図3）を晩秋に回収し，研究試料として使用している（図4）。

1.3　アオサ・ホテイアオイ体内の多糖類とその糖化工程

バイオマス中で最もエタノール変換可能な成分は多糖類である。海藻や水草は光合成により製造したグルコースなどの単糖類を代謝し高分子化した結果，体内に豊富な多糖類を保持している。表1に海藻（褐藻・紅藻・緑藻）の主要な多糖類を示す[13]。骨格多糖は主にセルロースとヘミセルロースである。貯蔵多糖は主にラミナラン，デンプン，アミロース，アミロペクチンである。さらに防御多糖は主にアルギン酸，フコイダン，カラゲーナン，寒天，キシロアラビノガラクタン等であり，これらは海藻に特有の細胞間高分子である。陸上植物全般に含有されている難分解性のリグニン[14]は，海藻には含まれておらず，また水草中のリグニン含量も陸上植物の半量以下しか含まれていないため，後述する糖化工程を平易にしている。

図4　1m^{2}から収穫したホテイアオイ

表1　海藻に含まれる多糖類

大型海藻	褐藻（コンブ）	紅藻（テングサ）	緑藻（アオサ）
骨格多糖	セルロースⅡ ヘミセルロース	セルロースⅡ ヘミセルロース等	セルロースⅠ，Ⅱ等
貯蔵多糖	ラミナラン	紅藻デンプン	アミロース アミロペクチン
防御多糖	アルギン酸 フコイダン	寒天 カラギーナン等	キシロアラビノガラ クタン等

　酵母は多糖類を直接的に資化や発酵する能力を持っていない。グルコースなどの単糖類を，細胞膜を介して外界から細胞内へ能動輸送して代謝するが，より高分子の少糖類や多糖類を能動輸送できない。酵母はしばしば加水分解酵素を分泌し，高分子糖類を酵素作用で単糖にまで低分子化した後に，細胞内へ輸送して代謝している。従って，バイオエタノール生産も酵母の代謝を模倣して行われる。図5に海藻からのバイオエタノール生産スキーム例を示す。原料処理の第一工程で原料の糖化（セルロースなどの多糖類を人為的にグルコースなどの単糖類へ変換する）を行い，第二工程では酵母が単糖を発酵してエタノールが生産される。

　図6に著者らが確立したバイオマス原料の糖化工程を示す。回収したアオサやホテイアオイは乾燥し粉末化した（ここでは基礎技術確立のため試料の乾燥・粉末化を行っている。工業的糖化ではコスト低減のため，乾燥・粉末化工程を省く技術が必要となる）。最初に，乾燥原料3gを希硫酸（1～5%v/v）50ml中に攪拌して，加熱（121℃, 1.5 気圧, 1 時間）により加水分解し低分子化した。なお原料を濃硫酸処理，またはより高温高圧の処理[15]を行うと，より高効率な分解を行

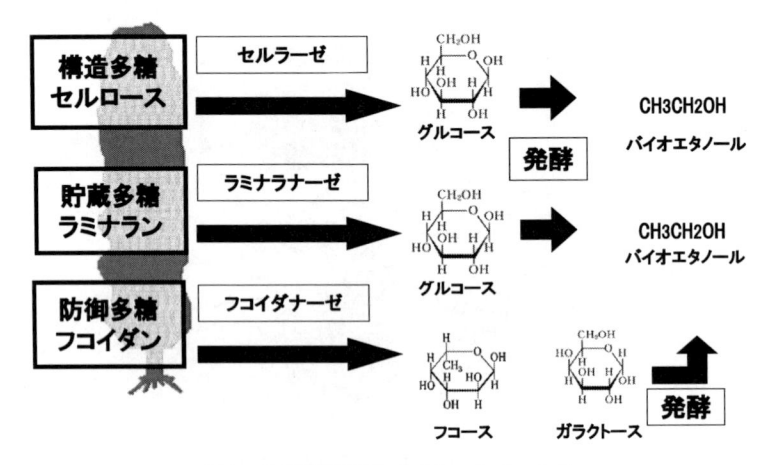

図5　海藻多糖類のバイオエタノール化

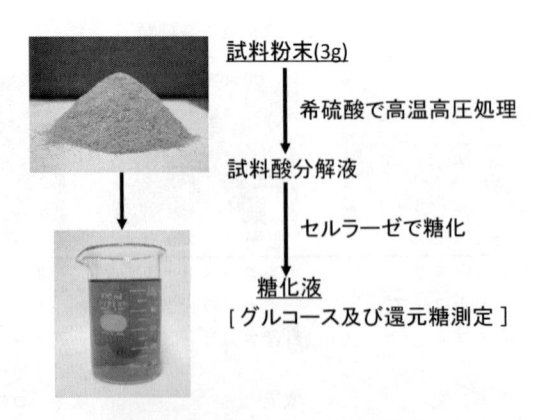

図6　海洋バイオマス原料の糖化

うことができるが，本節では安全性および経済性を考慮して上記処理を行った。次に，試料の酸加熱処理液を加水分解酵素により糖化した。多糖類を分解する酵素中で最も一般的で安価なセルラーゼを使用した。液 pH を 4.5 に調整した後，セルラーゼを添加して 50℃ で 12 時間の糖化を行った。原料処理の各工程液中の全還元糖量とグルコース量を定量した。なお本スキームでは発酵液は 100ml となるが，著者らは上記条件のまま発酵液 10ℓ までスケールアップしている。

　表2にアオサとホテイアオイの酸糖化と酸・酵素糖化により生成したグルコース量と全還元糖量の原料比率（％w/w）を示す。酸糖化の場合には，アオサがグルコース量 5.8％，全還元糖量 14.5％ であったのに対し，ホテイアオイはグルコース量 3.3％，全還元糖量 10.4％ とやや低い値を示している。アオサはリグニンを含まないが，ホテイアオイは乾燥重量で 5％ 程度のリグニンを含んでいる[16]ため，前者は酸処理により容易に糖化されるが，後者はやや糖化が難しいものと考えられる。次に，酸・酵素糖化の場合には，アオサはグルコース量 10.5％，全還元糖量 37.0％ であったのに対し，ホテイアオイではグルコース量 29.3％，全還元糖量 49.7％ となり，とりわけホテイアオイでグルコース量の増大が顕著となり，前者と後者の値が逆転している。これは原料中のセルロース含量が高いホテイアオイが，酸・酵素処理により高効率で糖化されたため生成グルコース量の値を増大させていると考えられる。このことから，セルロースを多く含有する原料には，セルラーゼ処理による糖化は顕著な効果をもたらすことがわかる。いずれにしても，従来の陸上性バイオマスはリグニンを多く含有し（15〜30％程度）糖化が困難であったのに対して，海洋性バイオマスはリグニンを含まないか，その含有量が半分以下と低く，糖化が比較的平易な原料であることを示している。酵母はグルコースを中心に資化発酵してエタノールを生成することができる。

1.4　糖化液のエタノール発酵

　図7に酵母による糖化液の発酵工程を示す。酵母種は高発酵能・高エタノール耐性能を持ちエタノール発酵で一般的に使用されている *Saccharomyces cerevisiae* である。ここでは *S. cerevisiae* の中でも Type strain（標準株），醸造協会7号（K7）株，ビール酵母 BSRI YB-23 株，TY-2 株（淡水圏由来），C19 株（海水圏由来）を使用した。K7 株と YB-23 株は発酵能が高いことで知られている産業用酵母であり，TY-2 株と C19 株は著者らが単離した天然酵母である[17〜19]。比較

表2　アオサとホテイアオイの糖化結果

酸糖化

原料（1g）	生成グルコース量／原料（％，w/w）	生成全還元糖量（％，w/w）
アオサ	5.8	14.5
ホテイアオイ	3.3	10.4

酸・酵素糖化

原料（1g）	生成グルコース量／原料（％，w/w）	生成全還元糖量（％，w/w）
アオサ	10.5	37.0
ホテイアオイ	29.3	49.7

としてキシロース発酵能を持つ酵母の*Pichia stipitis* NBRC1687株を使用した。アオサとホテイアオイの糖化液はpH1〜2であるが，アルカリを用いてpH4.5以上に調整した後，酵母を添加して，25℃下で5日間の発酵を行い，生成エタノール量を測定した。

　図8にアオサとホテイアオイ糖化液の酵母による発酵結果を示す。各酵母株間で大きな発酵度差は無いが，多少なりとも発酵力に差があることがわかる。アオサ糖化液を最も発酵した酵母はTY-2株（淡水圏由来）であり，ホテイアオイ糖化液を最も発酵した酵母はC19株（海水圏由来）であった。この結果は産業に使用されている高発酵酵母より発酵能がすぐれた酵母が天然に存在することを示すが，原料植物とその最適発酵酵母の生息環境は一致していなかった。これらのことから，原料別に適切な天然酵母を広範囲にスクリーニングすることが重要であろう。なお，アオサからの生成エタノール量は5.2%（w/w）で，ホテイアオイからの生成エタノール量は16.3%（w/w）であり，単位原料当たりのエタノール量は，アオサと比べてホテイアオイの方

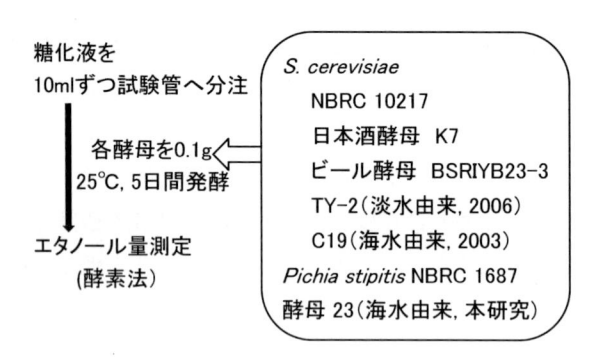

図7　酵母による糖化液の発酵

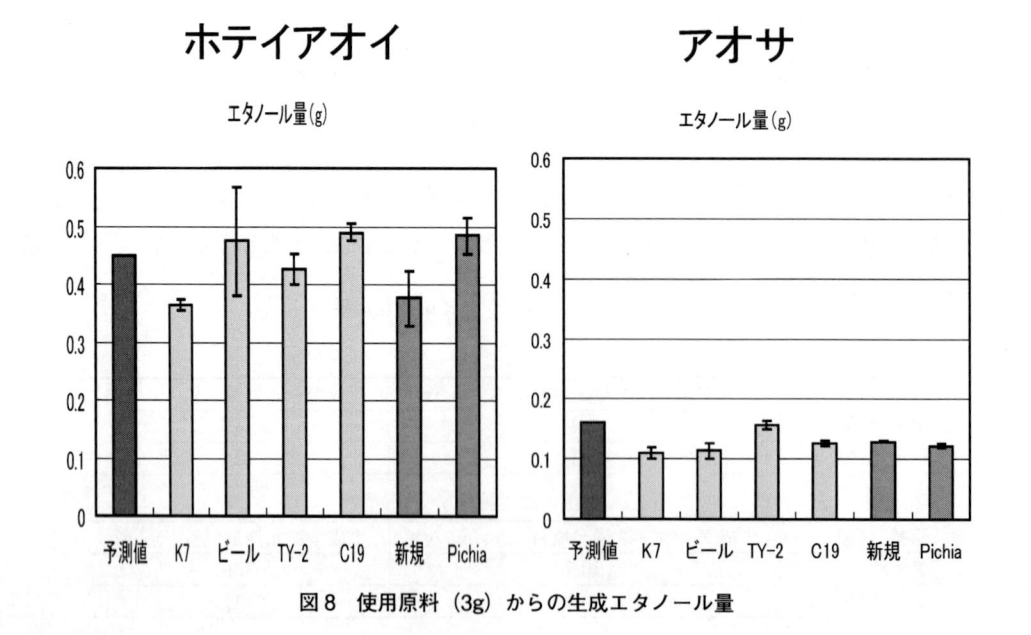

図8　使用原料（3g）からの生成エタノール量

が3倍以上すぐれていることがわかった。しかしバイオマス資源量としての優位性は，淡水産の
ホテイアオイと比べて海産のアオサはかなり高いため，両者ともにすぐれた資源であると言えよ
う。

　なお，ホテイアオイに関しては，その後の研究により生成エタノール量20.3％（w/w）まで増
大させることができた（図9）[20〜22]。ホテイアオイの収穫高は40〜50t（乾燥）/ha であるため，
計算上は10.4〜13.4kl/ha のバイオエタノールを生産することができ，トウモロコシやサトウキビ
を上回ることができる。

1.5　酵母によるエタノール生産効率の改善について

　著者らは酵母によるエタノール生産効率をさらに向上させるための，さまざまな施策を行って
いる。未発表データも多く，本節で全容を記載することはできないが一部を示す。例えば，糖化
法として超音波処理[23]，アルカリ処理[24]，臨界水処理[25]なども報告されているが，著者らも種々
の方法を組み合わせて，さらなる効率的糖化を試みている。また，表2では糖化酵素としてセル
ラーゼを使用しているが，ヘミセルラーゼ等の他酵素を使用すると，より高効率に糖化されるた
め，生成グルコースや全還元糖を数10％増加させることができることがわかった。

　発酵効率の改善も試みている。基礎的データとして，酵母は糖化液中の糖類をどの程度の割合
で発酵しているのであろうか？　表2の酸・酵素糖化によるアオサとホテイアオイの生成グル
コース量10.5％（w/w）と29.3％（w/w）から，生成エタノール量を予測してみると，酵母によ
るグルコースからのエタノール発酵は式(1)で表される。

$$C_6H_{12}O_6 \rightarrow 2C_2H_5OH + 2CO_2 \tag{1}$$

　式(1)からの生成エタノールの理論量はアオサ5.4％（w/w），ホテイアオイ15.0％（w/w）とな
り，実験結果のエタノール生成量とほぼ一致している。この結果から，酵母はグルコースを中心
に発酵してエタノールを生成していることがわかるが，酵母はグルコース以外の還元糖からはエ
タノールを生成しないというわけではない。何故なら酵母の(1)式における発酵収率は50〜90％程

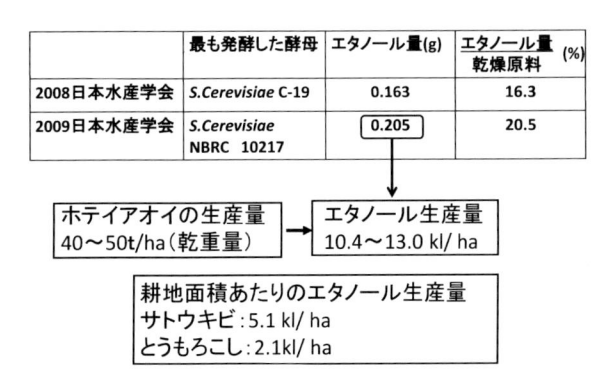

	最も発酵した酵母	エタノール量(g)	エタノール量(%) 乾燥原料
2008日本水産学会	S.Cerevisiae C-19	0.163	16.3
2009日本水産学会	S.Cerevisiae NBRC 10217	0.205	20.5

ホテイアオイの生産量
40〜50t/ha（乾重量） → エタノール生産量
10.4〜13.0 kl/ha

耕地面積あたりのエタノール生産量
サトウキビ：5.1 kl/ha
とうもろこし：2.1kl/ha

図9　ホテイアオイからのエタノール生産

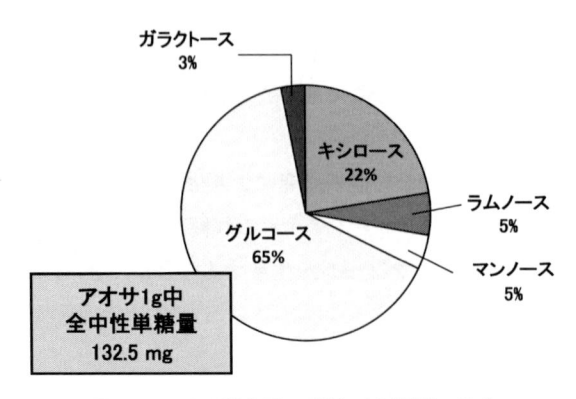

図 10　アオサ糖化液の単糖（中性糖）組成

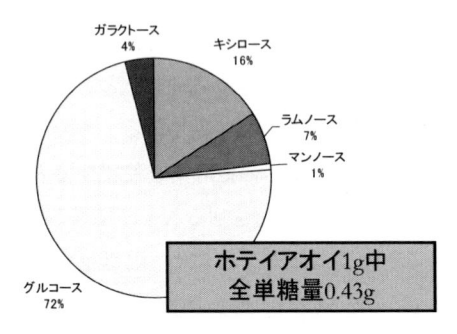

図 11　ホテイアオイ糖化液の単糖（中性糖）組成

度であるため，酵母は糖化液から優先的にグルコースを発酵し，グルコースが枯渇した後に，他の還元糖も発酵してエタノールを生成したと考えられる。そこで，糖化液中にはグルコース以外にいかなる単糖が存在するかを調べることにした。

　図 10, 11 にアオサ・ホテイアオイ糖化液中の中性単糖の成分分析結果を示す。アオサとホテイアオイの中性単糖は成分含量の多い順にグルコース 65～72％，キシロース 16～22％，ラムノース 5～7％，ガラクトース 3～4％，マンノース 1～5％となり，成分の種類と含量の順までほぼ一致した。では，酵母はこれらの単糖のどれを発酵し，どれを発酵しないのであろうか？　表 3 に酵母による各単糖の発酵能を示す。全ての酵母株がグルコース，ガラクトース，マンノースを発酵できることがわかった。一方でラムノース発酵能を持つ酵母株は無かった。またキシロース発酵能を持つ酵母は *P. stipitis* NBRC1687 株のみであった。単糖類中でもホテイアオイ糖化液のキシロース含量は 16％，アオサでは 22％と高く，酵母がキシロース発酵能を持っていることは極めて重要な形質である。にも拘わらず，本節で使用した *P. stipitis* は総エタノール生産量が他の *S. cerevisiae* 株と比較して増加しなかった。これは *P. stipitis* の場合，グルコースなどの発酵収率が低かったためと考えられる。そこで著者らはキシロース発酵収率が高い新奇なキシロース発酵性天然酵母の単離を行っている。著者らは新奇酵母と *S. cerevisiae* の併用による高発酵を計画している（未発表）。

表3　各単糖に対する各酵母の発酵能

	グルコース	キシロース	ガラクトース	マンノース	ラムノース
10217	+	−	+	+	−
K7	+	−	+	+	−
ビール	+	−	+	+	−
TY-2	+	−	+	+	−
C-19	+	−	+	+	−
Pichia	+	+	+	+	−
新規	+	−	+	+	−

＋：発酵能あり　　−：発酵能なし

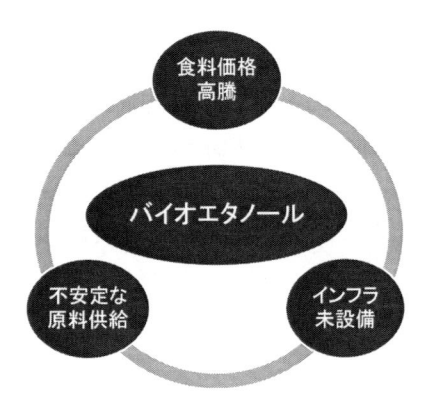

図12　バイオエタノール現状の問題点

1.6　おわりに

　世界各国でバイオエタノールの実用化が急速に進み，すでにブラジルではE90が販売され，自動車の主要燃料としての地位を確立している。ではバイオエタノールは石油代替エネルギーとしてこのまま発展していくのであろうか？　図12にバイオエタノールの現状の問題点をまとめて示すが，これらの解決がなされない限り代替エネルギーとしての発展は困難であろう。「食糧との競合」は前述のごとく，糖質・デンプン系バイオマスからセルロース系バイオマスへの移行が必要であり，後者から高効率エタノール生産を行うための技術開発が必要となる。「供給不安定な原料」は資源価値が高いとは言えないであろう。工業化のためには原料の安定供給が必要であるため，陸圏バイオマスに拘らず，より資源量が大きい海洋バイオマスの利用が期待される。さらに，一部の国では原料供給のために，熱帯雨林を焼いて原料用植物を農業栽培しているという現状もあり，バイオエタノール生産が「環境破壊」へと繋がっている。今後は余剰バイオマスの有効利用により環境破壊を誘引しない燃料開発が重要となろう。なお日本や諸外国において，バイオエタノールは―他の代替燃料においても同様だが―実用化に際して「インフラ整備」が重要問題であることは言うまでもないであろう。

　海洋バイオマスの工業化の鍵は，エタノール生産効率を増大させる技術開発であり，そのため

には多くの多糖類の糖化物を資化発酵できる酵母の選抜育種が必要となろう。糖質系デンプン系バイオマスの場合には，アミラーゼ処理により，マルトトリオース（三糖），マルトース（二糖），グルコース（単糖）等が生成する。酵母（代表的な高エタノール発酵酵母である *S. cerevisiae*）はこれらの少糖類をいずれも十分に発酵する。一方，セルロース系バイオマスの場合には，セルラーゼ処理により，セロビオース（2糖）やグルコース（単糖）へと分解される。セルラーゼ反応はアミラーゼ反応と比べて時間がかかり酵素使用量が多くなる。また通常の *S. cerevisiae* はセロビオースを資化発酵できない。そのためセルロース系バイオマスを原料としたバイオエタノール生産はコストが高くなる傾向がある。そこで最近，遺伝子工学により *S. cerevisiae* にセルラーゼ生産能を付与したアーミング酵母研究が報告された[26]。アーミング酵母を利用すれば，セルラーゼ使用コストがゼロとなるため，コスト低減化のために大きく期待されている。ところが糖化工程（40〜50℃，12〜24hr）と発酵工程（25℃，5日間）の条件差がアーミング酵母の適用を妨げている。そこで著者らは一般酵母（40℃未満まで増殖可能）の替わりに耐熱性酵母（40℃以上で増殖可能）を使用して，糖化・発酵工程を合わせた並行複発酵を試みている。耐熱性酵母は熱水圏から天然酵母を単離する方法と，*S. cerevisiae* を変異育種する方法により，獲得している（未発表）。さらに耐熱性酵母の遺伝子工学系の開発へ向けた研究を計画している。また，著者らが淡水圏より単離した *S. cerevisiae* TY-2株はセロビオース資化能を保持しているが，発酵能は持たないことがわかった[18]。現在はセロビオースを発酵可能な新奇天然酵母の探索研究も行っている。

　以上，著者らは過去10数年に渡り，さまざまな水圏フィールドより新奇酵母の単離を試みてきた[27〜30]。それらは高発酵性，耐熱性，耐冷性，耐酸性，耐塩性等の種々の形質を保持しており，その中にはバイオエタノール生産に使用可能な酵母が含まれている。今後は上記の結果を総合して，原料の最適な糖化，発酵条件を検討していく予定である。

文　　献

1) F. O. Lichit's world ethanols & biofuels reports;
   http://www.agra-net.com/portal2/home.jsp?template=productpage&pubid=ag072
2) 長沼要，自動車燃料としてのバイオエタノールに関する動向，*MATERIAL STAGE*, 8 (8)，pp.51-52 (2008)
3) 森田茂紀，日本におけるイネのバイオエタノール化の可能性，*MATERIAL STAGE*, 8 (8)，pp.65-67 (2008)
4) 大聖泰弘，三井物産㈱編，バイオエタノール最前線，工業調査会，pp.47-101 (2004)
5) Koh L. P., Ghazoul J., Biofuels, biodiversity, and people: Understanding the conflicts and finding opportunities, *Biological Conservation*., 141, 2450-2460 (2008)

6) 中村宏，河口真紀，マリンバイオマス，*J. Japan Institute Energy*, **88**, 561-568（2009）

7) 香取義重，新生アポロ・ポセイドン構想（三菱総合研究所）；http://www.geocities.jp/marine_biomass/apollo/apollo.html

8) 愛知県蒲郡市公式ホームページ；http://www.city.gamagori.lg.jp/life/1/36/

9) 能登谷正浩編著，アオサの利用と環境修復，pp.71-101，成山堂書店（1999）

10) 石井猛編著，ホテイアオイは地球を救う，pp.1-10，内田老鶴圃（1992）

11) 角野康郎著，ホテイアオイ 100 万ドルの雑草，井上健編，植物の生き残り作戦　収録，pp.168-178，平凡社（1996）

12) 本橋敬之助，立本英機著，湖沼・河川・排水路の水質浄化―千葉県の開発事例―，pp.37-45，海文堂出版（2004）

13) 山田信夫著，海藻利用の科学，pp.85-136,成山堂書店（2004）

14) 福島和彦ほか編著，木質の形成―バイオマス科学への招待―, pp.189-250, 海青社（2003）

15) Hamelinck C. N., Hooijdonk G., Faaij A. P. C., Ethanol from lignocellulosic biomass: techno-economic performance in short-, middle- and long-term., *Biomass Bioenergy*., **28**, 384-410（2005）

16) 小川剛，碓井幸成，石田真巳，浦野直人，ホテイアオイからのバイオエタノール生産と高発酵株の探索，平成 18 年度第 9 回マリンバイオテクノロジー学会大会講演要旨集，p.86

17) 古川彰，小川剛，青山初美，榎牧子，石田真巳，浦野直人，内田基晴，海藻および淡水圏植物を原料とするバイオエタノールの製造，平成 20 年日本水産学会春季大会講演要旨集，p.206

18) G. Ogawa, M. Ishida, K. Shimotori and N. Urano, Isolation and characterization of *Saccharomyces cerevisiae* from hydrospheres, *Anals of Microbiol*., **58**, 261-262（2008）

19) G. Ogawa, M. Ishida, U.Usui and N. Urano, Ethanol production from the water hyacinth *Eichiborunia crassipes* by yeast isolated from hydrospheres, *African J. Microbiol. Res*., **2**, 110-113（2008）

20) 古川彰，浦野直人，内田基晴ほか，水圏植物を原料とするバイオエタノールの製造-Ⅱ，ホテイアオイからの効率的なエタノール生産工程の模索，平成 21 年度日本水産学会春季大会講演要旨集，p.246

21) 古川彰，浦野直人，内田基晴ほか，水圏植物を原料とするバイオエタノールの製造-Ⅳ，ホテイアオイ濃縮液の酵母による発酵条件の検討，平成 21 年度日本水産学会秋季大会講演要旨集，p.60

22) 古川彰，浦野直人，内田基晴ほか，水圏植物を原料とするバイオエタノールの製造-Ⅴ，バイオマス糖化液の酵母による発酵条件の検討，p.124

23) Li C., Yoshimoto M., Tsukuda N., Fukunaga K., Nakao K., A kinetic study on enzymatic hydrolysis of a variety of pulps for its enhancement with continuous ultrasonic irradiation, *Biochemical Engineering Journal*., **19**, 155-164（2004）

24) Mishima D., Tateda M., Ike M., Fujita M., Comparative study on pretreatments to accelerate enzymatic hydrolysis of aquatic macrophyte biomass used in water purification processes, *Bioresource Technology*., **97**, 2166-2172（2006）

25) Abraham M., Kurup G. M., Pretreatment studies of cellulose wastes for optimization of cellulase enzyme activity, *Applied Biochemistry and Biotechnology*, **62**, 201-211（1997）

26) Ueda M., Tanaka A., Cell surface engineering of yeast: construction of arming yeast with biocatalyst, *Journal of Bioscience and Bioengineering*., **90**, 125-136 (2000)

27) R. Ueno, N.Urano and S. Kimura, Effect of temperature and cell density on ethanol fermentation by a thermotolerant aquatic yeast strain isolated from a hot spring environment, *Fish. Sci.*, **66**, 571-576 (2002)

28) N. Urano, R. Ueno and S. Kimura, Isolation of aquatic yeasts and their bioremedial application in fisheries, *Fish. Sci.*, **68**, suppl., 642-643 (2002)

29) R. Ueno, N. Urano and S. Kimura, Characterization of thermotolerant, fermentaitive yeasts from hot spring drainage, *Fish. Sci.*, **67**, 138-145 (2001)

30) N. Urano, H. Hirai, M. Ishida and S. Kimura, Characterization of ethanol-producing marine yeasts isolated from coastal water, *Fish. Sci.*, **64**, 633-637 (1998)

2　大型緑藻類からのエタノール生産技術

伊佐亜希子[*1]，三島康史[*2]

2.1　はじめに

化石燃料の代替資源として，食料と競合しないバイオマス資源からのバイオ燃料生産技術の開発が急務となっている。一般に，藻類は，大型藻類と微細藻類に大きく分けられ，水分含有量が90％程度と非常に高く，エネルギー資源としては極めてエネルギー密度の低いバイオマスである。しかしながら，微細藻類の中には，その体内にバイオ燃料として有望な脂質や炭化水素を高濃度に蓄積する種があり，大量培養により，バイオ燃料に転換する技術が検討されている。

一方，大型海藻類は人類の主な栄養源（タンパク質，脂質，炭水化物）として利用されてきたわけではなく，食料として利用する文化は限られているので，大型藻類からのエネルギー生産は，直接的には食料と競合しないバイオマス資源といえる。加えて，藻体内の窒素，リン含有量は陸上植物に比べて高く，環境中の希薄な栄養塩類を取り込み，増殖する事が可能であり，富栄養化した水環境の浄化効果が期待できる。

大型海藻類の中で褐藻類や紅藻類は，多量の有用粘質多糖類（アルギン酸，寒天，カラギーナン等）を含有するため，医薬品，化粧品，食品，肥料，工業原料等として，工業的に利用されてきた。しかし，大型緑藻類の粘質多糖類は，工業的にはほとんど未利用であり，かつ緑藻類は，海岸付近で大繁茂し，「グリーンタイド」を形成することから，その有効利用法の開発が望まれている。著者らは，工業的な利用が限られ，一般的に小型で，比較的浅い水域に生息する緑藻に注目して，バイオエネルギー変換の方法の一つであるバイオエタノールの生産特性を調査したので[1]，その利用の可能性について述べる。

2.2　緑藻が生産する多糖類

表1に緑藻が生産する多糖類を骨格多糖類，粘性多糖類，貯蔵性多糖類に分けて示した[2]。藻類の骨格を形成する多糖類は，主にセルロースであるが，種類によってその成分は若干異なる。アオサ・アオノリ属は，真性セルロースを主要構成物質とし，シオグサ・ジュズモ属は，結晶構造が異なるセルロースⅠからなる。カサノリ・イワヅタ属は，マンノースやキシロースを主成分とする，ヘミセルロースが骨格多糖類である。細胞間粘質多糖は，各種糖類に硫酸基が結合した物が主成分である。貯蔵多糖類は，陸上植物に類似のデンプンで，そのうちアミロースが16〜27％を占め，残りがアミロペクチンである。

＊1　Akiko Isa　㈱産業技術総合研究所　バイオマス研究センター　バイオマスシステム技術チーム　特別研究員

＊2　Yasufumi Mishima　㈱産業技術総合研究所　バイオマス研究センター　バイオマスシステム技術チーム　主任研究員

2.3　緑藻の単糖の組成と含有量

　緑藻の多糖類をエタノール等のバイオ燃料の材料として利用する場合，その有機物量や構成糖とその量を把握しておくことは重要である。そこで，著者らは，東南アジア，日本で採取した 10 種類の緑藻の単糖の組成と含有量を 72%濃硫酸法[3]を用いて調べた。採取した緑藻は，海水で洗い，砂などの異物を取り除いた後，乾燥機で乾燥させた。東南アジアで採取した緑藻は，乾燥機で 20 時間程度乾燥させたものを入手した。表 2 に各緑藻種の採取日付，採取国，水分と灰分の測定結果を示した。海藻は他のバイオマス材料と比較してミネラル分を多く含み，表面を淡水で丁寧に洗浄した場合でも，17%程度の灰分が含まれた。*Cheatomorpha aerea* や *Cladophora prolifera* などの繊維状の形態を持つ緑藻類は，表面に付着した微細な砂や貝類を水洗浄で完全に取り除くことが不可能であったため，貝殻等の混入により灰分の割合が高くなったと考えられた。*Caulerpa lentillifera* は，房状の形態を持ち，房の内部に海水等のミネラル分を多く含むため，灰分の割合が高くなったと考えられた。

　図 1 に各緑藻種の単糖の組成と量の分析結果を示した。10 種の緑藻は，3 つの目（families）に

表 1　緑藻が生産する多糖類

緑藻	細胞壁骨格多糖	細胞間粘質多糖	貯蔵多糖
アオサ属	セルロース II	含硫酸グルクロノキシロラムナン	アミロース アミロペクチン
シオグサ属 ジュズモ属	セルロース I	含硫酸キシロアラビノガラクタン	アミロース アミロペクチン
イワヅタ属	β-1,3-キシラン	含硫酸キシロアラビノガラクタン	アミロース アミロペクチン
カサノリ属	β-1,3-キシラン	含硫酸グルクロノキシロラムノガ ラクタン	アミロース アミロペクチン

山田信夫著，海藻利用の科学（改訂版）の図を改変。

表 2　10 種の緑藻の種，採取国，採取日付，水分，灰分

種	採取国	採取日付	水分（%）	灰分（%）
Enteromorpha intestinaris	Thailand	2007 年 6 月	12.7	32.6
Enteromorpha sp.	Thailand	2007 年 11 月	9.0	46.3
Cheatomorpha sp.	Thailand	2007 年 11 月	5.4	46.4
Cheatomorpha aerea	Vietnam	2008 年 7 月	4.5	42.0
Cladophora prolifera	Vietnam	2008 年 7 月	1.5	63.0
Caulerpa lentillifera	Vietnam	2008 年 7 月	3.4	56.0
Ulva reticulate	Vietnam	2008 年 7 月	5.3	29.0
Ulva sp.	Japan	2008 年 7 月	2.1	17.5
Enteromorpha sp.	Japan	2008 年 11 月	3.6	22.2
Caulerpa lentillifera	Japan	2008 年 5 月	5.3	55.7

伊佐ら，大型緑藻からのエタノール生産に関する検討，日本エネルギー学会誌，**88**，912-917（2009）の図を改変。

分類された。分析試料の前処理方法が異なり，試料に含まれる水分と灰分の量が異なるため，単糖の含有量は，灰分を除く有機物重量あたりの量（mg/g-OM：OM は Organic Matter）で示している。10種の緑藻の単糖の組成は，表1で示した緑藻類が生産する多糖類の組成をよく反映したものであった。Ulvales は，主にグルコース，キシロース，ラムノースから構成されている。Cladophorales は，グルコースが特に多く，アラビノース，キシロース，ガラクトースなどから構成されている。Caulerpale は，構成糖として，キシロースが特徴的に多く検出された。図1より，同じ目に属する緑藻は，単糖の含有量は異なるものの，構成する組成はほぼ同じであった。このことから，緑藻の利用方法の検討を行う場合，緑藻の種や目を把握すれば，その構成糖の予測が可能となると考えられる。

2.4　緑藻の全グルコース量と貯蔵性デンプン量

　貯蔵デンプン含有量は，食物繊維含有量の測定方法である Prosky 法[4]を用いて粉末試料を分解した。Prosky 法の手順を図2に示した。Prosky 法は，試料を3種類の酵素（アミラーゼ，プロテアーゼ，アミログルコシダーゼ）で処理し，その残渣を食物繊維量とするものであるが，貯蔵デンプン（アミロース，アミロペクチン）は，本法によりグルコースへと変換される。全グルコース含有量から，貯蔵デンプン性のグルコース含有量を差し引いたものが，セルロースおよびヘミセルロース由来のグルコースであると考えられる。全グルコース含有量は，72%濃硫酸法で測定したグルコース量とした。図3に全グルコース含有量と貯蔵デンプン性グルコース含有量を

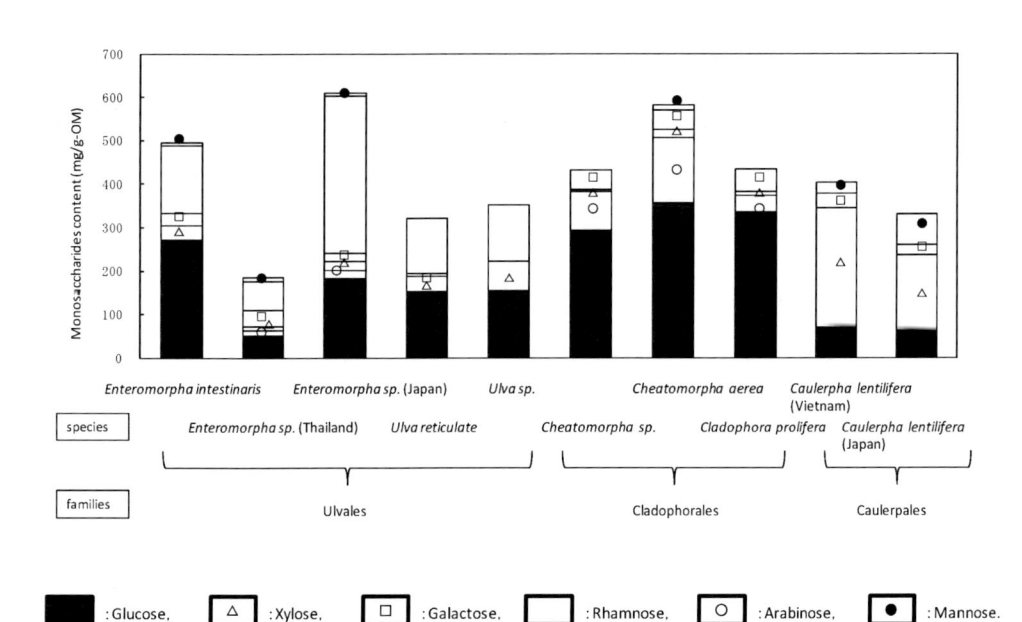

図1　10種の緑藻の単糖の組成と量

伊佐ら，大型緑藻からのエタノール生産に関する検討，日本エネルギー学会誌，**88**，912-917（2009）の図を改変。

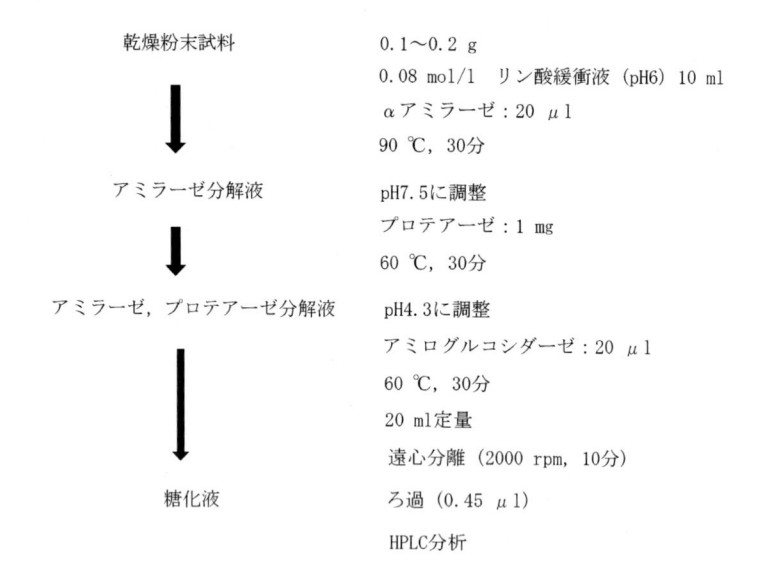

乾燥粉末試料

0.1〜0.2 g
0.08 mol/l　リン酸緩衝液（pH6）10 ml
αアミラーゼ：20 μl
90 ℃，30分

アミラーゼ分解液

pH7.5に調整
プロテアーゼ：1 mg
60 ℃，30分

アミラーゼ，プロテアーゼ分解液

pH4.3に調整
アミログルコシダーゼ：20 μl
60 ℃，30分
20 ml定量
遠心分離（2000 rpm，10分）

糖化液

ろ過（0.45 μl）
HPLC分析

図2　Prosky 法の手順

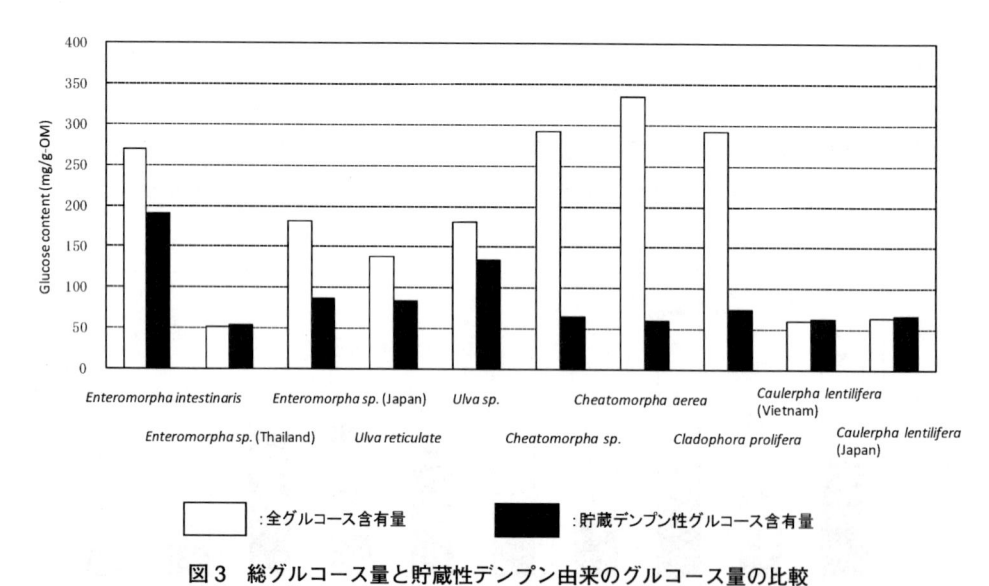

□：全グルコース含有量　　■：貯蔵デンプン性グルコース含有量

図3　総グルコース量と貯蔵性デンプン由来のグルコース量の比較
伊佐ら，大型緑藻からのエタノール生産に関する検討，日本エネルギー学会誌，**88**，912-917
（2009）の図を改変。

示した。*Enteromorpha* sp. と *Caulerpa lentillifera* を除いて，貯蔵デンプン性グルコース含有量
は，全グルコース含有量と比較して少なかった。特に，繊維状の形態を持つ Cladophorales に含
まれる3種の緑藻は，全グルコース含有量に対して貯蔵デンプン性グルコース含有量の割合が
25％以下と少なく，また，図1より，中性単糖中のグルコース含有量の割合が60％以上で，特に
セルロースを多く含む試料であると推察された。エタノールを効率よく生産するためには，貯蔵
デンプンおよびセルロース，ヘミセルロース由来のグルコースを多く含むバイオマス材料を選定

する必要がある。図3より，10種の緑藻のうち，グルコース含有量が多く，エタノール生産に適していると考えられた緑藻は，Cladophorales に含まれる3種の緑藻で（*Cheatomorpha* sp., *Cheatomorpha aerea*, *Cladophora prolifera*），その含有量は約300mg/g-OM であった。また，Ulvales の中にもグルコース含有量が250mg/g-OM 以上で，グルコース含有量が多い種（*Enteromorpha* sp.）が存在した。

2.5　水熱前処理，酵素糖化およびエタノール発酵の検討

バイオマスからエタノールを生産するためには，最初の工程として，構成している多糖類を糖化し，単糖類に変換しなければならない。糖化方法としては，硫酸法と酵素法が一般的に挙げられる。硫酸法は，多糖類を完全に単糖類に分解できるメリットがあるが，糖の過分解による収率の低下や発酵阻害物質の生成，廃酸の処理等の問題が指摘されている。一方，酵素糖化法は，セルラーゼやヘミセルラーゼ等の酵素を用いて，多糖類を単糖類に分解する方法であるが，酵素は基質特異性を有し，構成する多糖類に反応する酵素を選択する必要が有り，更に，酵素による反応性を向上させるための前処理が必要となる。どちらの方法にも一長一短があるが，現状では，多量の硫酸を使用せず，環境負荷の小さい酵素法による検討を行った。

酵素法で糖化を行うための前処理方法としては，水熱処理[5]，薬剤処理[6]，粉砕[7]，爆砕処理[8]等が検討されている。本研究では，薬剤使用量が少なく，簡便な方法として，水熱処理を検討した。水熱処理は，温度を上昇させるために多量の熱エネルギーを必要とするので，エネルギー的に不利であるように思われるかもしれないが，大型のシステムであれば，熱エネルギーは効率的な回収が可能であり，エネルギー的に不利とはならないと考えられる。

糖化，発酵実験を行うにあたり，大量の乾燥粉末試料を用意するため，日本で採取可能な *Ulva* sp.（2008年7月採取）を用いて検討を行った。

2.5.1　水熱前処理による酵素糖化性

大型緑藻類の前処理として，乾燥粉末試料を酢酸緩衝液（pH5）で基質濃度5～20%（w/v）に調整し，オートクレーブ処理（121℃，20分）した。室温で放冷させた後，セルラーゼを所定量加え，50℃で72時間振とう培養した。経時的に試料を採取し，グルコース濃度の測定を行った。使用した酵素は，市販のセルラーゼ（明治製菓製，アクレモニウムセルラーゼ，酵素活性：322FPU/g）である。セルラーゼの添加量は，試料重量に対して，0.4～2.0%（w/w），（1.3～12FPU/g-基質）とした。

図4に前処理無しの場合と水熱前処理を行った場合のグルコース変換率を経時的に示した。グルコース変換率は，72%濃硫酸法で調べたグルコース量を100%として求めた。前処理無しの場合は（図4(a)），セルラーゼの添加量を増やすほど糖化率は高くなる傾向が見られたが，セルラーゼを1.0%（w/w），（4.8FPU/g-基質）以上加えても，グルコース変換率は最大で88%程度で，それ以上の糖化率の上昇は見られなかった。

前処理を行った場合（図4(b)）でも，セルラーゼの添加量を増やすほど糖化率は高くなる傾向

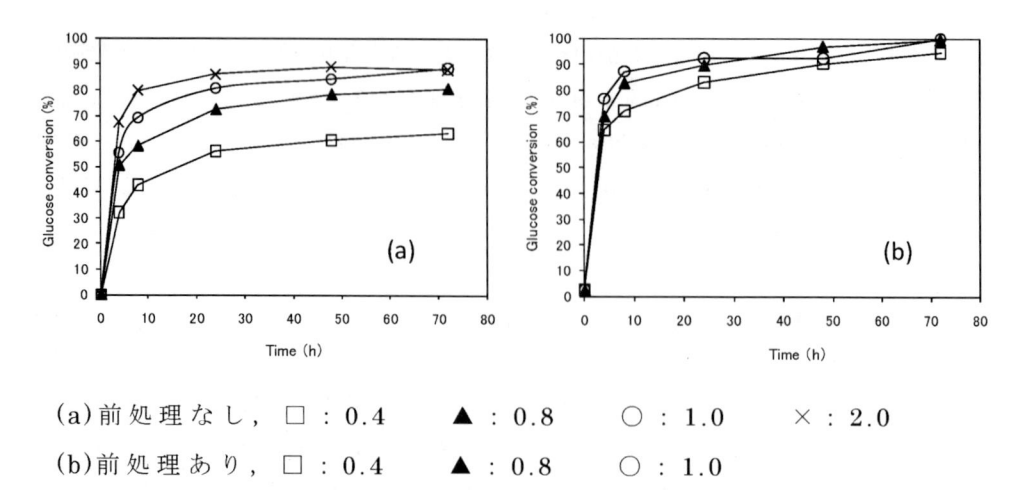

(a) 前処理なし， □：0.4　　▲：0.8　　○：1.0　　×：2.0

(b) 前処理あり， □：0.4　　▲：0.8　　○：1.0

図4　*Ulva* sp. の酵素糖化における前処理（オートクレーブ処理：121℃，20分）の効果
シンボルの後の数字は，酵素の添加量（%（w/w））を示す。
伊佐ら，大型緑藻からのエタノール生産に関する検討，日本エネルギー学会誌，88，912-917
（2009）の図を改変。

が見られた。しかしながら，セルラーゼを0.4%（w/w），（1.3FPU/g-基質）添加した場合には，糖化率は約95%，セルラーゼを0.8%（w/w），（2.6FPU/g-基質）以上添加した場合には，糖化率は99%以上となり，比較的マイルドなオートクレーブ処理（121℃，20分）を行うだけで糖化率は上昇し，セルラーゼの添加量は，前処理を行わない場合の1/2以下に減少させることが可能であった。

Ulva sp. には，70mg/g-OMの貯蔵デンプンが含まれていたが，特にアミラーゼ等の酵素を用いなくても，前処理として水熱処理を行い，セルラーゼを用いた酵素糖化で，全グルコース量に対して95%以上の糖化率が得られた。市販のセルラーゼは精製していないため，その中に含まれるアミラーゼ等により，貯蔵デンプンもグルコースへと変換されたと考えられた。*Ulva* sp. を用いる場合，貯蔵デンプンを糖化するために，特にアミラーゼ等による処理は必要ないことがわかった。

以上のように，大型緑藻類の *Ulva* sp. を用いた場合，水熱前処理を行わなくても，90%近い酵素糖化率が得られ，酵素による糖化法が非常に有効であると考えられた。水熱前処理を行い，半分程度の酵素で99%の糖化率を目指した方が良いのか，水熱前処理を行わず酵素糖化率90%で良いのかは，全体のエタノール生産システムを構築した上で，エネルギー性や経済性の評価（トータルシステムの評価）を行わなければならないが，少なくとも，木質等に比べて，酵素による糖化は簡単であると結論づけられる。

2.6　シオグサ・ジュズモの酵素糖化

グルコース含有量が多く，エタノール生産に有望な種と考えられた，*Cheatomorpha aerea*，

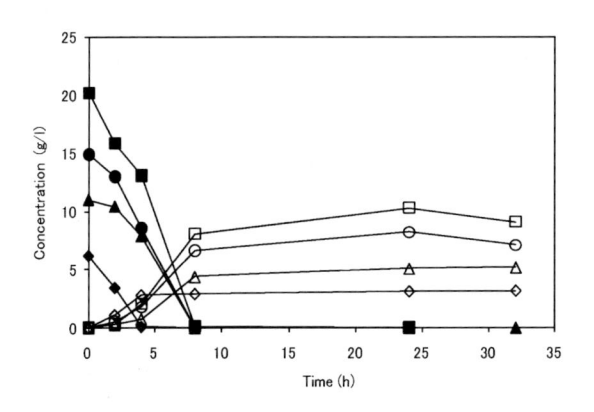

グルコース濃度；　◆：5%，　▲：10%，　●：15%，　■：20%.
エタノール濃度；　◇：5%，　△：10%，　○：15%，　□：20%.
シンボルの後の数字は，基質濃度を示す.

図5　*S. cerevisiae* IR2 株を用いたエタノール発酵中の *Ulva* sp. の糖化液のグルコース濃度
とエタノール濃度の変化
伊佐ら，大型緑藻からのエタノール生産に関する検討，日本エネルギー学会誌，88，912-917
（2009）の図を改変。

Cladophora prolifera を基質濃度5%（w/v）に調整して，2.5.1 項の場合と同様に水熱前処理を行っ
た後，酵素糖化実験を行った。*Cheatomorpha aerea* の場合は，酵素添加率 0.4，1.0%（w/w）の
場合で酵素糖化率は，約 40，60%，*Cladophora prolifera* の場合は，酵素添加率 0.4，1.0%（w/
w）で，酵素糖化率は，約 22，28%で，アクレモニウムセルラーゼを用いた場合の酵素糖化率は
非常に低かった（データ未発表）。この要因として，これらの種に含まれる粘質多糖の影響が考
えられた。*Cheatomorpha aerea*，*Cladophora prolifera* の単糖組成を見てみると（図1），ガラク
トースが，他の種に比べて多く，本種の細胞間粘質多糖は，含硫酸キシロアラビノガラクタンで
あるとされている（表1）。ガラクタンは，紅藻類の寒天やカラギーナンの構成糖であり，紅藻類
の多糖類と同様に，本種のガラクタンも粘度が高いのかもしれない。実際に本種を酵素糖化の試
料として用いた場合，その糖化液の性状は，*Ulva* sp. を用いた場合と比較して，同じ基質濃度
に調整した場合でも明らかに異なった。*Ulva* sp. の場合は，糖化液が液状であるのに対して，
Cheatomorpha aerea，*Cladophora prolifera* の糖化液は，杵でついている餅のように一塊になり，
流動性がない状態であった。そのため，酵素と試料の接触が悪くなり，糖化率が上がらなかった
ことも一因であると考えられた。*Cheatomorpha aerea*，*Cladophora prolifera* の酵素糖化を行う場
合は，糖化効率を上げるため，ガラクタンを効率的に糖化可能な酵素を混合する等，適切な酵素
カクテルを調整する必要があり，適切な酵素の検索も必要となるであろう。

2.7　酵素糖化液を用いたエタノール発酵

　図5に *Ulva* sp. を用いて基質濃度5，10，15，20%（w/v）で前処理を行い，酵素糖化させた

後，同一試料をエタノール発酵させた結果を示した。エタノール発酵には，*S. cerevisiae* IR2 株を用いた。酵素糖化後の糖化液に前培養した酵母の濃縮液を所定量加え，30℃で振とう培養した。発酵効率は，エタノール発酵の理論効率 0.51 を用いて算出した。

　エタノール発酵は，基質濃度20%（w/v）においても10時間以内にほぼ完了した。糖化率は，基質濃度5，10，15，20%（w/v）の場合，それぞれ99，92，93，98%，発酵効率はそれぞれ99，93，108，100%であった。発酵効率が100%を超えているのは，発酵効率の算出に用いる糖化液の濃度をグルコース量のみで算出したためである。酵素糖化で得られた *Ulva* sp. の糖化液の中で *S. cerevisiae* IR2 株で発酵可能な糖は，HPLC 分析でグルコース以外にフルクトースが検出された。フルクトースは，濃硫酸法ではほとんど回収できないことが知られているが，酵素糖化液中では，グルコースの重量に対して10～12%程度検出された。このフルクトースの量を考慮して発酵効率を算出すると，約90%程度であった。

　以上の結果から，*Ulva* sp. からのエタノール生産は，緑藻用に最適化していないセルラーゼと一般的な酵母を用いた場合でも，非常に高い酵素糖化率とエタノール発酵効率が得られることが明らかとなった。

　基質濃度を20%（w/v）に上昇させると，酵素糖化前の糖化液はほとんど流動性がない状態であったが，セルラーゼを添加し，酵素糖化が進行するにつれて糖化液の流動性は高くなった。しかしながら，基質濃度20%（w/v）で酵素糖化して得られる糖化液のグルコース濃度は，約2%にとどまった。このグルコース濃度から得られるエタノール濃度は1%にすぎない。燃料用のエタノールを生産する場合，蒸留して無水エタノールにする必要があるが，エタノール発酵後の濃度が低すぎると，蒸留に多大なエネルギーを必要とし，エネルギー的に成り立たなくなってしまう。今回の実験に用いた *Ulva* sp. のグルコース含有量は，約150mg/g-OM と低く，エタノール生産効率を考えると，基質濃度を高めたり，糖含有量の高い材料を用いるなど，糖化液のグルコース濃度を上げる工夫が必要であると考えられた。

2.8　酵素糖化およびエタノール発酵に与える塩分の影響

　海藻をエタノール生産の材料として用いる場合，材料を淡水で洗浄しても完全に塩分を取り除くことは困難である。採集した海藻を淡水で洗浄せず，乾燥，糖化発酵に用いた場合，糖化液中の塩分濃度はかなり高くなることが予測される。そこで，*Ulva* sp. に塩化ナトリウム（NaCl）を添加して，酵素糖化およびエタノール発酵に与える塩分の影響を検討した。基質濃度5%（w/v）の場合，塩分濃度屈折計（㈱アタゴ，S/Mill-E）を用いた塩分濃度は約1%であったので，NaCl 無添加の場合は，NaCl 濃度1%（w/v）として実験を行った。図6に NaCl 濃度を1，2，4，6，11%（w/v）に調整した *Ulva* sp. 溶液を酵素糖化させた後，*S. cerevisiae* IR2 株を用いてエタノール発酵した場合のグルコース，エタノール濃度を調べた結果を示した。

　図6には示さなかったが，NaCl の濃度1，2，3，4，6，11%（w/v）における酵素糖化率は，それぞれ95，93，90，83，88，85%であり，NaCl の濃度が上昇すると糖化率は，若干低下する

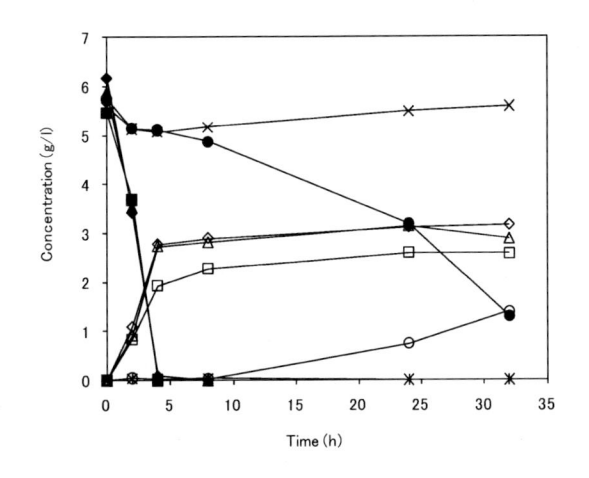

グルコース濃度;　◆ : 1%,　▲ : 2%,　● : 4%,　■ : 6%,　× : 11%.
エタノール濃度;　◇ : 1%,　△ : 2%,　○ : 4%,　□ : 6%,　＊ : 11%.
シンボルの後の数字は, NaCl濃度を示す.

図6　*S. cerevisiae* IR2株を用いたエタノール発酵に及ぼす NaCl の影響
伊佐ら, 大型緑藻からのエタノール生産に関する検討, 日本エネルギー学会誌, **88**, 912-917
(2009) の図を改変。

傾向が見られたが, NaCl の濃度が1～11%（w/v）の範囲では糖化率の低下は10%程度と小さく, 酵素糖化に与える塩分の影響は大きくないことがわかった。一方, 図6に示したように, NaCl濃度1, 2, 3, 4, 6, 11%（w/v）におけるエタノール発酵効率は, それぞれ100, 105, 101, 93, 47, 0%であり, NaCl の濃度が6%（w/v）以上になると, エタノール発酵効率は50%以下と急激に低下した。

これらの結果から, アクレモニウムセルラーゼによる *Ulva* sp. の糖化に対する塩分の影響はわずかであるが, NaCl の濃度が6%（w/v）（海水の約2倍の濃度）以上では, 発酵が著しく阻害されることがわかった。実用的には, NaCl の濃度を4%（w/v）以下にすることが望ましいと考えられた。淡水でよく洗浄した緑藻中にも乾重量当たり20%程度の NaCl を含んでいる。ここで, 糖の含有量を調べた中で最もグルコース含有量が多かった種, *Cheatomorphu aerea* を淡水でよく洗浄し, 乾燥試料の NaCl 含有量が20%であると仮定すると, 重量当たりのグルコース含有量は24%（グルコース含有量 = 300mg/g-OM と仮定）であるので, 最終的なエタノール濃度を5%（w/v）程度にするためには, 基質濃度を40%（w/v）程度まで上昇させる必要がある。この場合の NaCl 濃度は, 8%（w/v）となってしまう。よって, 緑藻単独でエタノールを経済的に製造するためには, どこかの過程で NaCl を除去するか, 8%（w/v）程度の NaCl 濃度でもエタノール発酵可能な高塩分耐性を有する酵母を使用する必要があると考えられた。

2.9　高基質濃度での酵素糖化およびエタノール発酵

Ulva sp. を基質濃度40%（w/v）に調整して, 水熱前処理後, セルラーゼによる糖化率と *S.*

cerevisiae による発酵効率の確認を行った。基質濃度 40％（w/v）では，糖化液はほぼ固体状であったが，一日に数回糖化液全体をかき混ぜると，徐々に軟らかな性状となり，糖化 72 時間後には滑らかなクリーム状となった。糖化 72 時間で糖化率は 50％，糖化 144 時間で糖化率は 70％程度であった（データ未発表）。糖化率を高めるため，モーター付きの撹拌機で糖化液を撹拌したり，流加式の糖化法を試みたが，糖化率はわずかに上昇した程度で大きな効果は見られなかった。一方，基質濃度 40％（w/v）の糖化液は，発酵 48 時間で発酵効率は 22％，120 時間で 40％程度であった（データ未発表）。この場合の発酵液の塩分濃度は約 9％であった。塩分濃度 9％での発酵効率は大幅に低下することがわかっている（図6）。塩分除去に関して，簡易な方法として，乾燥粉末試料を 10 倍の重量の蒸留水で洗浄した後，乾燥させた試料を用いて糖化発酵を行う方法を検討した。塩分の低減に一定の効果は見られ，糖化液の濃度も上昇したが，試料の水洗浄処理に伴い，大量の廃水が発生すること，固液分離の工程が加わることなどを考慮すると，定量的な評価は必要であるが，コスト面，エネルギー面でのメリットは小さいと考えられた。電気透析や高価な膜を使用する脱塩処理法は，生産コストが高くなるため，適切な脱塩方法の検討に加え，耐塩性の酵母の選定や育種等も検討する必要があると考えられた。

2.10　おわりに

　一般的にバイオマスをエネルギーに変換する技術としては，固形燃料等の直接燃焼，加熱分解によるガス化等の熱化学変換，メタン，アルコール発酵等の生物化学変換に大別される[9]。大型海藻は，含水率が 80〜90％と高く，水分除去を必要としないメタン発酵やアルコール発酵などの生物化学変換が適しているであろう。

　著者らは，大型緑藻からのエタノール生産に関して検討を行い，以下の点を明らかにした。

① 種により，構成糖の組成と量が異なるが，エタノール等のエネルギーを生産しやすい種も存在する。

② 大型緑藻類のセルロースの酵素糖化は，木質に比べ容易である。市販のセルラーゼを用いた *Ulva* sp. の酵素糖化率は，前処理無しでも 90％程度，マイルドな水熱処理を行うことにより，95％以上に向上する。

③ 酵素糖化法を採用する場合，緑藻の種によっては，用いる酵素の検討が必要である。

④ 緑藻の糖化に及ぼす塩分の影響は小さいが，エタノール発酵の場合は 6％以上の塩分で著しく阻害を受ける。

　Ulva sp. を用いたエタノール発酵では，基質濃度を高めても，生成されるエタノール濃度は低く（1〜1.5％程度），経済的にエタノールを生産するには，高濃度エタノール生産技術の検討が必要であると考えられた。

　一方，東京ガス㈱による，アオサを用いたメタン発酵によるガス化に関する検討では，「技術的にはアオサのバイオマスガス化に問題ないことを示しているが，経済成立性という観点から，プラントの年間稼働率とガス発生効率を高めることが不可欠で，そのためには生ごみなどとの混

合バイオガス化を前提とした事業モデルの確立が必要」と結論付けている[10]。緑藻類の有機物成分が有効に利用できるバイオガス化でも，緑藻類単独でのエネルギー生産システムの成立は難しいというのが現在の見解である。緑藻類からのバイオ燃料生産技術は，現状では，エネルギー収支と経済性の面で成立性は低いという報告もある[11]。

　Mishima *et.al.* は，東南アジア地域において，メコンデルタの水産養殖現場の排水を利用して，安価に大型緑藻類を生産し，エタノールを生産したとしても，年間わずか10,000tonのエタノールしか生産できず，エタノールの市場価格を100円/kgとしても，売り上げは10億円程度で，経済的に成立しない，と試算している[12]。大型藻類のみならず，非食料バイオマスのエネルギー化に関する技術開発は戦略的に実施されているが，緑藻類の多様な多糖類に対応した酵素糖化とエタノール発酵技術の確立は，経済性を考慮すると，まだ実用化には時間を要するであろう。バイオエタノール生産のトータルコストを低減する方法として，マテリアル利用を推進し，コストを追求すれば，二酸化炭素削減効果はなくなり，かえって二酸化炭素を増加させてしまうことにもなりかねない。バイオ燃料生産システムが成立するためには，エネルギー収支が正であること，また温室効果ガスの削減効果があることが必須条件である。

　しかし，藻類の単位面積当たりの生産量は陸上植物と比較して一桁高いことや，土地利用変化（Land Use Change; LUC）を含む食糧との競合が緩和されるという点で，藻類からのバイオ燃料生産の意義は大きいと考える。当バイオマス研究センターでは，バイオ燃料生産技術開発とともにバイオマス利活用の経済性・環境性の評価を行うことをミッションとしている。今後は，藻類からのバイオ燃料生産に関して，収穫から残渣処理までトータルなシステムとして課題を整理し，その可能性を定量的に分析し，重要な研究開発の方向性を選定していく予定である。

文　　献

1）伊佐亜希子，三島康史，滝村修，美濃輪智朗，日本エネルギー学会誌，**88**，912-917（2009）
2）山田信夫著，海藻利用の科学（改訂版），成山堂書店
3）食品分析の実際，幸書房，p.48（2003）
4）新食品分析ハンドブック，pp.135-136，建帛社（2000）
5）Negro J. M., Manzanares P., Ballesteros I., Oliva M. J., Cabenas A. and Ballesteros M., *Appl. Biochem. Biotech.*, **105-108**, 87-100（2003）
6）Mishima D., Tateda M., Ike M. and Fujita M., *Biores. Tech.*, **97**, 2166-2172（2006）
7）Teramoto Y., Lee S. and Endo T., *Biores. Tech.*, **99**, 8856-8863（2008）
8）中村嘉利，Moniruzzaman Mohammed，長尾衛，沢田達郎，元井正敏，化学工学論文集，**17**（3），504-510（1990）
9）㈱新エネルギー・産業技術総合開発機構，バイオマス資源を原料とするエネルギー変換技

　　　術に関する調査Ⅰ～Ⅲ（1999～2001）

10）三河湾環境チャレンジ実行委員会，アオサバイオマスガス化の事例（第三回シンポジウム報告），第3章4.2（2004）

11）本多正樹，芳村毅，岡田茂，藻類からのバイオ燃料生産に関する調査報告，電力中央研究所報告，V09025（2010）

12）Mishima Y., Isa A., Dang T. T., Nguyen H. T. and Minowa T., Potential of Bio-energy Production from Macro Green Algae, and Mitigation of Water environment, *proceedings of RENEWABLE ENERGY 2010*, Yokohama, Japan （2010）

3 マリンビブリオを活用した海藻からのエタノール生産

澤辺智雄*

3.1 はじめに

　化石燃料の代替エネルギーを開発することは，人類の生存基盤を保障する重要な科学的および社会的な課題である。二度にわたる石油ショックを経験した我が国は石油への依存度を低下させながら，新エネルギーの開発とエネルギー源の多様化を推進してきた。にもかかわらず，現在，エネルギー自給率は 4％と低い。将来のエネルギー政策，特に国産の再生可能なエネルギーの開発は我が国の安全保障において重要な課題であり，平成 22 年 6 月に改正された政府のエネルギー基本計画においても，2020 年までに一次エネルギーに占める再生可能エネルギーの割合を 10％にするとの目標が設定された[1]。また，エネルギー消費の増加は地球環境への負担ともなり，地球温暖化やそれに伴う気候変動として間接的に我々の生活基盤を揺るがすことになる。従って，地球環境への負荷の少ないエネルギーの開発は喫緊の課題である。改正されたエネルギー基本計画にもこのポイントは明記されており，「安定供給の確保」，「環境への適合」，「市場原理の活用」というトリプル "E" の実現を図れる「再生可能エネルギー」の導入拡大は重要性を増している。

　水産資源が豊かな我が国では，海洋バイオマス由来の燃料も重要なエネルギー源になりえるものと考えている。特に海藻は CO_2 固定能を持つことから，海藻バイオマスの物質変換反応で生産される燃料の開発は，技術基盤の成熟が待たれているところである。また，各地域が独自にエネルギーを安定供給できる社会は 21 世紀の理想的な循環型社会の一つと考えられ，地方特有の海藻バイオマスをエネルギー資源として育て，そしてエネルギー変換するシステムの構築が重要性を増すであろう。海藻バイオマスを核として，漁村や水産基地を拠点とした新しい形のスマートグリッドの形成により，「海」に依存した地方都市設計の将来像が見えてくる。

　バイオマスのエネルギー変換には微生物の物質変換能を利用する方法がある。「発酵」と呼ばれる微生物特有の代謝を利用することが多い。しかし，海藻からエタノールなどのバイオ燃料を生産する微生物に関しての研究例は極めて少ないのが現状である。本節では，海藻糖質を直接バイオ燃料に変換する能力を持つ海洋微生物の探索およびその代謝の解明を通して得られた知見を紹介する。

3.2 我が国におけるエネルギー需給とエネルギー生産に果たす水産分野の取り組み

3.2.1 エネルギー需給の動向

　エネルギー需給の動向は私たちの生活や経済活動の水準に依存して変動している（エネルギー白書 2009 年度版，資源エネルギー庁; http://www.enecho.meti.go.jp/topics/hakusho/）。経済規

＊　Tomoo Sawabe　北海道大学　大学院水産科学研究院　教授

模（実質GDP（兆円））が小さい時代はエネルギー需給が小さい。逆に，経済規模が大きい時代ではエネルギーの需給が増える。1965年から1973年の第一次石油ショックまでは経済成長の伸びに対する一次エネルギーの供給量の伸び（弾性比）は1.2であった。しかし，これ以降，1973年から1986年までの13年間では，その数値は0.2に低下した。このことは，日本では，石油ショック後，エネルギー供給の増加を抑制しながら経済成長が進んだことを示す。さらに，その後，1986年から2001年までの15年間では，エネルギー供給の伸びを伴う経済成長に再び転じたが，2001年から2007年までの間は，石油ショック後と同様のエネルギー供給の伸びを伴わない経済成長となっている。現在，我が国は諸外国と比べて少ないエネルギー消費で経済を成長させる力があることを示している（エネルギー白書）。

　また，石油ショック以降，我が国は石油への依存度を下げる取り組みを進めてきている（エネルギー白書）。しかし，石油への依存度は約46％と高く，次いで石炭（22.1％），天然ガス（17.9％），原子力（10.2％）となっている。日本のエネルギー自給率は4％と低い。従って，将来のエネルギー政策，特に国産エネルギーの開発・確保は，我が国の安全保障において重要な課題であると考えられる。また，石油などの化石燃料を中心としたエネルギー消費の増加は，温室効果能を持つ炭酸ガスの放出を伴うことから，地球環境負担が大きい。これは地球温暖化やそれに伴う気候変動として間接的に私たちの生活基盤を揺さぶることにつながる。従って，地球環境への負荷の少ない新エネルギー，中でも再生可能エネルギーの開発と社会への普及拡大が加速している[1]。

3.2.2　水産分野での取り組み

　第1章および第2章で述べられている通り，水産資源が豊かな我が国では，海藻由来の成分から生産されたバイオマス燃料も重要なエネルギー源として期待できる。海藻は炭酸ガスの固定能を持つため，海藻の糖質を変換し生産される燃料は，炭酸ガスを放出し続ける化石燃料より，地球環境負荷の少ないバイオマス燃料となり得る。しかし，この海藻由来のバイオマス燃料の生産技術の開発は研究の途についたところであり，その技術基盤の成熟が待たれている[2]。また，生産コストに見合う技術となるか，その動向が注視されている。水産分野でのバイオ燃料そしてエネルギーの生産技術の開発研究を進展させることは，地域特有の海藻バイオマスをエネルギー資源として育て，そしてエネルギー変換を含めたバイオリファイナリーシステムを作ることで，真の循環型社会システムの構築につながると期待される。各地域が独自にエネルギーを安定供給できる社会は21世紀の理想的な循環型社会の一つであると考えられる。

　2005年の京都議定書の発行で，温室効果ガスの削減義務が課せられたことを契機に，「バイオマス・ニッポン総合戦略」が2006年に改訂され，様々なエネルギー・プロジェクトが進展している[3]。特に，エタノールは，自動車のガソリンエンジンに直接使用できることから，注目を一気に集めたバイオ燃料となっている。サトウキビやトウモロコシのデンプンや単糖をバイオマスとしてエタノール化する「第一世代バイオ燃料」の生産を皮切りに，木材などに豊富なセルロースやリグノセルロースをバイオマスとしてエタノールに変換する「第二世代バイオ燃料」の生産技術の開発が進んでいる。特に後者は，トウモロコシとは異なり，食糧と競合しない原料を利用

するため，穀物の高騰などを引き起こさないバイオ燃料として，注目されている。

　一方，海藻はその生産の場が海であり，第一および第二世代バイオ燃料の原料とは異なり耕地面積の制限を受けない利点がある。さらに，海藻の種類を選べば食糧との競合は極めて少ないバイオマスであり，「第三世代バイオ燃料」として，日本や韓国で技術開発が進められている[3]。我が国では 2007 年に，㈶東京水産振興会が「水産バイオマス経済水域総合利用活用事業可能性の検討」（通称「オーシャン・サンライズ計画」）と三菱総研が「アポロ＆ポセイドン計画」を公表し（第 2 章に詳しい），海藻バイオマスからのエタノール生産に関心が集まった。さらに，より現実的な「海藻バイオマスのバイオ燃料化技術の開発」として，水産庁のバイオマス利用関連の技術委託プロジェクトの一環として，2008 年度から推進されており，バイオ燃料化がしやすい海藻糖質の評価，それを豊富に含む海藻の種類と季節変動，バイオリファイナリーを視野に入れた海藻バイオマスのカスケード利用，そして「海藻バイオマス燃料の生産に適する海洋微生物の探索」が積極的に行われている[3]。

3.3　マリンビブリオを利用した海洋バイオ燃料の生産

3.3.1　エタノール発酵能の高い海洋微生物の探索

　世界各地を探しても海藻を原料としたアルコール飲料は知られていない。そのため海洋バイオ燃料の生産技術は伝統や経験に裏打ちされたものがなく，この分野の進展が遅い理由の一つである。その一方で，海洋微生物は未知の種類が多いことは周知の事実であり[4,5]，海洋バイオ燃料生産に寄与する新規微生物の発見につながる可能性は高い。それでは，海藻そのもの，あるいは海藻で含有量の高い糖質を発酵し，エタノールや水素などの海洋バイオ燃料を効率的に生産できる微生物を見つけだすためにはどのような方策を取ればいいのか？　そしてどこを探せばいいのか？　我々が，最終的に辿り着いた答えの一つは，海洋植食動物，つまり海藻を食べる動物たちの消化管の微生物生態系から，探しだすことであった。このような海洋動物の消化管は海藻由来の糖質が豊富であり，かつ嫌気的な条件になりやすいため，発酵が進みやすい[6,7]。

　アメフラシ（*Aplysia krodai*），エゾバフンウニ（*Strongylocentrotus intermedius*），およびエゾアワビ（*Haliotis discus hannai*）の消化管あるいは消化腺を摘出し，そこに生息している微生物群を含む試料を調製した。その微生物試料を，海藻粉末そのもの，海藻糖質の代表としてマンニトール，アルギン酸塩，ラミナラン，およびセルロースの構成糖であるグルコースを添加した海水ベースの複合培地に接種して静置培養を行った。この発酵培養で，100mM を超えるエタノールが 5 つの培養系で検出された。最も生産量が高いのは，マンニトール添加培地にアメフラシ消化腺微生物群を接種した培養系（Ak-ManOH）であり，その量は約 250mM（約 12g/L）に達した。次いで，マンニトールとエゾアワビ消化管微生物を組み合わせた系（Hd-ManOH）で約 200mM（約 9g/L），グルコースとアメフラシあるいはエゾアワビ由来の微生物を接種した培養系（Ak-Glc あるいは Hd-Glc）で 130-140mM であった（図 1）。また，これらいずれの培養系からも，エタノール以外に，酢酸，ギ酸および DL－乳酸の産生も認められたことから，混合有機酸

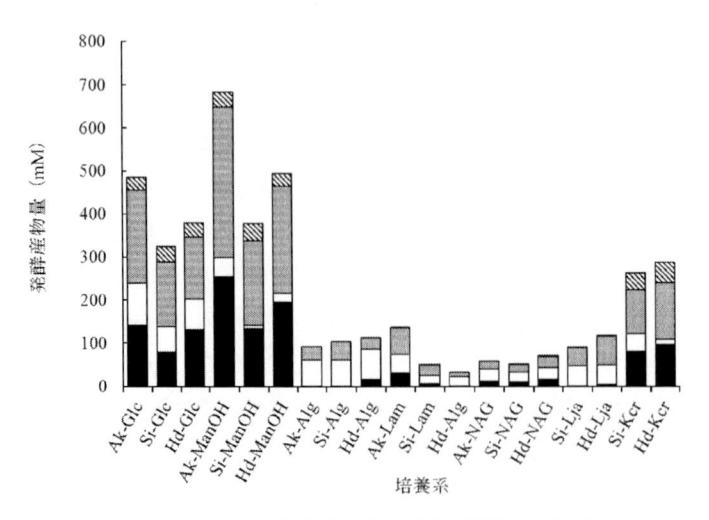

図1 エタノール発酵能の高い消化管微生物の探索

■エタノール，□酢酸，▨ギ酸，▧乳酸。Ak：アメフラシ，Si：エゾバフンウニ，Hd：エゾアワビ。Glc：グルコース，ManOH：マンニトール，Alg：アルギン酸，Lam：ラミナラン，NAG：N−アセチル−D−グルコサミン，Lja：マコンブ仮根乾燥粉末，Kcr：ガゴメ葉体乾燥粉末。

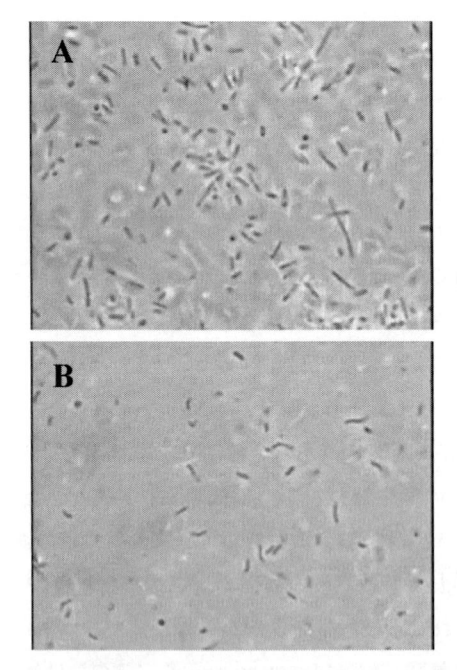

図2 エタノール発酵能を示すマリンビブリオの光学顕微鏡写真

A. *Vibrio halioticoli*，B. *Vibrio* sp. AM2.

発酵[8]を行う微生物群による反応であることが推察された。さらに，興味深いことに，マンニトール含量が藻体乾燥重量で約3割に達するガゴメ粉末を海水に添加しただけの単純な培地を用い

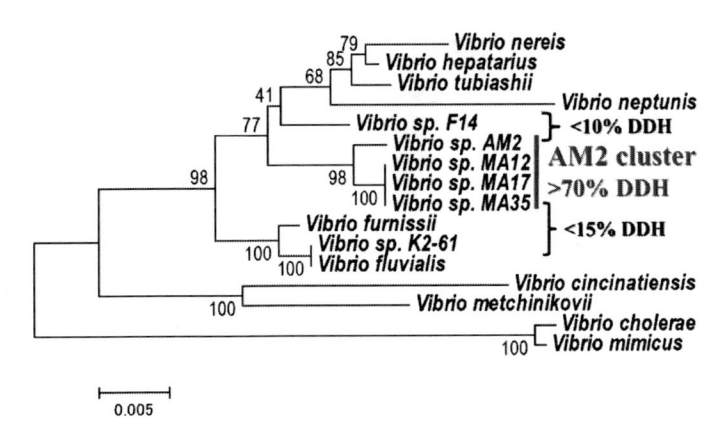

図3　エタノールと水素を生産する新規ビブリオの分類学的位置 16S rRNA 遺伝子塩基配列に基づく *Vibrio* sp. AM2 株の近隣接合法による分子系統樹

た培養系においても，80-100mM に達するエタノールの生成が確認され，海洋動物の消化管微生物群のポテンシャルの高さが示された。

　エタノール生産量が比較的高かった培養系から，エタノール生産能の高い微生物の分離を行い，2種類のビブリオを分離することができた。1種類はエゾアワビの消化管から分離された *Vibrio halioticoli*（ビブリオ・ハリオティコリ）であり，もう一方の種はアメフラシの消化腺から分離された *Vibrio* sp. AM2 であった。いずれの細菌も，長さ桿状の細胞であるものの（図2），両者は主に運動性，アルギン酸の分解・利用性およびガスの産生性で異なる。*V. halioticoli* は 1.7～2.0×0.6～0.8μm の大きさで，運動性がなく，アルギン酸をよく分解利用し，ガスは産生しない（図2A）[9]。これに対し，AM2 株は 2.6～2.7×0.7～0.9μm で，活発に運動する。しかし，これはアルギン酸を分解できないのに対し，ビブリオ属では珍しくガスの産生能を有する（図2B）。現在，AM2 株は多相的な細菌分類学検討を行い，新種のビブリオ属細菌であることが明らかになっている（図3）。

3.3.2　エタノール生産の最適化

　一般的にバイオマスは，単一成分ではなく，多種多様な成分が混在している複雑系である。そこで，*V. halioticoli* と AM2 株のエタノール産生を増加させる海藻糖質はあるのか？　という疑問から，グルコースに加え，糖アルコールであるマンニトール，ウロン酸骨格のアルギン酸を用いて，その影響を検討した。その結果，エタノール生産量は，マンニトール＞グルコース＞アルギン酸の順に高くなった（図4）。特に，マンニトールを基質とした場合に，エタノールの生産量は全有機酸産生量の約 1/3 に達した（図4A，D）。この量は，グルコースを基質とした場合よりも約 1.5 倍向上した（図4）。しかし，一方で，アルギン酸を利用できる *V. halioticoli* を用いて発酵を行っても，エタノール生産はほとんど観察されなかった（図4C）。

　微生物による発酵は 10 段階にも及ぶ数多くの代謝過程を経る複雑な生化学反応である。さらに，様々な海藻糖質がエタノールに変換される過程でマリンビブリオは3種類の主要な糖代謝系

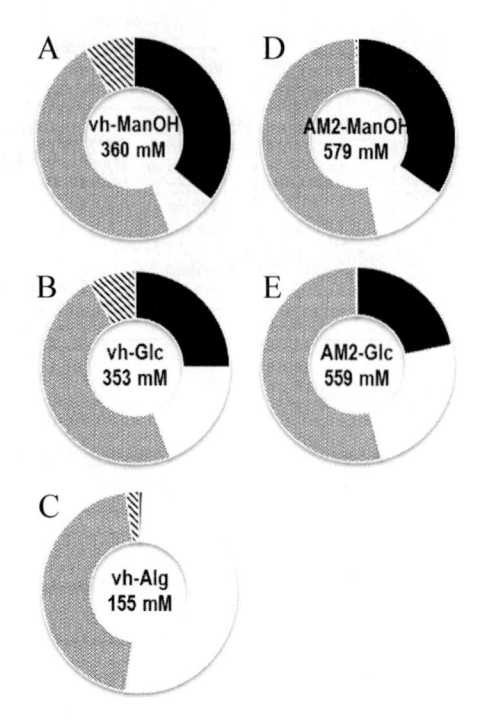

図4 海藻糖質の種類がマリンビブリオのエタノール生成量に及ぼす影響
■エタノール，□酢酸，▨ギ酸，▧乳酸。Glc：グルコース，ManOH：マンニトール，Alg：ア
ルギン酸。

を利用すると予想される[8]。一つは Embden-Meyerhof 経路と呼ばれるもので，ここではグルコー
ス（Glc）がリン酸化されながら細胞質内に輸送された後，解糖系に入り，6段階の酸化還元反応
を経てピルビン酸に至る。海藻糖質に含まれるグルコース，セルロース，ラミナランおよびマン
ニトール（ManOH）をはじめとする糖アルコールはこの経路を経て代謝されると予想される。
二つ目は Entner-Doudoroff 経路でグルコースの1位のアルデヒド基がカルボン酸に酸化された
グルコン酸の主要代謝経路であり，6ホスホグルコン酸から2ケト3−デオキシ6−ホスホグルコ
ン酸（2K3D6-P-Glc）に至る6段階の生化学的代謝を経てグリセルアルデヒド3リン酸（G3P）
とピルビン酸に開裂される。アルギン酸をはじめとするウロン酸骨格の糖は，還元力（NADH）
とエネルギー（ATP）を利用し 2K3D6-P-Glc に変換された後，この経路に入ると予想される。
最近，アルギン酸資化性を持つある種の *Shingomonas* で，この経路の鍵酵素の一つで，遺伝子ク
ローニングがなされ，その酵素の存在が証明されたところである[10〜12]。三つ目はペントースリン
酸経路で，6ホスホグルコン酸がリブロース5−リン酸などの5炭糖を経由してグリセルアルデ
ヒド3−リン酸に変換される5段階を経てピルビン酸に至る。さらに，ピルビン酸は，①乳酸デ
ヒドロゲナーゼの作用により乳酸へ，②ピルビン酸−ギ酸リアーゼの作用によりアセチル CoA
とギ酸に開裂し，③さらにアセチル CoA はホスホトランスアセチラーゼと酢酸キナーゼの作用
で酢酸へ変換されるか，④アルコール脱水素酵素（ADH）の作用によりエタノールに変換され

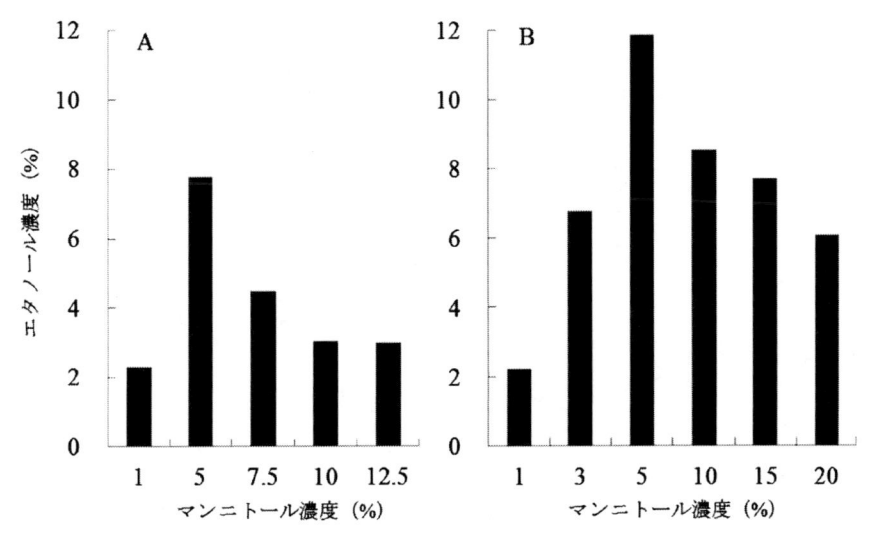

図5　マリンビブリオのエタノール生産に及ぼすマンニトールとグルタチオンの影響
A: *Vibrio halioticoli*, B: *Vibrio* sp. AM2。グルタチオンは濃度依存的にエタノール生産を増加さ
せる効果が認められた。このデータは，1.2％添加した場合。

る。この一連の糖の酸化還元反応によりエタノールは産生される。このピルビン酸から，エタ
ノールなどが生産される代謝を発酵と呼ぶ。

　還元力（NADH）とエネルギー（ATP）のバランスに焦点を絞って，グルコース，マンニトー
ルおよびアルギン酸の代謝を考える。各糖質1分子が，取り込みから解糖系を通過する間に，
NADHとATPはそれぞれ，2と3分子，3と4分子および0と3分子のバランスで生成・消費さ
れると予想される[8]。細胞内では，還元力はバランスされている必要があるので，生成された
NADHは還元力の再生産のため，NADは酸化され，代謝回転されなければならない。エタノー
ルの生成経路では，NAD依存性のADHによるアセチルCoAの2段階の還元反応が必要である
ため，糖1分子当たり最大で4分子のNADHが必要となる。言い換えれば，細菌が食べた糖か
ら還元力を得ることができれば，還元力の再生産が必要になり，エタノールはより多く生産さ
れ，逆の場合ではエタノールの生産は全く認められないことになる。このようなバランスを，細
菌細胞が維持するために，マンニトールからはより多くのエタノールが生産され，アルギン酸か
らはエタノールを作るために必要な還元力は得られないことになる（図4）。還元力バランスが不
利なアルギン酸から効率よくエタノールやバイオ燃料を生成するための代謝改変微生物の作製
が今後の課題である。陸生細菌の一種である*Sphingomonas*においては，代謝改変株を作製し，
アルギン酸からエタノールが生産できるようになっている。

　これらのエタノール産生能の比較的高い2種類のマリンビブリオについて，マンニトールから
のエタノール生産の至適化を行った（図5）。エタノール生産に大きな影響を及ぼす成分として，
生体還元剤として知られている還元型グルタチオンの添加と糖質濃度があることが明らかと
なった。グルタチオンは，調べた範囲内では濃度依存的に効果が上昇した。両成分の添加量を変

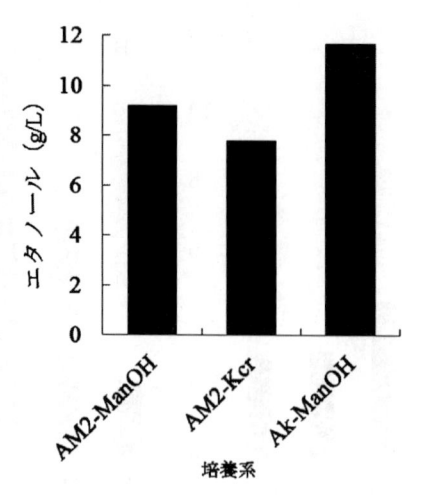

図6　海藻粉末からのエタノール生産とエタノール生産への海洋動物消化管微生物の直接利用

化させながら，最も高いエタノール生産が得られる培地条件を検討したところ，マンニトールおよびグルタチオンの添加量はそれぞれ5%（w/v）および1.2%（w/v）であることが明らかになった。様々な還元剤を調べた中で，グルタチオンが最も効果的であったのは，細菌細胞に利用されやすく，細胞内の還元力バランスを向上させる方向に補助したものと考えている。しかし，その詳細な効果は現時点では不明であり，遺伝子発現を含めてマリンビブリオの発酵代謝の総合的な理解を進めなければならない。この条件下で，マンニトールを基質とした高塩分濃度下での回分培養で，*V. halioticoli* は最大約8g/L，*Vibrio* sp. AM2では約13g/Lのエタノール生産が可能になっている。また，1L規模の回分培養も可能となっている。

　海藻バイオマスは水分含量が極めて高いことから，長距離輸送など不利な点が多い。従って，現場での利用を考慮した生産システムの構築を行うべきと考える。極めて小規模な発酵実験ではあるものの，AM2株を用いて海藻粉末からエタノール発酵を試みた。また，発酵には安定したスターターが用意できれば，現場導入がスムーズである。海藻養殖の最前線で簡単にスターターを得る方法として，AM2株の来源であるアメフラシの消化管微生物群そのものを発酵に利用することを検討した。その結果，AM2株を，海藻粉末のみを海水に加えただけの非常に単純な組成の培地に接種して培養しただけで，エタノール生産が観察された（図6）。しかし，その生産量はAM2株をマンニトール培地で発酵培養した場合の85%であり，生産量の向上に向けた一層の努力が必要である。また，マンニトール培地に，アメフラシ消化管微生物群を直接接種したところ，約1.2%のエタノール生産が認められた（図6）。アメフラシ消化管微生物群は，天然の麹として利用できる可能性がある。

3.4　マリンビブリオによるエタノール−水素同時生産

　本書の第6章で詳しく述べられているが，水素は間違いなく次世代のクリーンエネルギーの筆頭である。光合成や発酵の過程で微生物により生産される水素は「バイオ水素（BioH₂）」として

化学的改質により生産される水素とは区別される再生可能エネルギーである[13]。発酵によるバイオ水素の生産は，実用化がしやすいリアクターに適用させ易く，様々なバイオマスを原料とでき，水素生産速度が速い点で，光合成によるバイオ水素生産を凌ぐ利点がある[13,14]。1kWの燃料電池を利用して家庭に電力供給する場合，24mol/hの水素が必要となると見積られる。原料コストやリアクターの規模をコンパクトにすることが，社会に普及させる上で必須であり，発酵を介したBioH$_2$生産の課題となっている。この課題を克服するために，水素生産効率の改善に向けた微生物の水素生成機構の解明や代謝改変が活発化している[14,15]。

Vibrio sp. AM2は，ビブリオでは珍しいガスの生産代謝系を持っている[16~21]。そのガス組成は，水素と二酸化炭素が主体であることから，糖の発酵過程で産生されるギ酸がギ酸水素リアーゼ（FHL）複合体の作用により分解されることで産生されると考えている[8]。現在，海藻糖質からの水素生成条件の検討を行い，ジャーファーメンターを用いた培養系で数十リットル規模の水素生成が可能になっている。さらに，この水素生成は，海藻粉末培地においても観察されることから，AM2株を使うことにより海藻からのエタノール−水素の同時生成が可能となっている。

3.5　マリンビブリオのバイオマス燃料産生に関与する遺伝子

マリンビブリオの多くは，海藻糖質を変換してエタノールや水素，そしてメタン生成に必要なギ酸や酢酸を生成することができる[7]。現在，*V. halioticoli*，*Vibrio* sp. AM2，*V. gallicus*，*V. harveyi*，*V. neonatus*，*V. ruber*，*V. portersiae* の7種でゲノム解析を進めている。*V. halioticoli*，*Vibrio* sp. AM2，*V. harveyi* でドラフトゲノムを得ることができた。

V. halioticoli と *Vibrio* sp. AM2について，アルギン酸分解酵素，アルコール脱水素酵素，FHL複合体について遺伝子の解析を進めている。特にアルコール脱水素酵素の解析では，両ビブリオともに，予想以上に多様な酵素遺伝子を持つ事が明らかになりはじめ，その酵素遺伝子の多様性に驚かされるばかりである。多くの細胞においてアルコール，アルデヒド，ケトンの相互変換は必須の代謝であり，アルコール脱水素酵素（ADH）はその鍵酵素であり，電子受容体により3つのグループに分けられている[22]。海藻の糖質からのエタノール生成には，NAD（P）依存性のアルコール脱水素酵素が大きく関与している。このグループのADHは，さらに金属イオンの要求性などで3つのグループに分けられる。*V. halioticoli* と *Vibrio* sp. AM2株では少なくとも15種類のADHがそれぞれ見つかっており，その機能解明を目指して研究を進めているところである。中でも，注目しているのが，微生物からのみで見いだされているグループ3のADHである。これらは活性中心に鉄を配位するADHとして当初見いだされたものであり，*Zymomonas mobilis* の adh2（adhB）がその代表的酵素として知られている[22]。この酵素遺伝子を形質転換した大腸菌は，エタノール発酵性大腸菌（Ethanologenic *E. coli*）として，バイオテクノロジーやシステムバイオロジー分野の研究者から注目されている[23,24]。さらに，グループ3のADHの中に，アセトアルデヒドよりも炭素数が多い長鎖アルデヒドに基質親和性の高いADHが見いだされている[25,26]。この種類のADHを2−ケト酸の生合成系と組み合わせて代謝改変することにより，エタ

ノールよりも物性やエネルギー価の高い高級アルコール生産を大腸菌で，しかも好気条件下で可能にしている[25,27]。マリンビブリオのゲノムからも，これに類似した遺伝子が複数見いだされており，この遺伝子にコードされている酵素の特性解明が進んでいる。

3.6 おわりに

　海藻を燃料に変換する技術の開発は極めて挑戦的な課題である。微生物の代謝の解明と分子育種に加え，原料の安定供給や発酵基質を高濃度で蓄積する株の開発に向けた海藻そのものの分子育種も必要である。そして，海藻生産の現場で現実的に生産可能なインフラ整備も必要である。しかし，海藻バイオマスは確実にエネルギー資源に変換できる。そして，そのための微生物側の特徴づけもゲノムレベルでの研究を含め進展している。海に囲まれた日本で，海洋バイオマスをエネルギー化する技術開発に微力ながら貢献し，この分野の成熟に尽力したい。

謝辞

　本節でまとめた成果の多くは，文部科学省科学研究費補助金（課題番号 21380129），新学術領域研究「ゲノム支援」，水産庁委託プロジェクト，東和食品研究振興財団学術奨励金などの助成を受けることにより得られたものであり，この場を借りて謝意を表する。また，マリンビブリオのゲノム解析は，東京工業大学　黒川顕教授，宮崎大学　林哲也教授との共同研究で得られたものである。さらに，海藻粉末を供与いただいた北海道中央水産試験場および釧路水産試験場の福士暁彦氏，武田忠明氏にお礼申し上げる。

文　　献

1）NEDO 再生可能エネルギー技術白書, p.649, エネルギーフォーラム, 東京（2010）
2）Buckley, M. and J.Wall., Microbial Energy Conversion., p.22, American Academy of Microbiolgy., Washington D.C., USA（2006）
3）内田基晴，日本の水産分野におけるバイオ燃料研究の動向, 日水誌, **75**, 1106-1108（2009）
4）Amann, R.I, W. Ludwig and K.-H. Schleifer., Phylogenetic identification and in situ detection of individual microbial cells without cultivation（1995）
5）Giovannoni, S. and U. Stingl., The importance of culturing bacterioplankton in the 'omics' age., *Nat. Rev. Microbiol.*, **5**, 820-826（2007）
6）Harris, J.M., The presence, nature, and role of gut microflora in aquatic invertebrates: a synthesis. Microb. Ecol., **25**, 195-231（1993）
7）Sawabe, T., N. Setoguchi, S. Inoue, R. Tanaka, M. Ootsubo, M. Yoshimizu and Y. Ezura., Acetic acid production of *Vibrio halioticoli* from alginate: a possible role for establishment of abalone-*Vibrio halioticoli* association. Aquaculture, **219**, 671-679（2003）
8）Böck. A. and G. Sawers., Fermentation. In *Escherichia coli and Salmonella*, pp.262-282., F.C. Neidhardt（eds.）. ASM press, Washington D.C., USA（1996）

9) Sawabe, T., I. Sugimura, M. Ohtsuka, K. Nakano, K. Tajima, Y. Ezura and R. Christen., *Vibrio halioticoli* sp. nov., a non-motile alginolytic marine bacterium isolated from the gut of abalone *Haliotis discus hannai. Int. J. Syst. Bacteriol.*, **48**, 573-580（1998）

10) Preiss, J. and G. Ashwell. 1962. Alginic acid metabolism in bacteria. I. Enzymatic formation of unsaturated oligosaccharides and 4-deoxy-L-erythro-5-hexoseulose uronic acid., *J. Biol. Chem.*, **237**, 309-316

11) Preiss, J. and G. Ashwell. 1962. Alginic acid metabolism in bacteria. II. Enzymatic reduction of 4-deoxy-L-erythro-5-hexoseulose uronic acid to 2-keto-3deoxy-D-gluconic acid., *J. Biol. Chem.*, **237**, 317-321

12) Takase, R., A. Ochiai, B. Mikami, W. Hashimoto and K. Murata., Molecular identification of unsaturated uronate reductase prerequisite for alginate metabolism in *Sphingomonas* sp. A1. Biochim. Biophy. Acta., **1804**, 1925-1936（2010）

13) Lee, H.-S., W.F.J. Vermaas and B. E. Rittmann., Biological hydrogen production: prospects and challenges., Trends Biotechnol., **28**, 262-271（2010）

14) Sanchez-Torres, V., T. Maeda and T. K. Wood., Protein engineering of the transcriptional activator FhlA to enhance hydrogen production in *Escherichia coli.*, *Appl. Envion. Microbiol.*, **75**, 5639-5646（2009）

15) Fan, Z., L. Yuan and R. Chatterjee., Increased hydrogen production by genetic engineering of *Escherichia coli.*, PLoS One, 4, e4432, 1-8

16) Farmer III, J. J., J.M., Janda, F.W. Brenner, D.N. Cameron and K.M. Birkhead., Genus I. *Vibrio* Pacini 1854, 411AL. In *Bergey's Manual of Systematic Bacteriology*, 2nd ed. Vol. 2, pp. 494-546., Brenner, D. J., Krieg, N. R. and J.T. Staley（eds.）. Springer, New York, USA（2005）

17) Kumar, R.N. and S. Nair., *Vibrio rhizosphaerae* sp. nov., a novel red-pigmented species that antagonizes phytopathogenic bacteria., *Int. J. Syst. Evol. Microbiol.*, **57**, 2241-2246（2007）

18) Rameshkumar, N., Y. Fukui, T. Sawabe and S. Nair., *Vibrio porteresiae* sp. nov., a diazotrophic bacterium isolated from a mangrove-associated wild rice （*Porteresia coarctata Tateoka*）., *Int. J. Syst. Evol. Microbiol.*, **58**, 1608-1615（2008）

19) 澤辺智雄, ビブリオの多様性と進化, 日本細菌学雑誌, **65**, 333-342（2010）

20) Shieh, W.Y., A.-L. Chen and H.-H. Chiu., *Vibrio aerogenes* sp. nov., a facultatively anaerobic marine bacterium that ferments glucose with gas production, *Int. J. Syst. Evol. Microbiol.*, **50**, 321-329（2000）

21) Shieh, W.Y., Y.-W. Chen, S.-M. Chaw and H.-H. Chiu., *Vibrio ruber* sp. nov., a red, facultatively anaerobic, marine bacterium isolated from sea water., *Int. J. Syst. Evol. Microbiol.*, **53**, 479-484（2003）

22) Reid, M.F. and C.A. Fewson., Molecular characterization of microbial alcohol dehydrogenase., *Crit. Rev. Microbiol.*, **20**, 13-56（1994）

23) Dien, B.S., M.A. Cotta and T.W. Jeffries., Bacteria engineered for fuel ethanol production: current status., *Appl. Microbiol. Biotechnol.*, **63**, 258-266（2003）

24) Ohta, K., D.S. Beall, J.P. Mejia, K.T. Shanmugam and L.O. Ingram., Genetic improvement of *Escherichia coli* for ethanol production: chromosomal integration of *Zymomonas mobilis* genes encoding pyruvate decarboxylase and alcohol dehydrogenase II., *Appl. Environ.*

Microbiol., **57**, 893-900（1991）

25) Atsumi, S., T.-Y. Wu, E.-M. Eckl, S.D. Hawkins, T. Buelter and J.C. Liao., Engineering the isobutanol biosynthetic pathway in *Escherichia coli* by comparison of three aldehyde reductase/alcohol dehydrogenase genes., *Appl. Microbiol. Biotechnol*., **85**, 651-657（2010）

26) Sulzenbacher, G., K. Alvarez, R. H.H. van den Heuvel, C. Versluis, S. Spinelli, V. Campanacci, C. Valencia, C. Cambillau, H. Eklund and M. Tegoni., Crystal structure of *E. coli* alcohol dehydrogenase YqhD: evidence of a covalently modified NADP coenzyme., *Mol. Biol*., **342**, 489-502（2004）

27) Atsumi, S., T. Hanai and J.C. Liao., Non-fermentative pathways for synthesis of branched-chain higher alcohols as biofuels., *Nature*, **451**, 86-90（2008）

4　連続発酵による海藻からの高効率エタノール生産技術

佐藤　実*

4.1　どうして海藻を利用してのエタノール生産か

　私たちの生活をエネルギー面から支えている化石燃料の石油は埋蔵量に不安があり，燃焼させたときに発生する二酸化炭素が地球温暖化の元凶とされ，石油からの脱却が求められている[1~3]。代替エネルギーの主役と目されてきた原子力発電が平成23年3月11日に起きた東日本大震災と津波による福島第一原子力発電所の爆発事故で極めて深刻な事態を招き，今後の原子力発電所建設はもとより既存の原子力発電所の運転にも変化や，見直しが求められる可能性が考えられる。我が国民には，現実味をおびた電力不足にそなえ，一段の省エネ，省電力スタイルの生活が求められる一方，太陽光，水力，風力などの自然エネルギーのさらなる活用と，バイオマスから生産されるバイオエタノールなどの再生可能エネルギーの利用を進めるための効率的な生産技術の開発が確実に求められる[3]。

　バイオエタノールに関しては，原料に穀類を利用すると食料価格の高騰を招くことより，非食料バイオマスの利用が求められる。非食料バイオマスとしては，雑草，稲ワラ，廃材木などのリグノセルロース系バイオマスと，アオサ，マコンブやホンダワラなどの海藻がある。このうち，リグノセルロース系バイオマスは，セルロースを覆い抽出の妨げになっているリグニンの除去，難分解性セルロースの糖化（多糖を単糖に低分子化すること），使用する薬品の処理などが大きな壁になり，広がりがみられない[3,4]。海藻は一部食料として利用されるものはあるが，ほとんどは食料としての利用はなく，エタノール原料としては手つかずのバイオマスといえ，近年，各方面で盛んに研究がなされている[5~9]。

4.2　エタノール原料としての海藻バイオマス

　ここでいう海藻は緑藻，褐藻，紅藻に属する大型海藻で，固着する岩礁などが分布する沿岸域だけであるが，世界の海に生育しており，その生産量は熱帯雨林地帯の生産量を凌駕するともいわれている[10]。バイオ燃料・エタノール生産のために陸上バイオマスを栽培することを考えると，海藻バイオマスは自然発生的に生育すること，生育場所が広大な海なので食用農作物の耕地や水と競合しないこと，肥料・農薬投与による環境負荷がないことも大きなメリットになっている。

　エタノール原料として海藻成分に着目すると，セルロース系多糖，デンプン系多糖や高分子硫酸化多糖，ウロン酸重合物であるアルギン酸，マンニトールなどの糖アルコールなど様々な糖質が多量に含まれている[11]。しかし，海藻は陸上バイオマスにみられるようなセルロース系多糖の抽出を妨げるリグニンを含まないか含んでいても極少量とされ[12]，エタノール発酵に利用しやす

---

　*　Minoru Sato　東北大学　大学院農学研究科　水産資源化学研究室　教授

いバイオマスと言える。

　緑藻，褐藻，紅藻の資源量については，緑藻は淡水の影響のある汽水域や河口域に限られることで資源量は3種の中で最も少ない。紅藻は種類は多いものの小型種が多くを占めること，寒天やカラギーナンなどの粘質多糖は食品や日用品の増粘剤としての需要が多く，エタノール生産原料への利用は期待薄の状態にある[13]。その点，褐藻は，マコンブ，ワカメやホンダワラ，さらにはジャイアントケルプなど大型種が多く，3種の海藻の中で最も生産量が大きく，エタノール原料として期待できる。ただし，フコイダン，アルギン酸，ラミナランやセルロース系多糖などの多糖類に加え，マンニトールなどの糖アルコールも多量に含み[11]，糖質組成が複雑で，丸ごとの利用には大きな壁がある。

　なお，海藻は陸上バイオマスより組織が柔らかく水分含量が高いことより，海中から取り上げると腐敗が進行し，悪臭を放ちやすく，その対策も必要になる。

4.3　海藻からのエタノール生産工程

　陸上バイオマスからのエタノール生産工程は，乾燥，チップ・粉末化，液化，糖化などの前処理を経て，エタノール発酵，エタノール精製（濃縮・分離）になる。

4.3.1　液化

　海藻成分を取り出し，その後の酵素処理，微生物発酵を容易にするために，液化が必要になる。海藻の液化には，①乾燥粉末から熱水などで糖質成分を抽出する方法[8]と，②生海藻に酵素類を作用させ細胞壁や細胞間充填多糖類を分解する方法[14]，③生海藻を高温高圧条件下で液化する方法[15]などがある。

　①は，陸上バイオマスで使用される方法であるが，乾燥や粉末化に大量のエネルギーを必要とし，エネルギー収支を悪化させる。

　②の酵素処理法は海藻の構造多糖類をセルラーゼや食植軟体動物の消化酵素で処理して破壊し，液化する方法である。構造多糖の結合を消化できる酵素が入手できれば温和な条件で液化ができるが，適切な酵素の入手と価格が問題になる。木幡ら[14]は，マコンブなど各種褐藻の乾燥粉末に細胞壁成分セルロースを分解するセルラーゼと細胞間粘質多糖のアルギン酸を低分子化，低粘度化させるアルギン酸リアーゼ（共にナガセケムテック社製）を作用させることで液化とペースト化が進むこと，中性糖が増加することを確認し，野菜への施肥効果も認めている。Wiら[12]は，紅藻マクサを亜塩素酸ナトリウムで処理してリグニンを除去し，その後，β-ガラクトシダーゼとキシラナーゼを作用させて液化と糖化を行っている。

　③の高温高圧処理はタンパク質などの高分子化合物の液化や低分子化などに用いられる方法である。海藻の場合は，多糖の糖化まで進行することが認められている[15]。しかし，この方法は耐圧容器容量の関係で多量の海藻の処理は困難と思われる。

4.3.2　糖化

　糖化には，酸加水分解，高温高圧分解，酵素分解などがある。酸加水分解の例として，3%硫

酸で120℃，60分間処理がある[7]。酸分解は，ほとんどの多糖は単糖まで分解されるが，単糖の過分解が生じ単糖の収率が悪くなる恐れがある。過分解は得られる単糖の回収率を低下させ，結果的にエタノール回収率の低下につながる。また，分解後は，加水分解に使用した硫酸の処理が求められる。処理法は簡単なところではアルカリによる中和があるが，塩が生じ，その後のエタノール発酵に際し発酵に関わる酵母など微生物類の生育や発酵に影響が生じる恐れがある。他の方法は，分解液をイオン交換樹脂で処理し，単糖と硫酸を分離する方法である。硫酸は回収し再利用ができるが，装置に耐腐食性が要求されるなど，設備投資が大掛かりになる[3]。

　海藻を様々な圧力と温度で処理すると海藻組織，成分が変化し，多糖が抽出されやすくなったり分解を受けたりする。木材など陸上バイオマスを超臨界条件（374℃以上，22MPa以上）や亜臨界条件（超臨界の近辺）に置くと，構成成分が溶け出したり，分解を受けたりする。海藻を超臨界や亜臨界条件下以外の高圧処理，例えば500-1000MPa，60-80℃で30分間処理すると，海藻は液化と糖化を同時に受ける[15]。この方法では，超高圧に耐えられる圧力容器が必要となり，多量の海藻を処理するのは困難と思われる。

　酵素による糖化は海藻成分の糖組成と結合様式により使用する酵素の種類が異なる。海藻多糖には様々な構成糖が含まれ[16]，様々な構成単糖と結合様式からなる（表1）。D-グルコースからなる多糖，例えばセルロースのようなD-グルコースのβ-1,4-結合よりなる多糖はセルラーゼが，ラミナランのようなD-グルコースのβ-1,3-結合多糖はβ-1,3-グルカナーゼが糖化に使用できる。筆者らが用いたセルラーゼXP-425はグルコースのβ-1,4-結合，β-1,3-結合，キシロース間の結合など様々な結合を分解できる。液化や糖化にはこのような幅広い分解活性を有する酵素がふさわしい。

4.3.3　エタノール発酵

　複雑な構成成分を低分子化した後に控えるのは，生成された単糖などからエタノールへの変換（エタノール発酵）である。エタノール発酵の主な原料糖質は褐藻類ではグルコースとマンニトー

表1　海藻糖質の種類と構成成分

	糖質	種類	主要構成成分	主な結合様式	
褐藻	多糖類	セルロース系多糖	グルコース	β-1,4-結合	
		ラミナラン	グルコース	β-1,3-結合	
		フコイダン	フコース，ガラクトース，硫酸基	α-1,2-結合，	α-1,3-結合
		アルギン酸	マンヌロン酸，グルロン酸	α-1,4-結合，	β-1,4-結合
	糖アルコール	マンニトール			
緑藻	多糖類	セルロース系多糖	グルコース	β-1,4-結合	
		緑藻デンプン	グルコース	α-1,4-結合	
紅藻	多糖類	セルロース系多糖	グルコース	β-1,4-結合	
		寒天	ガラクトース，アンヒドロガラクトース，グルクロン酸，硫酸基	α-1,3-結合，	β-1,4-結合
		カラギーナン	ガラクトース，アンヒドロガラクトース，硫酸基	α-1,3-結合，	β-1,4-結合

ルであり，緑藻や紅藻ではグルコース，ガラクトースやキシロースなどである。エタノール発酵は酵母，細菌などの微生物群がその役割を担う。この際，最も望ましいのは単一の微生物が，すべての構成成分を利用してエタノールに変換することである。しかし，発酵に関わる微生物に備わる酵素の特性上，それを期待するのは困難と思われるが，遺伝子改変でより広範囲な基質特異性を持つ酵母の作出が報告されており[17,18]，今後が期待される。

　グルコースは様々な微生物によりエタノールに転換される。例えば，酵母では *Saccharomyces cerevisiae*，*Pacchysolen tannophilus* や *Pichia angophorae* など，細菌では *Zymomonas mobilis* などがグルコースからエタノールを生成する[3,19]。紅藻類に多く含まれるガラクトースもグルコース-6-リン酸に変換されたのちエタノールが生成される[20]。糖アルコールのマンニトールも酵母 *Pichia angophorae*[19]，細菌 *Zymobacter palmae*[19]などの働きでエタノールに変換される。その他，韓国伝統酒に使用する「ヌルッ」と言われる麹菌に含まれる複数の微生物がマコンブに含まれるアルギン酸を分解すると同時に，エタノールを生成することが認められている。エタノール生成の原料はマンニトールと判明している[21]。

　村田らは，褐藻に多量に含まれるアルギン酸から遺伝子組換えをほどこした *Sphingomonas* 属細菌を使用しエタノールを生産することに世界で初めて成功した[22]。これにより，褐藻類に含まれる主要な糖質が全てエタノール発酵に利用されることになり，資源量の最も多い海藻バイオマスからのエタノール製造が大きく前進することになる。

4.4　発電所冷却水取水口に集まる海藻から効率的エタノール生産

　筆者らの研究室は東北電力㈱と共同で，発電所の冷却用海水の取水口に集まる海藻を利用してバイオエタノールを生産する研究に着手した。火力発電所や原子力発電所は，発電に利用した蒸気を水に戻すために多量の冷却水を必要とする。このため，これらの発電所は海に面した場所に立地し，海水をくみ上げて冷却に用いている。この際，海水に混じって集まる浮遊物が問題になる。それは，海藻だったり，クラゲだったり，ゴミであったりする（図1）。海藻は，春はマコンブ，夏はホンダワラ，秋は海草のアマモなどと季節により変化する。その量は，発電所の立地する環境により異なるが，数百トンから数千トンにも達するとされる。それらは，現在のところ，産業廃棄物として有料で処理されており，有効利用の道が求められている。筆者らが東北電力と共同で発電所に集まる海藻の減容化，利用を目的に共同研究を始めたきっかけはそこにある。

　筆者らが開発した海藻マコンブからのエタノール生産技術は以下の通りである（図2）。エネルギー多消費工程である乾燥，粉砕，微粉末化を省略するため，木幡ら[14]の方法に従い，生マコンブを細かく（5mm角程度）切り刻んだ後，アルギン酸リアーゼSとセルラーゼXP-425（共にナガセケムテック社製）をそれぞれ重量比0.1%，0.8%になるように添加し，かき混ぜる。それを40℃に保つと，24時間後にほぼ完全に液化する（図3）。この方法で，液化とともに，グルカン類やアルギン酸などの高分子多糖がそれぞれグルコースとウロン酸まで分解（糖化）されることが確認されている。

図1　発電所の冷却用海水取水口に集まる海藻

陸上バイオマスからのエタノール生産工程

草木・穀類木材 → **乾燥・チップ・粉末化** ・・・・・・エネルギー消費工程・・・・・・ → **溶解・糖化** → **エタノール発酵** → **エタノール**

海藻バイオマスからのエタノール生産工程

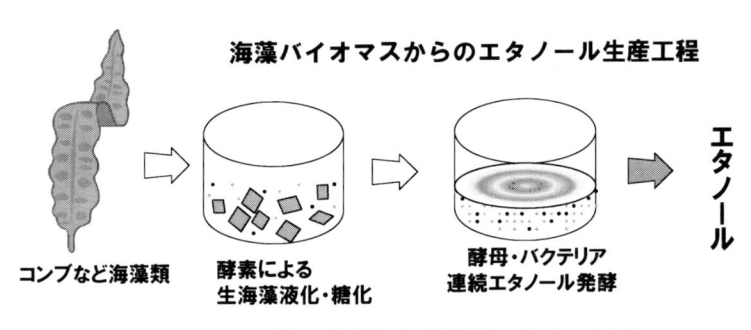

コンブなど海藻類 → **酵素による生海藻液化・糖化** → **酵母・バクテリア連続エタノール発酵** → **エタノール**

図2　海藻からの効率的エタノール生産

　ここで得られる糖化液をそのまま，または適当に希釈したものに窒素源として5％酵母エキス，5％ポリペプトンを加え，pH7に調整し，121℃，15min高圧蒸気滅菌したのち，酵母 *Saccharomyces cerevisiae* を加え，25℃で培養する。この段階では糖化液に含まれるグルコースがエタノールに変化するが，マンニトールはほとんど消費されなかった。酵母がトランスデヒドロゲナーゼを持たないためマンニトールの資化ができなかったものと考えられる。次に，グルコースが枯渇した段階で，培養液のpHと栄養塩環境を整えた後，研究室が独自に東北大学農学部構内から単離したAW株[8,9]（*Achromobacter sp.* または *Alcaligenes sp.*）を添加し，30℃にて培養する。この段階では培養液に残存するマンニトールがエタノールに転換される（図4）。この二つの工程でマコンブから生成されるエタノールの量は最高で22g/100g乾重に達した。このエタノー

開始時　　　　　　　　　　　　　　　**24時間後**

図3　酵素処理による海藻液化の様子

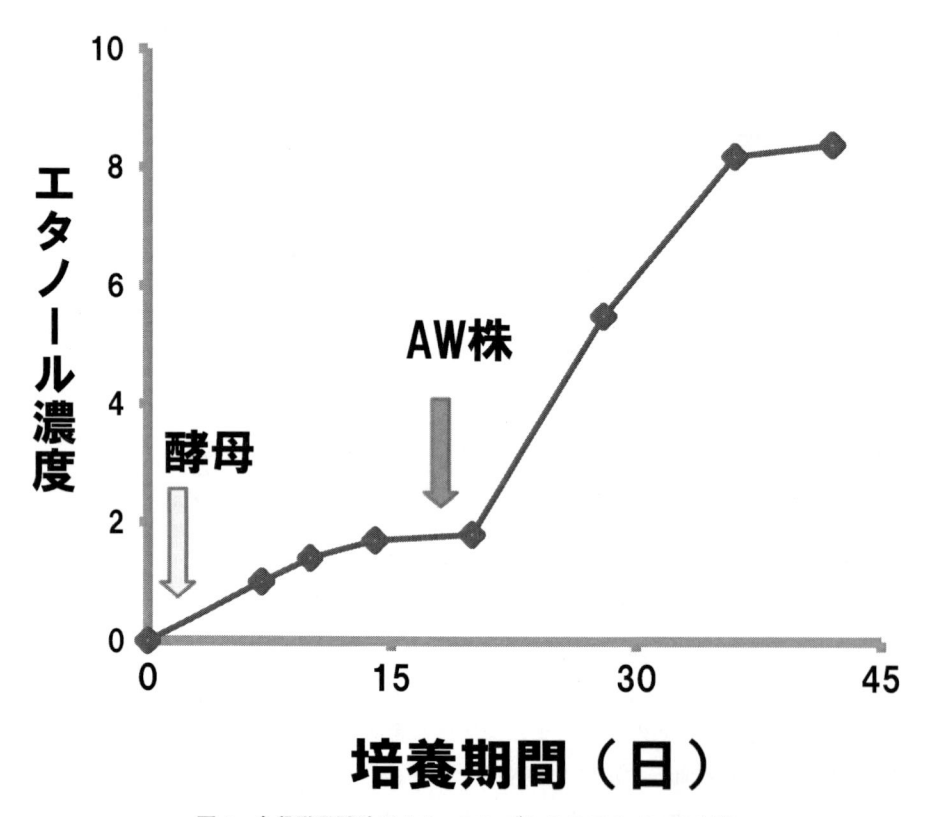

図4　多段階発酵法によるマコンブからのエタノール生産

ル量は，マコンブに含まれるマンニトールとグルコースから生成される理論値に近い値である（図5）。

　今回のエタノール発酵に使用した微生物は酵母・AW株の順番であったが，これを AW株・酵母の順番に逆にすると，培地中のグルコースとマンニトールは共に減少するが，生成されるエタノール量は消費されたグルコースとマンニトールの量に釣り合わなくなる。このことは，AW株

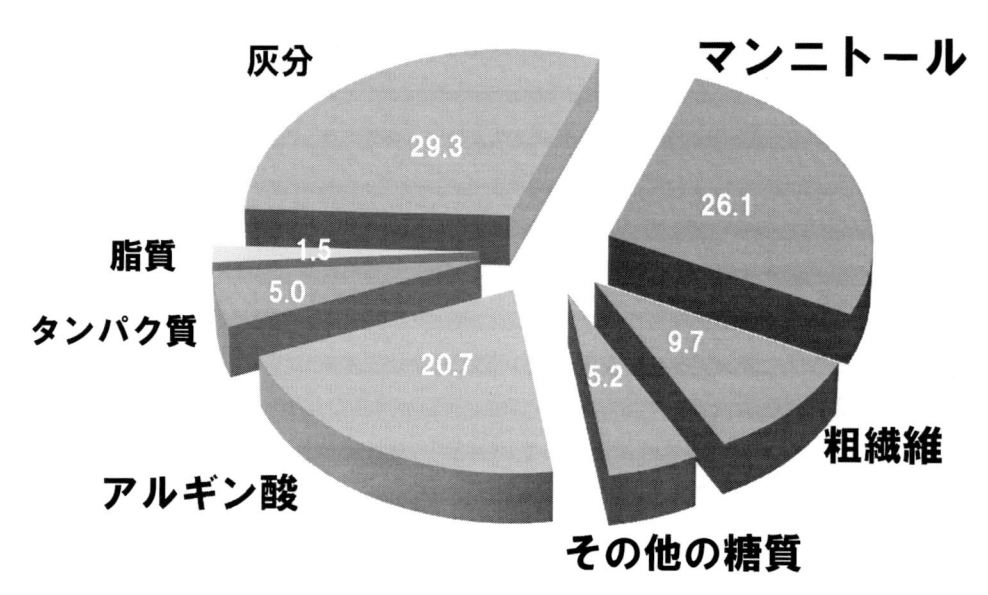

図5　マコンブの成分

　がマンニトールと共にグルコースも消費するもののエタノールの生成には仕向けず，自身の増殖に利用したためと考えられる。複数の微生物を使用してエタノール発酵を行う場合は，添加する微生物の順番も重要なファクターになると言えよう。

　マコンブ糖化液を用いてエタノール発酵を行う際，原液より適度に希釈した方がエタノール生成速度が早まった。原液に酵母やAW株の生育やエタノール発酵の障害になる成分が含まれている可能性が示唆される。原液とは海藻に含まれていた水分だけで培養液の水分が形成されていることであり，生マコンブに含まれているタンニン（ポリフェノール）様物質，カリウムイオン，ナトリウムイオンや高圧蒸気滅菌時に生じるメイラード反応産物も影響する可能性が考えられる。これが克服されれば，高濃度でのマコンブ糖化液による迅速・効率的なエタノール発酵が可能になろう。

　筆者らが新たに開発した技術は，発電所に自然に集まるマコンブなどの褐藻を利用すること，生海藻を乾燥することなく液化と糖化をすること，複雑な構成成分を複数の微生物を段階的に作用させることでバイオエタノールを効率的に製造するものである。発酵に使用する海藻は，自然に取水口に集まるいわば“ゴミ”であり，収集にかかるコストはなく，むしろ産業廃棄物処理コストを低減できるメリットがある。前処理で多くのエネルギーを必要とする乾燥や微粉末化工程を採用した場合，85％近い多量の水分と多量の粘質多糖類を含む海藻では，より多量のエネルギーを必要とすることは明白である。

　海藻の前処理から発酵までに要するエネルギーを，凍結乾燥・粉末化・熱水抽出・発酵工程と生海藻液化・糖化・発酵工程の二つについて，発生するCO_2量で比較すると，前者は26,377kg-CO_2/GJ，後者は39kg-CO_2/GJになり，後者の方が圧倒的に発生するCO_2量が少ないことが分

表2　海藻エタノールとガソリンの製造から燃焼までのCO_2発生量比較

		製造	燃焼
海藻エタノール	凍結乾燥・粉砕・熱水抽出・発酵工程	26377	71
	生海藻酵素液化糖化・発酵工程	39	71
ガソリン		12	67

＊単位：$kg\text{-}CO_2/GJ$

ガソリンからのCO_2発生量は総合エネルギー調査会　燃料政策小委員会のデータ

かる（表2）。さらに，海藻エタノールの製造から燃焼で発生するCO_2量（$110kg\text{-}CO_2/GJ$）を，ガソリンの製造から燃焼で発生するCO_2量（$79kg\text{-}CO_2/GJ$）と比較すると，海藻エタノールが$30kg\text{-}CO_2/GJ$多いものの，燃焼時に発生するCO_2量（$71kg\text{-}CO_2/GJ$）は海藻の生育に再度使用されることを考慮すると，実質新たに発生するCO_2量は$39kg\text{-}CO_2/GJ$となり，ガソリンのCO_2量（$79kg\text{-}CO_2/GJ$）の半分になり（表2），本技術は環境負荷の少ない効率的エネルギー生産技術であると言える。

4.5　今後の課題

バイオマスエタノール生産において，グルコース1分子から生産されるエタノールは2分子に限られることより，製造工程全体を通してエネルギー消費の少ない効率的なエタノール発酵・製造を進めることが求められる。具体的には，エタノール発酵に適した糖質を多く含む海藻の探索，有望海藻の養殖と収穫法の確立，糖質回収率の優れた液化・糖化法の開発，効率的な発酵微生物の探索や，効率的な培養方法，エネルギー投入の少ない効率的エタノール精製方法などの検討が必要になろう。

原料海藻の確保については取水口に集まる海藻はもとより，有望海藻の大規模養殖が必要であろう。海面を使用しての海藻養殖では東京水産振興会が提唱するオーシャン・サンライズ計画[5]で指摘されているように，従来の食品としての海藻養殖法ではコスト高になることより，新たな低コストな養殖法の開発が求められる。その点では，平岡[23,24]らが提唱する集塊化による高密度培養も検討する必要があろう。また，海藻の収穫法も海域の特性や養殖施設の構造等を踏まえた収穫専用船の開発[5]も必要になろう。

海藻を用いるエタノール発酵で生成されるエタノールの濃度は比較的低濃度であることから，低濃度アルコール溶液からの分離濃縮が必要になる。従来の蒸留法，膜分離法に加え，低濃度アルコールの分離濃縮も可能とされる超音波霧化分離法[25]の検討も必要であろう。

このような様々な問題点が解決された暁には，海藻エタノールも新たな再生可能エネルギーとして期待されよう。

文　　献

1) 佐藤実，オーム OHM，**98**（1），2（2011）
2) 佐藤実，自動車技術，**65**（2），98（2011）
3) 横山伸也，芋生憲司，バイオマスエネルギー，pp.1-163，森北出版（2009）
4) 植田充美，黒田浩一，酵素 利用技術大系，p.867，NTS（2010）
5) ㈶東京水産振興会，平成 19 年度水産バイオマス経済水域総合利活用事業可能性の検討報告書，pp.1-96（2008）
6) 古川彰ほか，平成 20 年度日本水産学会春季大会講演要旨集，p.206（2008）
7) 古川彰ほか，平成 21 年度日本水産学会秋季大会講演要旨集，p.60（2009）
8) 新貝達成ほか，平成 20 年度日本水産学会春季大会講演要旨集，p.87（2008）
9) 宮崎史彦ほか，平成 21 年度日本水産学会秋季大会講演要旨集，p.118（2009）
10) 谷口和也，磯焼けを海中林へ，pp.1-216，裳華房（1996）
11) 野田宏行，海藻の科学，pp.14-27，朝倉書店（1993）
12) S. G. Wi *et al.*, *Bioresour. Technol.*, **100**（24），6658-6660（2009）
13) 井上修ほか，海藻資源，12，16（2004）
14) 木幡進ほか，*J. Technol. Education*，**15**，1（2008）
15) J. H. Yeon *et al.*, *J. Microbiol. Biotech.*, **21**（3），323（2011）
16) 鈴木健，水産食品の事典，p.50，朝倉書店（2000）
17) 高橋豊三，BIOINDUSTRY，**17**（5），48（2000）
18) A. Matsushika *et al.*, *Appl. Microbiol. Biotechnol.*, **84**（1），37（2009）
19) S. J. Horn *et al.*, *J. Indust. Microbiol. Biotech.*, **25**，249（2000）
20) J. M. Berg *et al.*, *Biochemistry*, pp.3-972, Freeman and Company（2002）
21) S. M. Lee, J. H. Lee, *Bioresour. Technol.*, **102**（10），5962（2011）
22) H. Takeda *et al.*, *Energy Envir. Sci.*,（accepted for publication）（2011）
23) N. Oka *et al.*, *Jpn. J. Phycol.*, 52/Supplement, 225（2004）
24) 平岡雅規，海藻資源，11，41（2004）
25) 霧化分離研究所ホームページ，http://www.shumurie.co.jp/ultrasound/report cyouonpa.html

第4章 亜臨界水による海藻の燃料化技術

佐古 猛*1，岡島いづみ*2，七條保治*3，岡崎奈津子*4

1 はじめに

　最近，石油資源の価格の高騰と枯渇が危惧されている。また地球温暖化をはじめとする環境問題への心配から，化石燃料に代わる再生可能でクリーンな新エネルギーの開発が急務とされている。そのような要請の中で，枯渇性資源でなく，再生可能な循環型資源であるバイオマスの利用が注目を集めている。しかしながら我が国は国土が狭く，陸上のバイオマスの量は限られている。一方，国土を海に囲まれており，排他的経済水域の面積では世界第6位である。このような情況から，日本にとって海洋性バイオマス（マリンバイオマス）の利用は将来の大きな課題である。

　近年，日本各地の内湾では，陸から，あるいは魚の養殖等により過剰に供給されている窒素やリン等が原因で海藻が異常繁殖を起こし，年間数百〜数千トンも回収され，その処理に困っている。その一方で海藻が繁殖しない磯焼け現象を起こしている地域もある。例えば北海道では，鉄鋼スラグを海洋に投入することで鉄分を海に供給し，海藻の生育を促進し，磯焼けを解消するための実証試験が自治体や新日本製鐵㈱等により進められているが，繁殖した海藻の使い道については未だ検討段階である。また海水中の窒素やリンを海藻に取り込ませて除去し，水質の高栄養価を抑制する試みが始まっているが，この場合も成長した海藻をどのように処理し有効利用するかが大きな問題になることが多い。

　海藻類は多量の水分を含んでおり，焼却には多大なエネルギーを必要とする。一部は食用として利用されているが，大部分は有効利用法がないのが現状である。このような未利用の海藻類を上手に活用することは，バイオマス資源の利用および環境保全の両面から有用である。そこで私達は亜臨界水を用いた海藻の燃料化を検討した。亜臨界水加水分解による海藻類の燃料化技術の大きな長所は，①反応溶媒である水は無害，安価かつ豊富に存在する，②反応溶媒が水なので，高含水率の海藻類の乾燥を必要としない，③海藻類中の有害元素を水溶性物質に変換し，燃料中への移行を抑制できることが挙げられる。ここでは海藻類の中のヒトエグサとコンブを取り上げ

＊1　Takeshi Sako　静岡大学　創造科学技術大学院　教授
＊2　Idzumi Okajima　静岡大学　工学部　物質工学科　助教
＊3　Yasuji Shichijo　新日鐵化学㈱　開発推進部　部長
＊4　Natsuko Okazaki　新日鐵化学㈱　開発推進部　主任

て，その燃料化の概要を説明する。なお本研究は北海道経済産業局の「低炭素社会に向けた技術発掘・社会システム実証モデル事業」の一環として行ったものである。

2　亜臨界水とは

　図1に水の温度–圧力線図（温度，圧力条件によってどのような状態の水が存在するのか示した図）を示す。亜臨界水とは図1中の灰色の領域で示されるように，水の沸点100℃～臨界温度374℃で，飽和水蒸気圧以上の高温高圧の液体水である。亜臨界水は温度，圧力によって誘電率やイオン積という水の反応性に大きな影響を与える物性値を容易かつ大幅に変えることができるという特徴を持っている。図2に水の誘電率の温度，圧力依存性を示す。誘電率は溶媒の極性の尺度であり，溶媒は誘電率の近い値の物質をよく溶解する。例えば室温，大気圧下の液体水の誘電率は約80と非常に高い値であり，この時には誘電率の低い炭化水素（例えばベンゼンの誘電率は2.3）は溶解しない。しかし亜臨界水では2～10程度と極性の弱い有機溶媒並みの値（例えば400℃，25MPaの超臨界水の誘電率は約3）となるために，ベンゼンのような誘電率の低い有機物を溶解するようになる。次に図3に水のイオン積の温度，圧力依存性を示す。イオン積 Kw は以下に示すように水のイオン解離の尺度である。

$$H_2O \rightleftarrows H^+ + OH^-,\ Kw = C_{H^+} \times C_{OH^-}$$

　ここでCはイオン濃度［mol/kg］である。水のイオン積は室温，大気圧下では $10^{-14}\,mol^2/kg^2$

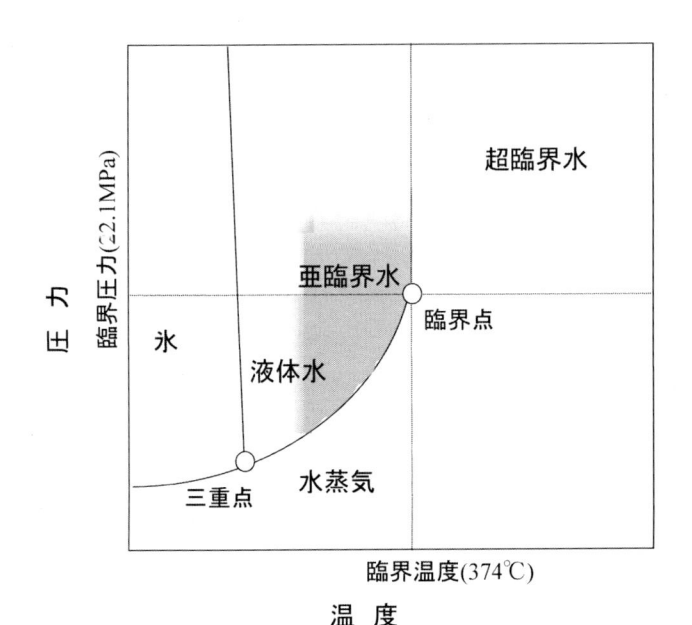

図1　水の温度–圧力線図

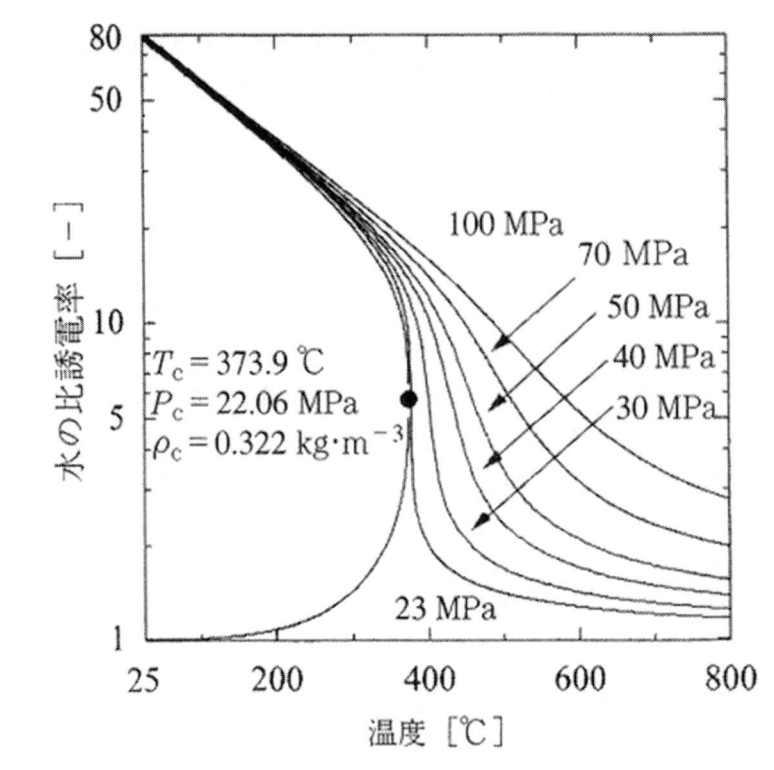

図2　水の誘電率の温度，圧力依存性[1]

であるが，250〜300℃の飽和水蒸気圧下の亜臨界水では 10^{-11} 程度まで増大する。この結果，水が解離して酸やアルカリ触媒の役割をする水素イオンや水酸化物イオンが生成するために，加水分解のようなイオン反応を促進するようになる。さらに温度が上がるとイオン積は急速に下がり，臨界点では室温，大気圧下の水の値程度まで低下する。このように亜臨界水は温度や圧力を変えることにより，単一溶媒でありながら水から有機溶媒に近い特性を示し，イオン反応場からラジカル反応場までを提供することができる。

3　海藻の油化

3.1　バッチ実験装置

　海藻の亜臨界水処理に用いた実験装置を図4に示す。装置はバッチ式で，内容積約 9cm³ のステンレス製反応管を使用した。この中に所定量の海藻と蒸留水を充填して密閉し，あらかじめ反応温度に加温しておいたソルトバス（溶融塩浴）に浸けて，反応管を加熱した。この浸けた時刻を反応開始時刻とした。蒸留水を入れて密閉した反応管を加熱することで，管内は反応温度まで上昇して亜臨界水の状態となる。同時に，水の加熱により管内の圧力はほぼ反応温度における飽和水蒸気圧まで上昇した。一定時間加熱後，反応管をソルトバスから取り出して冷水に浸けて急

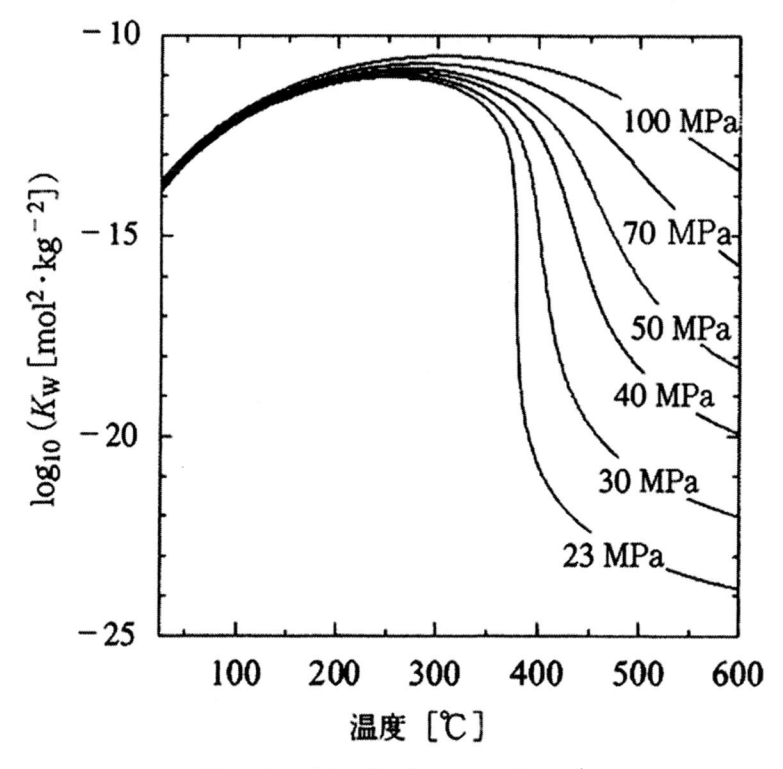

図3　水のイオン積の温度，圧力依存性[1]

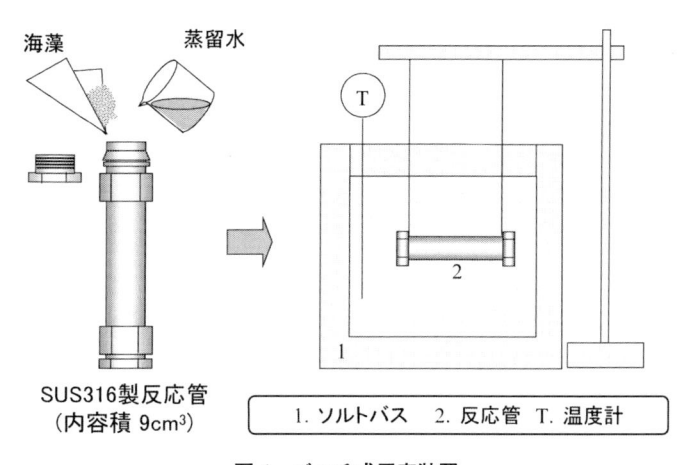

図4　バッチ式反応装置

冷し，反応を一気に止めた。冷却後，反応管内の生成物を蒸留水で洗いながら回収した。水に不溶な成分はテトラヒドロフラン（THF）で溶解・回収し，油成分とした。更にTHFにも不溶な固体成分は固体残渣とした。生成物の分離・分析法を図5に示す。本研究で油成分として回収したい成分はTHF可溶分であることから，この成分の収率を上げるための条件の検討を行った。

　本研究で用いたヒトエグサ及びコンブの組成を表1，固形分中の元素組成を表2に示す。ここ

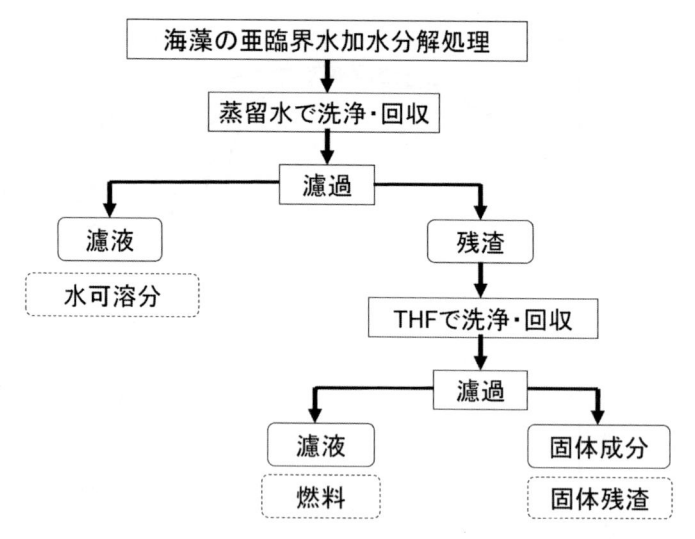

図5 生成物の分離・分析法

表1 ヒトエグサとコンブの組成 ［wt%］

	水分	有機分	無機分
ヒトエグサ	17.0	71.8	11.2
コンブ	13.9	55.3	30.8

表2 ヒトエグサとコンブ中の固形分の元素組成

［wt%］

	C	H	N	O	S	Cl	I	その他
ヒトエグサ	27.0	5.1	1.0	49.0	3.9	3.1	0.0009	10.9
コンブ	25.8	3.8	1.9	32.1	0.3	9.9	1.0	25.2

では天日干しにした海藻を使用した。またヒトエグサとコンブ中の代表的な有機成分を図6に示す。ヒトエグサは主要成分としてラムナン硫酸を有しているために，通常の海藻類の中では硫黄分の重量割合が高い。一方，コンブの主成分はアルギン酸であり，塩素やヨウ素といったハロゲンが多いという特徴がある。このために，これらの海藻類から燃料油を生成するためには，燃焼器の腐食や排ガスによる大気汚染の原因となる硫黄やハロゲン含有率が低い油を生成することが重要である。

　また各生成物の収率は次に示すように炭素ベースで定義した。

　炭素ベースの水可溶分の収率［%］

$$= \frac{\text{水溶性有機炭素の重量［g］}}{\text{サンプル仕込み量［g］×サンプル中の炭素の重量分率}} \times 100$$

　炭素ベースの燃料の収率［%］

$$= \frac{\text{燃料の重量［g］×燃料中の炭素の重量分率}}{\text{サンプル仕込み量［g］×サンプル中の炭素の重量分率}} \times 100$$

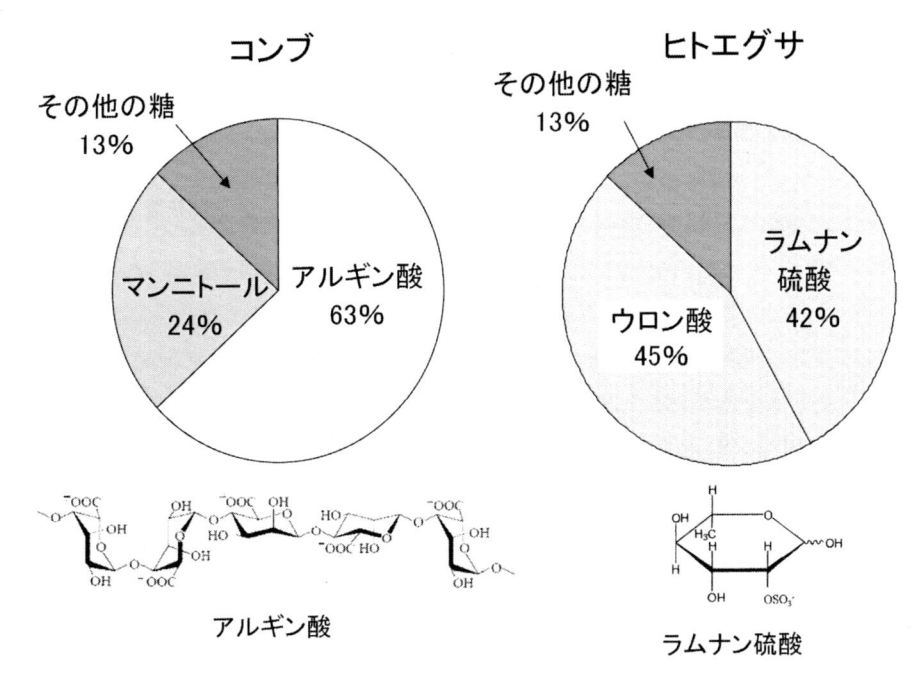

図 6　コンブとヒトエグサ中の主要な糖類の組成と構造

炭素ベースの固体残渣の収率［％］

$$= \frac{残渣の重量［g］\times残渣中の炭素の重量分率}{サンプル仕込み量［g］\timesサンプル中の炭素の重量分率} \times 100$$

3.2　亜臨界水による海藻の分解・油化

⑴　ヒトエグサの分解・油化

　まず始めにヒトエグサの亜臨界水加水分解において，反応管中の水の量が各生成物の収率に与える影響を検討した。図 7 に 300℃，8.6MPa（300℃の飽和水蒸気圧）の亜臨界水中で 1 分間，1.0g のヒトエグサを加水分解した際の生成物の収率と反応管に対する水の相対体積の関係を示す。ここで水の相対体積とは反応温度，反応圧力における仕込んだ水の体積と反応管の内容積（約 9cm^3）の比である。例えば図 7 中で，水の相対体積が最も大きい 75vol％では，300℃，8.6MPa で 6.8cm^3 の水が反応管中に存在していることを示している。反応管に対する水の相対体積が増加すると，すなわち反応場における亜臨界水の割合が増加すると燃料と水可溶分の収率が増加し，一方，固体残渣の収率は減少した。これは反応管中の亜臨界水の割合の増加によりヒトエグサが亜臨界水と十分に接触しやすくなり，加水分解が促進したためである。更に水の存在により液体生成物が炭化して固体残渣になる反応やガス化して消失する反応が抑制された。以上のことから，燃料を高収率で得るためには，反応管中の水の割合が高いほうが好ましいことがわかった。ただし水の割合が高すぎると，その加熱に多量のエネルギーが必要になり，燃料生成のエネル

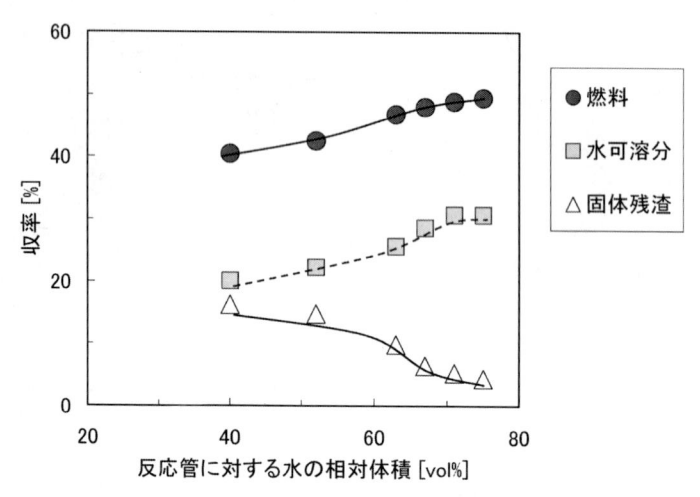

図7　亜臨界水中でのヒトエグサの加水分解における生成物の収率と反応管に対する水の相対体積の関係（反応温度 300℃，反応圧力 8.6MPa，反応時間 1 分，ヒトエグサ重量 1.0g）

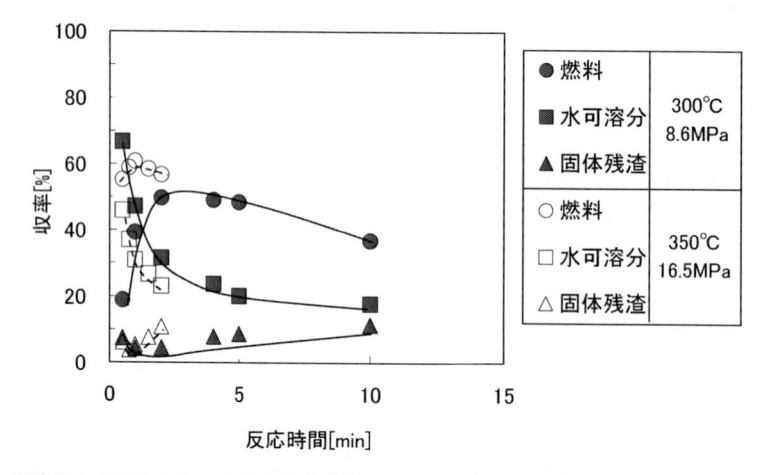

図8　亜臨界水中でのヒトエグサの加水分解における生成物の収率と反応温度及び時間の関係（ヒトエグサ重量 1.0g，水の相対体積 75vol%）

ギー効率が低下する。このために今回の実験では，燃料の収率が頭打ちになりつつある 75vol％を最適な水の相対体積とした。

　図 8 に亜臨界水中でのヒトエグサの加水分解における生成物の収率と反応温度，反応時間の関係を示す。反応条件は，ヒトエグサの仕込み重量 1.0g，反応管に対する水の相対体積 75vol％，反応温度と反応圧力は 300℃と 8.6MPa，350℃と 16.5MPa（反応圧力は反応温度での飽和水蒸気圧）である。まず固体残渣の収率について，どちらの反応温度でも反応時間約 1 分で極小になった後に増加したことから，反応時間 1 分まではヒトエグサ中の有機分の加水分解が進行し，その後，炭化が促進することで残渣収率が増加したと考えられる。水可溶分の収率は反応時間の経過と共に急速に減少した。一方，2 つの反応温度での燃料の収率を比較すると，300℃では反応時間

2分で最大収率の50%，350℃では1分で61%と，高温の方が短時間に高収率で燃料が生成していることがわかる。また水可溶分の収率が低下する一方で燃料の収率が増加していることから，ヒトエグサは反応初期に一気に水可溶分まで分解した後，脱水，環化，再重合等によって油溶性の燃料成分を生成したと推測できる。さらに反応時間が増加すると燃料の収率が低下していること，燃料の収率の最大となる反応時間と残渣収率が最小値をとる時間が一致することから，燃料の炭化により逐次反応的に残渣が生成していると考えられる。さらに反応温度を360℃まで上げた際の各成分の収率を350℃の結果と比較したものを図9に示す。ヒトエグサの仕込み重量は2.0gである。反応温度が上昇すると，より短い反応時間で燃料の収率は最大になった。例えば360℃では反応時間40秒で燃料成分の収率は最大の63%となった。一方，固体残渣については30〜35秒で収率は最小となった。以上の結果から，ヒトエグサの加水分解による可溶化は30〜35秒でほぼ終了し，それから40秒あたりまで水溶性成分の油化が進行して燃料が生成した後，燃料成分の炭化が進行したと推測できる。また350℃では60秒で残渣の収率は14%まで増加したが，360℃では45秒で19%まで増加した。このことから，亜臨界水という高温，高圧の液体水中でも，反応温度が高く反応時間が長いと熱化学反応の炭化が促進されることが明らかになった。これら3つの生成物の収率の反応時間依存性から，ヒトエグサ→水可溶分→燃料→固体残渣のように反応が進行すると推定される。

　次に最も燃料の収率が高い360℃の反応温度で，ヒトエグサの仕込み量を増やすと各成分の収率にどのような影響が出るかを検討した。図10に実験結果を示す。燃料の収率の最大値は，仕込み重量2.0gでは反応時間40秒で63%，4.0gでは35秒で68%と，仕込み重量が多くなるとより短い反応時間でより高い燃料の収率を得ることができた。これは高温下で水に対するヒトエグサの重量比率が増加することで水溶性成分の脱水が進んだ結果，油溶性の燃料の生成が進行したためである。さらにヒトエグサの仕込み量を6.0gまで増加した際の生成物の収率と反応時間の関

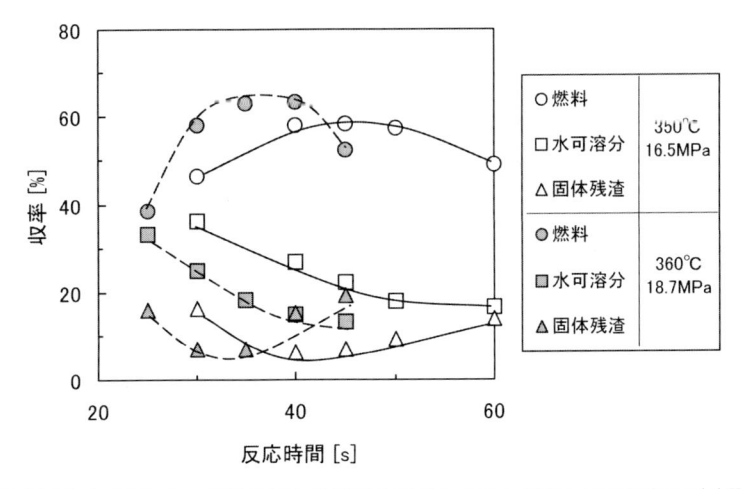

図9　亜臨界水中でのヒトエグサの加水分解における生成物の収率と反応温度及び時間の関係
（ヒトエグサ重量 2.0g，水の相対体積 75vol%）

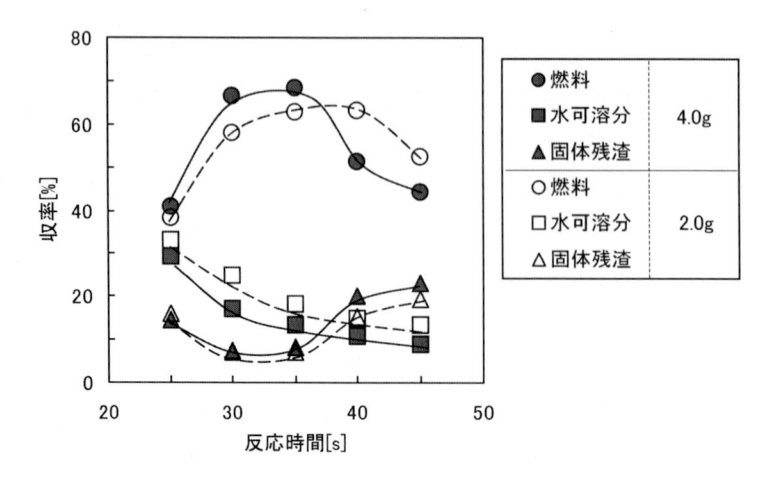

図10　亜臨界水中でのヒトエグサの加水分解における仕込み重量の生成物収率への影響
（360℃，18.7MPa，水の相対体積 75vol%）

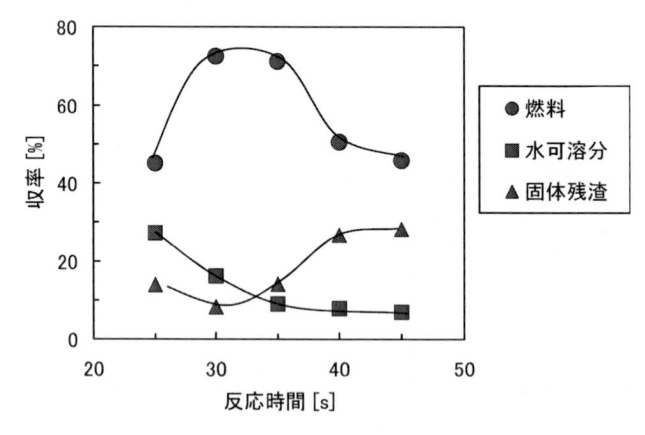

図11　亜臨界水中でのヒトエグサの加水分解における生成物の収率と反応時間の関係
（360℃，18.7MPa，ヒトエグサ重量 6.0g，水の相対体積 75vol%）

係を図11に示す。燃料の収率は30秒の時に最大の72%になった。今回用いた内容積約9cm³の反応管ではヒトエグサの仕込み量の上限が6.0gだったことから，これ以上仕込み量を増加した実験は行えなかった。以上の結果，内容積約9cm³の反応管を用いた本実験では360℃，18.7MPa，30秒，反応管に対する水の相対仕込み体積75vol%，ヒトエグサの仕込み量6.0gが最大の燃料収率を得るための最適条件だった。またこの時の水可溶分の収率は18%，固体残渣の収率は9%だった。

　ヒトエグサの亜臨界水処理により得られた燃料の高位発熱量と元素組成を測定した。その結果を図12に示す。ここでは4.0gのヒトエグサを360℃の亜臨界水中で30秒処理して得られた燃料を分析した。亜臨界水処理前のヒトエグサと生成した燃料の元素組成を比較すると，燃料中では炭素，水素，窒素が増加し，酸素，塩素，硫黄が減少した。処理前のヒトエグサに比べて硫黄の

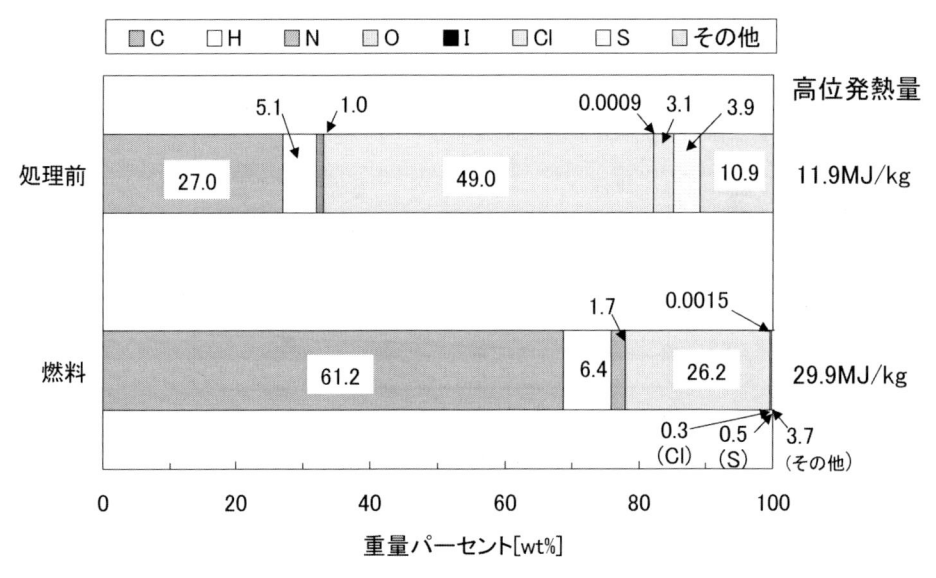

図12　ヒトエグサの亜臨界水処理による生成物中の元素の重量分率の変化（360℃，30秒，ヒトエグサ重量4.0g）

重量分率が低下したのは，ヒトエグサ中の主要成分の多糖類であるラムナン硫酸のスルホン基が亜臨界水加水分解により脱離して水に溶解し，燃料中にはほとんど残らなかったためと考えられる。また塩素の重量分率が低下したのは，天日乾燥したヒトエグサの表面の塩分が亜臨界水処理によって水中に溶解し，燃料に残留しなかったためである。また未処理のヒトエグサに比べて炭素の重量分率が大幅に増加し酸素の重量分率が大幅に減少していることから，燃料の発熱量はかなり高くなったと予想される。実際に発熱量を測定すると，処理前のヒトエグサで11.9MJ/kgだったものが亜臨界水処理後では29.9MJ/kgと2.5倍に増加した。また燃焼器の腐食や有害な排ガスの原因となる塩素は0.3wt%，硫黄は0.5wt%と含有率が低いことから，高発熱量でクリーンな燃料としての利用が期待される。

　これまでの実験で，ヒトエグサを亜臨界水処理すると水可溶分が生成し，更にその成分が縮合・環化・再重合等することで油溶性の燃料になることが明らかになった。そのためにヒトエグサの燃料化後，残存した水可溶分を溶解した水を次回のヒトエグサの処理工程に用いる水に混ぜて亜臨界水処理することで，更に燃料の収率を増加可能か検討した。その結果を図13に示す。ここでは前の実験で得られた水可溶分を次の実験でヒトエグサと共に反応管に仕込んで亜臨界水処理した。同様にその実験で得られた水可溶分を次の実験で使用するという手順を繰り返した。処理条件は360℃，18.7MPa（飽和水蒸気圧），30秒，ヒトエグサの仕込み重量6.0g，反応管に対する水の相対体積75vol%である。1回目の亜臨界水処理では燃料の収率は72%だった。続いてこの実験で得られた水可溶分を含む水を用いて行った2回目の実験では，燃料の収率は78%まで増加した。この操作を6回目まで行ったところ，2回目以降の実験での燃料の収率はほぼ一定だった。2～6回目の実験での燃料の収率の平均値は77%と，水可溶分の追加がない1回目に

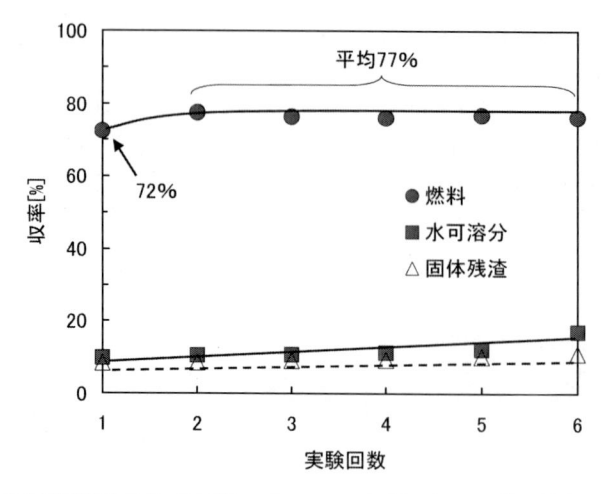

図13　水可溶分の再利用の効果（360℃，18.7MPa，30秒，ヒトエグサ重量 6.0g，水の相対体積 75vol%）

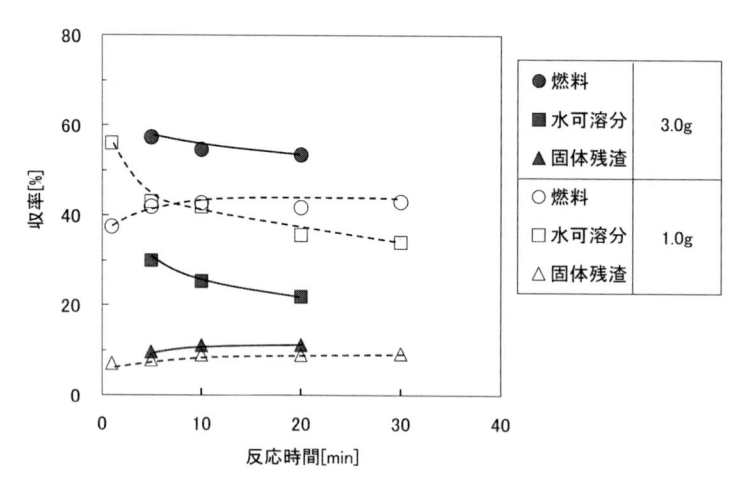

図14　亜臨界水中でのコンブの加水分解における生成物の収率への仕込み重量と反応時間の影響（350℃，16.5MPa，水の相対体積 75vol%）

比べて収率は5%増加した。以上から水可溶分は亜臨界水処理すると燃料となること，そのために水可溶分を含む排水の再利用は燃料の収率の増大に効果があることが明らかになった。

(2)　**コンブの分解・油化**

　次にコンブの亜臨界水加水分解による燃料化を試みた。図14にコンブを350℃，16.5MPaの亜臨界水中で処理した際の各生成物の収率と仕込み重量及び反応時間の関係を示す。反応管に対する水の相対体積は75vol%である。仕込み重量1.0gの場合，水可溶分の収率は時間と共に減少し，一方，燃料の収率は増加した。固体残渣はわずかに上昇した程度である。図8に示した，同じ反応温度の350℃で同じ仕込み重量の1.0gのヒトエグサを処理した場合と比較すると，燃料の最大収率は，ヒトエグサでは反応時間1分で61%であるのに比べて，コンブでは反応時間30分で43%

と，反応時間が長く，収率も低いことがわかった。この理由としてコンブはヒトエグサに比べて水可溶分の減少速度，燃料の生成速度，固体残渣の生成速度がかなり遅いことから，コンブ中の有機物は亜臨界水加水分解しにくいと考えられる。一方，仕込み量を 3.0g まで増やすと，燃料の収率は反応時間 5 分で最大の 57％まで増加した。また反応時間 20 分で得られた燃料中の炭素の重量分率が 75.5wt％と，処理前のコンブの 25.8wt％に比べて約 3 倍になった。更に燃料の高位発熱量も 33.5MJ/kg と，ガソリンの 34.6MJ/kg と同程度の値を得ることができた。

4　おわりに

　亜臨界水を用いる高含水率の海藻類の燃料化技術はラボスケールでの検討が始まったばかりである。今後，実際に燃料として用いるための課題を明らかにし，実用化に向けての検討を進めていきたい。

文　　　献

1）化学工学会超臨界流体部会編，超臨界流体入門，丸善（2008）

第5章　バイオマスガス生産技術

1　海藻ごみからのメタン生産技術

松井　徹*

1.1　海藻バイオマス（海藻ごみ）事例

　地球温暖化問題を背景として，バイオマスのエネルギーの利用が大きな注目を集めているが，バイオマス資源には限りがあるため，今後の普及拡大には，これまで未利用であったものにも対象を広げていく必要がある。そのような中で，近年海藻に大きな関心が集まっている。日本では古くから海藻を食用として利用してきたが，非食用の未利用海藻に関しては近年大きな問題となっている食料との競合がないため，バイオマス源としては有効である。

　未利用海藻の例として，アオサがある。アオサは青のり等の原料として食用に用いられているものであるが，近年大量繁殖し大きな問題となっている。特に内湾部の静穏な場所で異常増殖し，図1のように海岸等を覆い尽くす状態となっている地域（東京湾，三河湾，大阪湾，博多湾等）もある[1~3]。このような状態になると，砂浜等の景観を損ねるだけでなく，腐敗した際のひどい悪臭等で住民から苦情が寄せられるため，自治体が回収し焼却や埋め立て等の処分を行っている地域もある。その回収量が年間千 t 以上におよぶ地域もある。海外でもフランスやイタリア等でアオサの大量発生が報告されており[4,5]，この現象は Red tide（赤潮）になぞらえて，Green

図1　海岸に堆積したアオサ

＊　Toru Matsui　東京ガス㈱　基盤技術部　主幹

tide と呼ばれている。

　近年，漁場保護を目的として海藻を養殖する試みが始められている。これは，海藻の波消し効果による漁場保護や漁礁の形成を目的とし，コンブ等の海藻を養殖するものである。海藻は成長する際に海中の栄養分を吸収するため，海藻の刈り取りを行うことにより，富栄養化の抑制につながるという期待もある。刈り取った海藻については，食用目的で養殖されたものに比べ質が劣り，市場で取引されるものにはならないため，廃棄物として処理が必要となる。今後これらの取り組みが本格化した場合には，その有効な処理法が求められることになる。

　周囲を海で囲まれた日本においては，前述の海藻だけでなく，食品工場の海藻残渣も排出されていると考えられることから，相当量の未利用海藻が存在すると考えられる。これら海藻ごみをバイオマス資源として利用することは，バイオマス利用の拡大に寄与すると考えられる。

1.2　海藻からのメタン生産

　現在，バイオマスをエネルギーとして利用するために，多くの方法が行われている。バイオ燃料への変換方法としては，主に「熱化学的変換」と「生物化学的変換」がある。「熱化学的変換」では，熱分解ガス化，急速熱分解，炭化等の方法が用いられる。「生物化学的変換」では，微生物の反応（発酵）を利用し，バイオマスをメタンガスやアルコール等の燃料へと変換する方法が用いられる。

　これらの変換方法により得られた燃料を燃焼することにより，熱エネルギー，電気エネルギー，動力エネルギーへと変換することができる。熱エネルギーへの変換では，ボイラー等が用いられる。電気エネルギーへの変換では，発電機を付帯したエンジンやタービンが用いられる。エンジンやタービンでは高温の排ガスが発生するので，排ガス等と熱交換を行い，電気と熱エネルギーを同時に発生させるコージェネレーションシステムとして使用されることが多い。得られた燃料を車両用の燃料として使用すれば，動力エネルギーとして利用することもできる。

　燃料への変換技術に関しては，一般に，含水率の低い場合には「熱化学的変換」が，含水率の高い場合には「生物化学的変換」が用いられる。「熱化学的変換」では，高温の反応を伴うため，バイオマスに含まれる水分の蒸発により温度が低下する。そのため，多量の水分が含まれる場合には，必要な反応温度に到達しない。一方，「生物化学的変換」では微生物の反応を利用するため，水分が蒸発しない温度域で変換が行われる。「熱化学的変換」では未反応物（残渣）の量が少ない等の利点があるが，含水率の高い原料では「生物化学的変換」を用いた方が効率良く燃料へと変換することができる。

　海藻は海洋性で含水率が高い（約90％）ため，燃料への変換には「生物化学的変換」を用いた方が良い。「生物化学的変換」では生物分解性が問題となるが，海藻は難分解のリグノセルロースを含まないため，微生物による分解が比較的容易で，発酵処理に適している原料の一つであると考えられる。

　「生物化学的変換」で現在広く用いられている方法として，メタン発酵がある。メタン発酵で

は，バイオマスに含まれる有機成分を種々の微生物の作用により分解し，最終的にメタンと二酸化炭素から成るバイオガスに変換する。バイオガス（メタンガス）生成は，幾つかの反応を経て行われる。バイオマス中の有機成分である炭水化物（糖質），タンパク質，脂質が，加水分解菌の働きにより低分子の単糖，アミノ酸，脂肪酸へと分解される。次に酸発酵菌の働きにより，酢酸等の低分子の有機酸が生成する。生成した酢酸から，メタン生成菌によりメタンと二酸化炭素を含むバイオガスが生成される。また，酸生成等の過程で発生した二酸化炭素と水素からもメタンガスが生成される。

　メタン発酵で発生するバイオガスは，メタン約60％，二酸化炭素約40％の組成となり，ボイラー，ガスエンジン等のガス機器の燃料として使用することができる。バイオガス中には，硫化水素が微量含まれるため，脱硫剤として酸化鉄や活性炭等を用いたガス精製が行われる。

　メタン発酵では，バイオマス中の有機成分を全てバイオガスに変換することができないため，一部が残渣として排出される。残渣には，未消化の有機成分やメタン発酵の微生物が含まれる。通常，メタン発酵槽から排出された廃液については，そのまま液肥として利用する，脱水後液分を排水処理し固形分を肥料利用する等が行われている。

　「生物化学的変換」には，メタン発酵の他に，アルコール発酵，水素発酵等がある。水素発酵やアルコール発酵では，有機成分の炭水化物（糖質）のみを変換するのに対し，メタン発酵では脂質やタンパク質も利用できるので，燃料への変換効率は高くなる。メタン発酵や水素発酵では得られる燃料が気体であり，発酵液との分離操作が必要無いため，蒸留によるエネルギーロスがないという利点もある。一方で，メタン発酵では滞留時間を長くする必要があるため，他に比べ発酵槽が大きくなり，設備の設置面積が大きくなる。メタンや水素は気体でありエネルギー密度が低くなるため，液体のアルコールに比較して貯蔵や輸送の面では不利である。それぞれの方法で有利不利があるため，変換効率だけでなく設置場所やエネルギーの利用形態を加味して，変換法を選択する必要がある。

　海藻のメタン発酵については，古くから検討が行われてきた経緯がある。1970～80年代には，アメリカでジャイアントケルプを対象とし，その栽培からメタン発酵による燃料化の検討（Marine biomass program）が行われた。ここでは，海洋深層水を用いてジャイアントケルプを大量に栽培し，メタン発酵により得られたバイオガスにより発電を行うことが検討された。実際に中温メタン発酵の半連続式の実験も行われたが，種々の問題があり実現には至らなかった。日本でも1985年頃にコンブ等を対象として，通商産業省の委託調査（海洋バイオマスによる燃料油生産に関する調査）が行われた。大学やメーカーがこの調査に参画し，海藻栽培，メタン発酵による燃料化，有用副生物の生産等の検討がなされた。しかし，本件も調査のみで実用には至らなかった。また，海藻のメタン発酵に関しては，古くから多くの研究報告[6～8]もなされており，海藻からのバイオガス生成が可能であることが示されている。

1.3　海藻メタン発酵実証事例

　前述した海藻のメタン発酵に関する報告は，いずれも小型試験装置を用いた実験室規模のもので，実用的に海藻がエネルギー利用された事例は無い。近年，東京ガス㈱では大型の試験装置を用いた実証試験（NEDO 共同研究：海産未活用バイオマスを用いたエネルギーコミュニティーに関する実証試験事業）を行い，実用化に向けて海藻メタン発酵のスケールアップが可能であることを報告している。この実証試験の内容を以下に記す。

1.3.1　海藻原料

　この実証試験では，現在処分されている海藻ごみ，または，今後処分が必要となる海藻ごみを対象とした。原料に用いたアオサは，海中もしくは海岸から回収した。海岸から回収したものに関しては，砂が多く含まれていたため，洗浄装置を用いて砂除去を行った。コンブは前述した漁場保護で養殖されたものを用いた。陸揚げしたのち，手作業で養殖ロープからコンブを切り離した。

1.3.2　実証試験装置

　実証試験装置の配置図を図2に，プラントの写真を図3に示す。

　海藻は，2軸破砕機で裁断した後，分別機により異物を除去し，受入槽に送った。受入槽では希釈水が添加されるとともに，海藻を更に数ミリ角まで微破砕した。この操作により，海藻はスラリー状態となった。

　本実証試験装置では二段発酵法を採用した。最初の発酵槽（原液槽）では，海藻スラリーの可溶化を行った。種々の微生物源を試験し，海藻の分解効率の高いものを原液槽の種汚泥として用いた。原液槽では，微生物の分解作用により，酢酸等の有機酸が生成（酸発酵）した。原液槽の容積は $5m^3$ とした。原液槽の発酵液をメタン発酵槽に送り，メタン発酵を行った。メタン発酵は

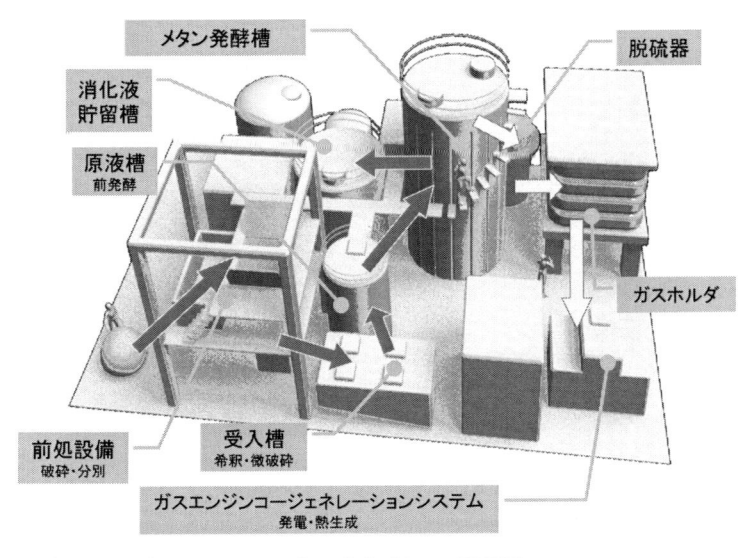

図2　実証試験プラント配置図

高温発酵（55℃）を採用した。メタン発酵槽の容積は 30m³ とした。発酵槽の写真を図 4 に示す。

　前述したように発生したバイオガスには，硫化水素が含まれる。硫化水素は機器を腐食させるため，乾式脱硫（酸化鉄）で除去した。精製後のバイオガスは，ゴム製のガスホルダ（図 5）に貯蔵した。ガスホルダの容量は，30m³ とした。

　貯蔵したバイオガスをガスエンジンコージェネレーションシステムに送り，発電と熱回収を行った。本実証試験では，発電出力：最大 9.8kW，熱出力：最大 22.7kW のガスエンジンコージェネレーションシステム（図 6）を用いた。ここでは，バイオガスに都市ガスを混合してガスエンジンを運転した。バイオガスと都市ガスを混合して運転することで，発電効率が向上する等のメ

図3　実証試験設備

図4　発酵槽（左：原液槽，右：メタン発酵槽）

リットが得られる。本実証試験設備では，バイオガスと都市ガスとの混合燃焼を行うため，ガスエンジン吸気部等に改造を施している。

　メタン発酵の廃液は消化液貯留槽に貯蔵し，定期的にローリー車で敷地外に搬出し，外部委託にて肥料化した。

1.3.3　海藻のメタン発酵試験

　原料にコンブを用い，投入量を0.2t/dから1t/dに変化させた試験を行った。1日に投入したコンブの量と1日に発生したバイオガス量の変化を図7に示す。コンブの投入は週5日（月〜金曜）を基本とし，途中2週間の休止期間も設けた。投入の休止があるため発生量に変動は見られたものの，期間を通して連続的にバイオガスは発生した。また，塩等による発酵阻害も見られず，安定した発酵が行われた。本試験期間中で，最大のメタンガス発生量は，コンブ湿重量1t当たり

図5　ガスホルダ

図6　ガスエンジンコージェネレーションシステム

$22m^3$ であった。

原料をアオサに切り替えて，0.6t/d の投入条件で試験を行った。コンブと同様に週 5 日の原料投入とした。各週に発生したガスのアオサ湿重量 1t 当たりの量を計算し，図 8 に示した。アオサに切り替えてから徐々にガス発生量は増加し，3 週目を過ぎてからガス発生量が安定した。

以上の結果から，大型装置を用いても，海藻を原料とした安定したメタン発酵が行えることが示された。

実用的に海藻を用いたメタン発酵運転を行う場合には，海藻の回収量の変動が問題となる。海藻は季節や年によって回収量が異なるため，最大の回収量に合わせて発酵設備を建設した場合には，過大な設備となり稼働率が低下するため，事業性が悪化してしまう。海藻を長期に保管する場合には，腐敗が起こるため，長期貯蔵による投入量の変動抑制を行うことは難しい。このよう

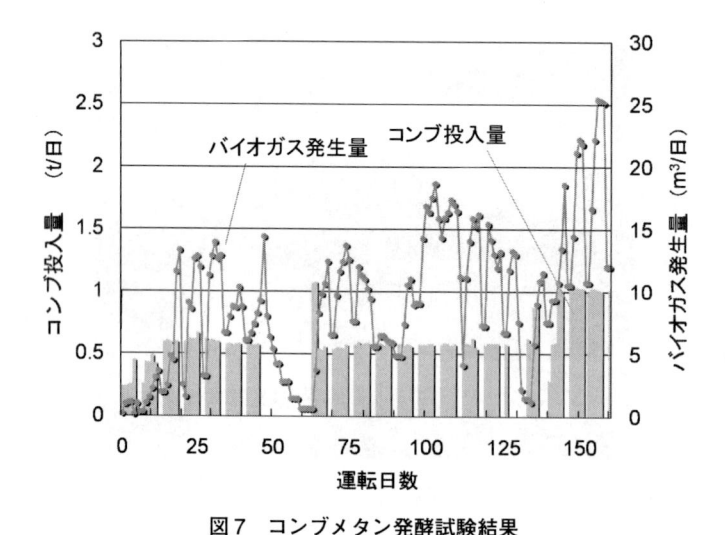

図7　コンブメタン発酵試験結果

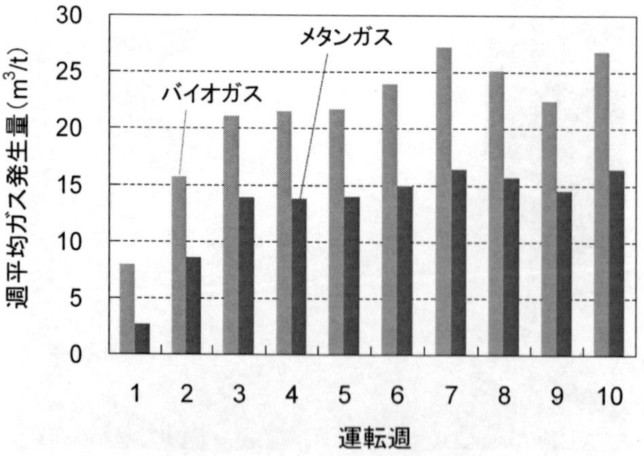

図8　アオサメタン発酵試験結果

な変動を抑制するために，有効な方法として考えられるのは，他原料を混合することである。他原料を混合することにより，投入量の変動が抑制され，稼働率を向上することができる。

　ここで，他原料として用いられるものとしては，下記が必要な要件であると考えられる。

①　メタン発酵の原料となり得ること

②　年間を通して安定的に入手可能であること

③　既に廃棄物としての処理が行われている，もしくは，処理を行う必要があること

　このような条件を有する原料は種々考えられるが，試験に用いる他種原料の選定にあたっては，上記条件に加えて，既設の実証試験設備の大幅な改造を伴わないことを条件とした。その結果，液体原料であるとともにメタン発酵の原料となる糖質を多く含む牛乳を候補とした。

　図9に週毎の各原料の投入量とガス発生量を示した。図に示すように，各原料の混合割合と投入量が変化する条件で試験を行った。試験期間を通して，バイオガスは連続的に発生した。試験期間中のメタンガス濃度は，60-70%で緩やかに変化した。試験期間中，投入した原料の割合や量が異なっても，投入COD値（有機物負荷）に対するメタンガス発生量の値は$0.2～0.3m^3$-メタンガス発生量/kg-CODでほぼ安定していた。発酵阻害も見られなかったことから，このような変動条件下においても，安定したメタン発酵が行えることがわかった。

　以上より，海藻の回収量の変動対策で，他原料を混合したメタン発酵運転を行った際にも，一定の条件下では，原料の混合割合の変化や負荷変動が許容され，メタン発酵が継続できることが検証された。

1.3.4　残渣利用

　実証試験で得られた残渣を用いて，肥料の効果に関する試験を行った。メタン発酵廃液を脱水し，残渣サンプルを作成し分析を行ったところ，窒素含有量が比較的高く，C/N比が6.02と低い

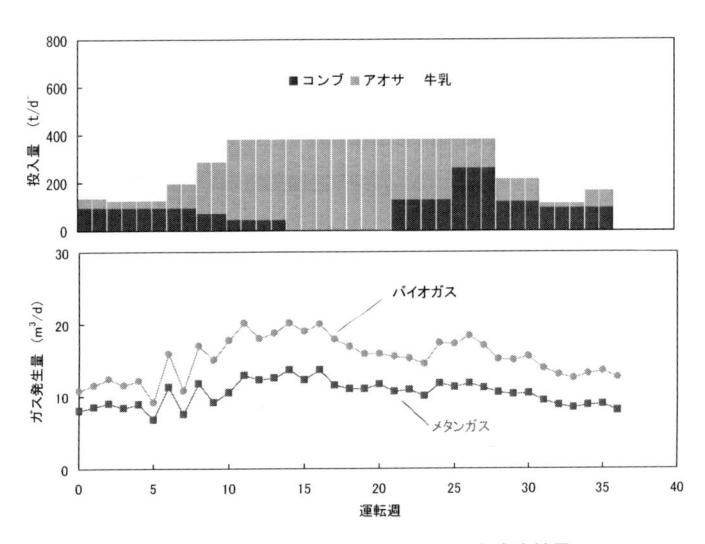

図9　海藻，牛乳を用いたメタン発酵試験結果

ことが特徴であることがわかった。一般に，C/N 比の低い肥料は葉物野菜に適していると言われている。そこで，本サンプルが肥料として効果があるか確認するため，コマツナを用いた試験を実施した。

乾燥した残渣を土に混ぜ，比較試験を実施した。図 10 に栽培の結果を示す。写真から明らかなように，残渣の添加によりコマツナの成長が促進され，残渣に肥効があることが示された。

1.4　まとめ

前述したように，海藻のエネルギー利用に関して実用化された事例は無い。現在海藻ごみとして処分されているものについては，メタン発酵によるエネルギー変換が処分法の代替となるため，実用化のための一つの手段として考えられるが，実現のためには幾つかの課題がある。

課題として挙げられるのは，原料となる海藻の確保である。現在海藻の収集を行っている地域は良いが，新たに始める場合には収集体制を構築しなければならない。その際には，効率的で低コストな収集システムを構築していく必要がある。前述のように海藻は収集量が季節によって変わるので，その量をできるだけ平準化しなければならない。他原料との混合が変動対策となるが，混合する原料に関しては実施地域の特性に合わせて選定する必要がある。

また，プラントコストも課題として挙げられる。海藻ごみの場合はごみ処理としての収入が得られるが，技術開発等により設備や運転の費用削減を図り，より事業性を上げられるよう努めなければならい。実証試験では牛乳との混合試験を行ったが，既設のメタン発酵設備（生ごみ，下水汚泥等）に余裕がある場合は，そこに海藻を混合して処理を行うのも有効な方法として考えられる。このような場合，設備建設費や運転費が軽減されるだけでなく，同時に海藻の収集量の変動対策も行えることになる。

その他，立地条件も考慮しなくてはならない。プラントのコストを考慮すると大規模で行ったほうが良いが，収集場所とプラントの距離が長くなると運搬のためのコストやエネルギー消費が大きくなるため，そのバランスを考慮した立地場所の設定が必要となる。また，設置場所の選定に関しては，地域住民等の調整も必要となる。

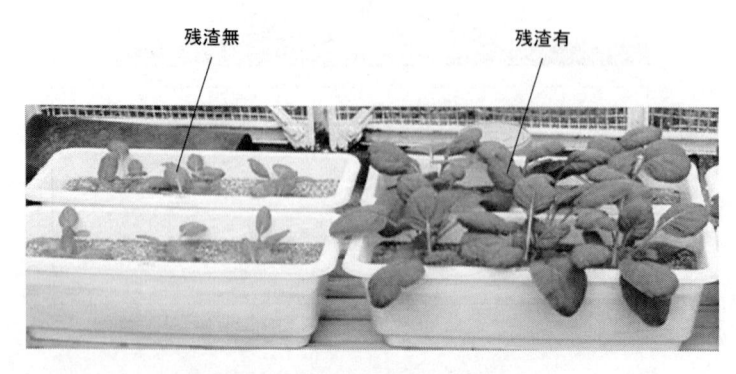

図 10　コマツナの栽培試験結果

第5章　バイオマスガス生産技術

　近年，海藻のエネルギー利用は注目を集めているが，実現にはまだ解決しなければならない課
題がある。しかし，未利用バイオマスとしての大きな魅力があるため，今後これらの課題が早期
に解決され，地球温暖化問題の対策の一つとして利用されていくことが望まれる。

文　　献

1) Hiraoka, M., Hiraoka, M., Ohno, M., Kawaguchi, S., Yoshida, G., *Hydrobiologia*, **512**, 239-245 (2004)

2) Sugimoto, K., Hiraoka, K., Ohta, S., Niimura, Y., Terawaki, T., Okada, M., *Marine Pollution Bulletin*, **54**, 1582-1585 (2007)

3) Yaguchi, H., Ishii, K., Proceedings of the International Offshore and Polar Engineering Conference, 528-532 (2008)

4) Rigoni-Stern, S., Rismondo, R., Szpyrkowicz, L., Zilio-Grandi, F., Vigato, P. A., *Biomass*, **23**, 179-199 (1990)

5) Morand, P., Briand, X., *Botanica Marina*, **39**, 491-516 (1986)

6) Yang, P. Y., *Energy Biomass Wastes*, **5**, 307-327 (1981)

7) Hansson, G., *Resources and Conservation*, **8**, 185-194 (1983)

8) Samson, R., LeDuy, A., *Biotechnology and Bioengineering*, **24**, 1919-1924 (1982)

2 海藻のメタン発酵技術

中島田　豊[*1]，西尾尚道[*2]

2.1　海藻のカスケード利用システムの中でのメタン発酵の役割

　海洋バイオマスをエネルギーとして用いるというアイデアは，1968 年に米国 Howard Wilcox により最初に考えだされた[1]。それから1990 年まで，政府機関，大学，そして民間企業が協同にて海洋バイオマスエネルギープログラムを遂行した。プログラムでは栽培種としてジャイアントケルプ（*Macrocystis pyrifera*）の利用が提案された。ジャイアントケルプは褐藻の一種であり，成長が早く，長さは 43m にも及ぶという。図 1 に，このプロジェクトで提案された海藻バイオマスの変換プロセスを示す[1]。ケルプは，前処理後，圧搾され脱水ケーキと搾汁液に分離される。脱水ケーキは嫌気消化（メタン発酵）によりエネルギー回収されるが，一部は高付加価値素材としてアルギン酸が抽出される。嫌気消化では，脱水ケーキに加え，微生物の増殖に必要な無機栄

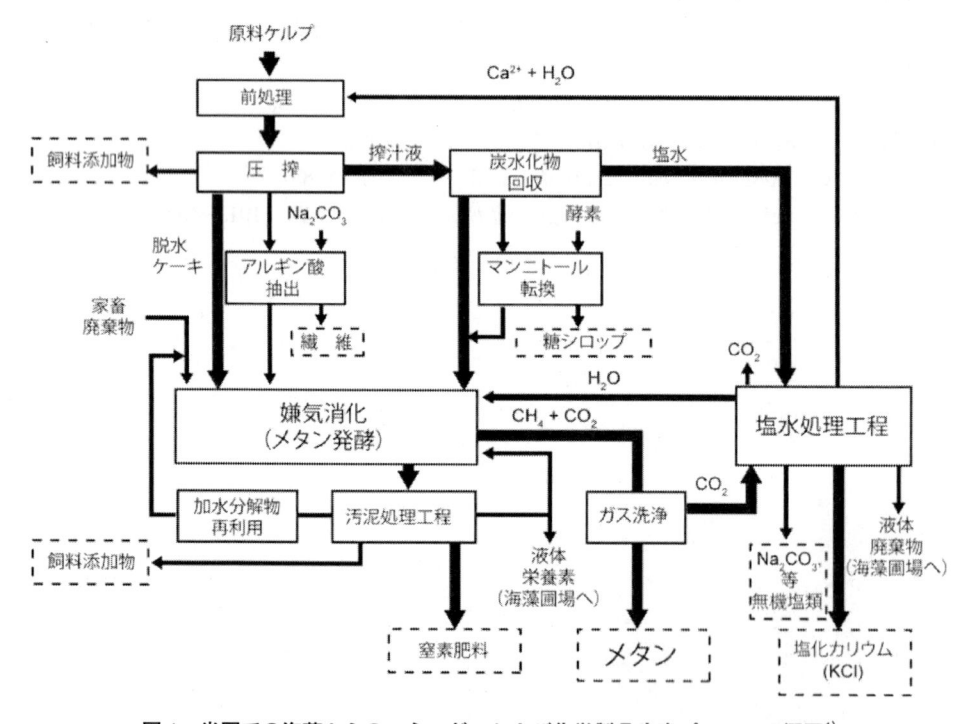

図 1　米国での海藻からのエネルギーおよび化学製品生産プロセスの概要[1]

＊1　Yutaka Nakashimada　広島大学　大学院先端物質科学研究科　分子生命機能科学専攻
　　　　　　准教授

＊2　Naomichi Nishio　広島大学　大学院先端物質科学研究科　分子生命機能科学専攻
　　　　　　特任教授

養源の補充と，バイオガス量を増加させるために家畜糞尿などの有機廃棄物の同時消化（co-digestion）も想定されていた。嫌気消化後の発酵残渣は飼料添加物としての利用や，コンポスト処理して肥料として利用，一部は加水分解して再びメタン発酵を行う。一方，搾汁液は，水溶性糖類と塩類が分離される。糖類としてはマンニトールが多く含まれており，メタン発酵してエネルギー回収することも可能であるが，酵素変換してより付加価値の高い糖シロップなどとして利用することが想定されていた。その他にも，フコダイン，クロロフィル，ポリフェノール，ビタミン類，カロテン類なども有用産物として期待できる。残りの塩水（Brine）には藻体に濃縮された無機塩類が含まれている。例えば，乾燥コンブ100gには5.3g，素干しワカメにも5.2g含まれているとされ（http://www.eiyoukeisan.com/calorie/nut_list/kalium.html），塩水からのカリウム回収がプロセスでは想定されていた。また，海藻は，細胞壁の高分子多糖中にカルボニル基やスルホン酸基などのイオン性基を多量に含んでおり，これらは重金属を吸着することから，レアメタルなどの重金属回収も可能性がある。このように，海藻の利用プロセスは，藻体からの高付加価値物質の抽出・利用法と，抽出残渣からのメタン発酵によるエネルギー回収に大きく分けられていた。

　一方，日本でも海洋バイオマスからのエネルギー生産に関する調査は旧㈳日本海洋開発産業協会を中心に，1970年代後半から80年代前半にかけて，㈶発酵工業協会，㈶エンジニアリング振興協会らと共同で，マリンバイオマスシステムに関する詳細な検討が加えられた。このプロジェクトでのエネルギー生産システムの簡略図化したフローを図2に示す[2]。栽培種としては日本周辺の最も大きな海藻の一つである真昆布（*Laminaria japonica*）が提案された。まず陸上の水槽でコンブの苗を大量培養し，これを沖合の栽培システムに運んでコンブを栽培する（藻体養殖）。成長したコンブを収穫して，高価値な有用物質を回収した後，メタン発酵により燃料ガスを製造するものであり，メタン発酵法をエネルギー回収の中心技術として使用するという点は米国でのプロジェクトと同じである。本プロジェクトでは，沖合の水深60mの海域に約1km四方の養殖場で年間100万トンの昆布を生産した場合のシステム評価を行い，メタン発酵のみによるエネルギー回収を行った場合，生産されるメタンガスのエネルギーが2.3×10^{11}kcalに対して，使用エネルギー量は昆布の栽培，収穫に0.85×10^{11}kcal，発酵に0.6×10^{11}kcalでエネルギー収支はプラス

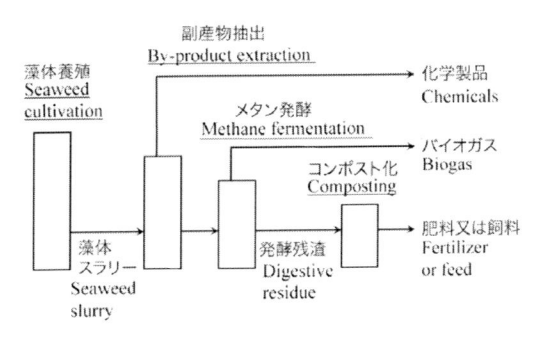

図2　日本での海藻からのエネルギーおよび化学製品生産プロセスの概要[2]

であるが，高価値をもつ副産物が抽出できなければ，経済的には成り立たないと試算されている。近年は当時と比較して，原油などのエネルギー価格が高騰してはいるものの経済性を飛躍的に改善するには至っていない。一方，抽出した副産物を販売できれば経済性は改善するものの，高付加価値化するための回収・精製工程などに 3.7×10^{11} kcal もの大量のエネルギーを消費するので，正味のエネルギー生産はマイナスとなり，エネルギー生産システムとしては機能しない[3]。しかし，エネルギー問題がより深刻化する将来を考えた場合，エネルギー回収率がプラスとなるメタン発酵法を中心とした海藻の利活用システムを構築することは重要な課題である。その為には，メタン発酵法を海藻バイオマスに最適化することが重要である。

2.2 海藻のメタン発酵過程

メタン発酵過程はこれまでに非常によく研究されており，海藻も例外ではなく，様々な微生物群が共同作業で有機物を最終的にメタンと炭酸ガスに変換することが知られている。メタン生成過程は通常，加水分解・酸生成過程とメタン生成過程に分けられる。加水分解・酸生成過程はさらに3段階に分けられる（図3）。廃水中の有機物，特に繊維，タンパク質，脂質，デンプンなどの高分子物質は，まずこれらを加水分解し発酵する微生物により低分子化され，エタノールなどのアルコール類，低級脂肪酸（VFA；プロピオン酸，酪酸など）などが生成される。生態系により加水分解・酸生成菌として機能する細菌の種類は異なるが[4~6]，*Clostridium*，*Bacteroides*，*Butyrivibrio* 属などの絶対嫌気性細菌，*Bacillus*，*Lactobbacillus*，*Micrococcus* 属といった通性嫌気性細菌など極めて多様な微生物群が関与することが知られている[7,8]。

代謝産物の種類，割合は微生物種および発酵基質により大きく変化する。例えば，粗繊維に含まれるセルロースの加水分解物であるグルコースは，嫌気条件下で低級脂肪酸とともに，エタノールが生産される。一方，褐藻類の主要成分であるアルギン酸からの嫌気条件下でのエタノール生産は期待できない。これは，アルギン酸モノマーである β-D-マンヌロン酸とその C-5 エピマーである α-L-グルロン酸が酸性糖であるため，エタノール生成に必要な還元力が足りない

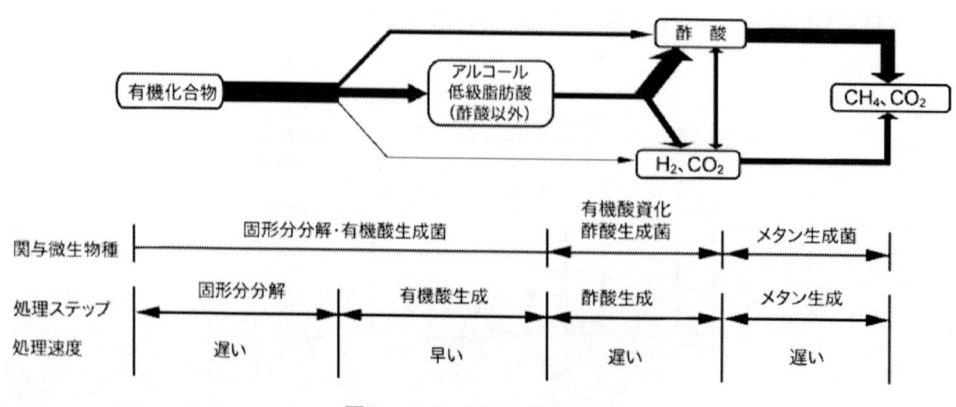

図3　メタン発酵過程の概要

からである。アルギン酸からの嫌気条件下での主要生産物は，以下の量論式に従って酢酸である。

$$C_6H_8O_6 \rightarrow 2CH_3COOH + 2CO_2$$

図4に，筆者らがアルギン酸（5g/L）を単一炭素源として嫌気条件下で増殖できるように研究室で維持されていたメタン発酵汚泥から集積した微生物叢の回分培養結果を示す（未発表）。エタノールも少量生産しているが，酢酸が主要生産物であることがわかる。

　一方，褐藻類のもう一つの主要成分であるマンニトール（$C_6H_{14}O_6$）はエタノール生産の良い基質となりうる。ただし，エタノール生産に通常用いられる酵母はマンニトール資化性を持たないので，遺伝子組換え技術を用いなければ，エタノール生産には酵母とは別のマンニトール資化性菌を用いる必要がある。糖類以外に褐藻類に多く含まれる粗タンパクもエタノールをつくるには還元度が足りないので，通常，嫌気性微生物により主に低級脂肪酸に変換される。このように，嫌気性微生物による褐藻類の加水分解・酸生成過程では，アルコールは多くは生産されず，低級脂肪酸が主要代謝物となる。

　酸生成過程で生成されたプロピオン酸や酪酸などの低級脂肪酸は，水素生成酢酸菌などにより，酢酸および水素と炭酸ガスに分解される。メタン生成菌の利用できる有機物は非常に限られており，人工的なメタン発酵におけるメタン生成の直接の基質は酢酸と水素である。生成した水素，炭酸ガスは水素資化性メタン生成菌により，酢酸は酢酸資化メタン生成菌によってメタンと炭酸ガスになる。メタン生成菌の増殖基質は上記のとおり他の微生物群によって供給される。一方，水素・酢酸生成菌からみた場合，一般的に水素資化性メタン生成菌により水素が除去されることにより増殖が維持される。このようにメタン発酵過程では数多くの微生物が関与するが，律速となるのは，主にメタン生成過程および加水分解過程である。

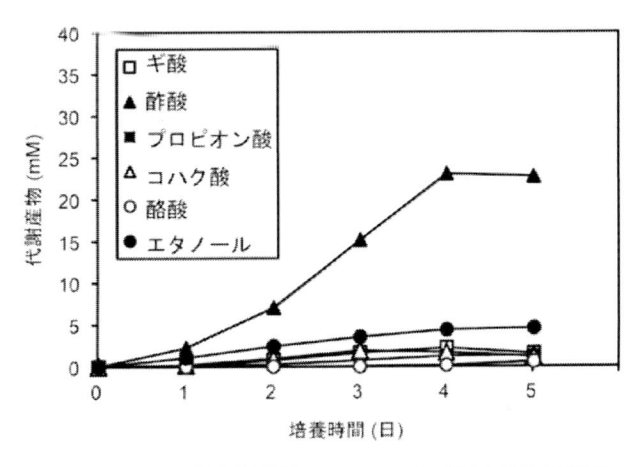

図4　アルギン酸資化性菌叢によるアルギン酸の嫌気回分培養

2.3 海藻のメタン発酵収率

　海藻は容易に加水分解できる糖類を含み，リグニン含量が地上植物と比較して低く柔らかい。例えば，トウモロコシのリグニン含量は乾燥重量に対して15.1％（w/w）であるのに対し[9]，アオサのリグニン含量はわずか2.7％にすぎない[10]。このため，海藻は簡単な粉砕処理で発酵できる[1, 11]。表1に幾つかの海藻類と，草木類および食品残渣からのメタン収率を示す。*Macrocystis* と *Gracilaria* は，養殖条件に依存するものの VS の80％以上が分解され，0.40m³/kg-VS までメタン収率が達することが報告されている。食品残渣と比較するとメタン収率はやや低いが，例えば，*Gracilaria* の場合，成分組成から計算できる理論的メタン生成収率が0.46m³/kg-VS であり，得られた結果は理論収率に近く，ほぼ理想的なメタン生成発酵が行われたことが推察される[12]。その他の海藻ではメタン収率は *Macrocystis* と *Gracilaria* よりも低いことが報告されているが，これは VS 分解率が低いためと考えられるので，粉砕方法や加水分解処理などの前処理法を工夫することにより，メタン収率の向上が見込まれる。

2.4 海藻のメタン発酵条件

　嫌気消化プロセスによるバイオガス生産は，主に，水理学的滞留時間，（藻体バイオマスを含む）汚泥滞留時間，有機物負荷，pH，そして温度の影響を受ける。この中で海藻バイオマスの場合，汚泥滞留時間がメタン生成に最も大きな影響を及ぼし，汚泥滞留時間が長いほどメタン収率は高くなる。Habig らは2-3cm 程度に粉砕した *Sargassum*，*Gracilaria*，そして *Ulva* について，基質投入時のみ撹拌を行う半連続中温メタン発酵により汚泥滞留時間がメタン発酵に及ぼす影響を検討した[13]。*Ulva* の場合，30日の滞留時間では，メタン収率0.14m³/kg-添加 VS，VS 分解率41％に対し，50日の滞留時間では，それぞれ，0.23m³/kg-添加 VS，56％にまで改善された。同様の影響は *Sargassum*，*Gracilaria* でも見られた。これは，藻体固形物の加水分解がメタン発酵の律速になっていることを示唆している。また，投入基質濃度が同じであり，混合撹拌型の培

表1　藻類からのメタン生成ポテンシャル

藻類	VS 分解率 (%)	メタン収率 (m³/kg-VS added⁻¹)	文献
Laminaria	46-60	0.23-0.30	1)
Gracilaria	50-85	0.28-0.40	12)
	18-39	0.05-0.19	13)
Macrocystis	34-80	0.14-0.40	1)
Ulva	62	0.31	1)
	41-56	0.14-0.23	13)
Sargassum	–	0.12-0.20	12)
	20-40	0.08-0.14	13)
Poplar	–	0.08-0.14	14)
Food wates	–	0.54	14)

養装置であれば，固形物滞留時間の減少は有機物負荷の増加と同様の意味を持つ。Chynoweth は，有機物負荷の増加がメタン収率を低下させるとともに，酢酸，プロピオン酸，酪酸などの低級脂肪酸濃度を増加させることを報告している[1]。これは，海藻バイオマスのメタン発酵においては，藻体バイオマスの加水分解過程とともに，メタン生成過程も容易に律速となることを意味する。海藻のメタン発酵においてはバイオマスや希釈水に高濃度の塩が存在する。塩によるメタン発酵阻害は海藻以外のバイオマスでも問題とされている。そこでは，酢酸資化性メタン生成菌の耐塩性が低いことが発酵阻害の大きな原因と考えられている。従って，有機物負荷を上げる為には脱塩処理によりメタン生成菌の活性を上げることも重要であろう。

　一般的に，嫌気消化法は中温（35℃）と高温（55℃）の二つの温度領域で行われる。それぞれの温度で働く微生物の種類は大きく異なるが，海藻バイオマス処理にはどちらも使うことが出来る。Otsuka と Yoshino は，アオサ（*Ulva* sp.）の中温嫌気消化により 180ml/g-揮発性固形分のメタン収率を得たという[15]。一方，Golueke らは *Scenedesmus* spp.と *Chlorella* spp.の混合物の嫌気消化において，中温と高温条件での揮発性固形分基準でのメタン収率を比較し，高温発酵が中温発酵よりも有機物分解を促進，メタン収率が向上することを報告している[16]。一方，Hansson は，バルト海沿岸より採取した *Ulva*，*Cladophora*，そして *Chaetomorpha* の混合物を用いて，中温，および高温メタン発酵による発酵特性を比較検討したところ，中温発酵においてメタン収率，VS 分解率がそれぞれ 250-350ml/g-添加 VS，50-55％で，高温発酵よりも高い性能を示したことを報告しており[17]，どちらが適しているのか結論はでていない。

2.5　海藻のメタン発酵装置

　メタン発酵プロセスの中核であるバイオガスプラントのデザインは，有機廃棄物および微生物フローラの粘度や沈降性などの物理的特性によりある程度は決まる。メタン発酵法では従来，連続的に供給される排水とメタン生成菌群を十分に混合するために，攪拌翼を用いた機械混合（Continuous Stirred Tank Reactor, CSTR）や，ガスまたは培養液の内部循環による完全混合型リアクターが用いられてきた（図5A-B）。これらの方式は構造が簡単でメンテナンスが簡単なことや，固形物も同時に処理できるため，下水余剰汚泥や家畜糞尿処理など，現在も多く用いられており，海藻バイオマスの嫌気消化槽としても当然使うことができる。しかし，先にも述べた通り，海藻から高い収率でメタンを得る為には汚泥滞留時間を長くする必要がある。しかし，完全混合型の発酵槽では汚泥滞留時間を長くするためには，水理学的滞留時間も同じ滞留時間であるため，大型の発酵槽が必要となることから，海洋上でのエネルギー回収を考えた場合，適用は難しい。そこで，汚泥滞留時間のみを長くとることができるリアクターとして，Fannin らは非攪拌垂直流型リアクター（Non-Mixed Vertical Flow Reactor, NMVFR）を考案した（図5C）[1]。このリアクターは，固形物を含む海藻粉砕物をリアクター底部から送り込む。沈降性の高い固形物はリアクター内に濃縮され，滲出水のみがリアクター上部から除去されることで，水理学的滞留時間より長い汚泥滞留時間を実現する。このリアクターを用いることにより，完全混合型リア

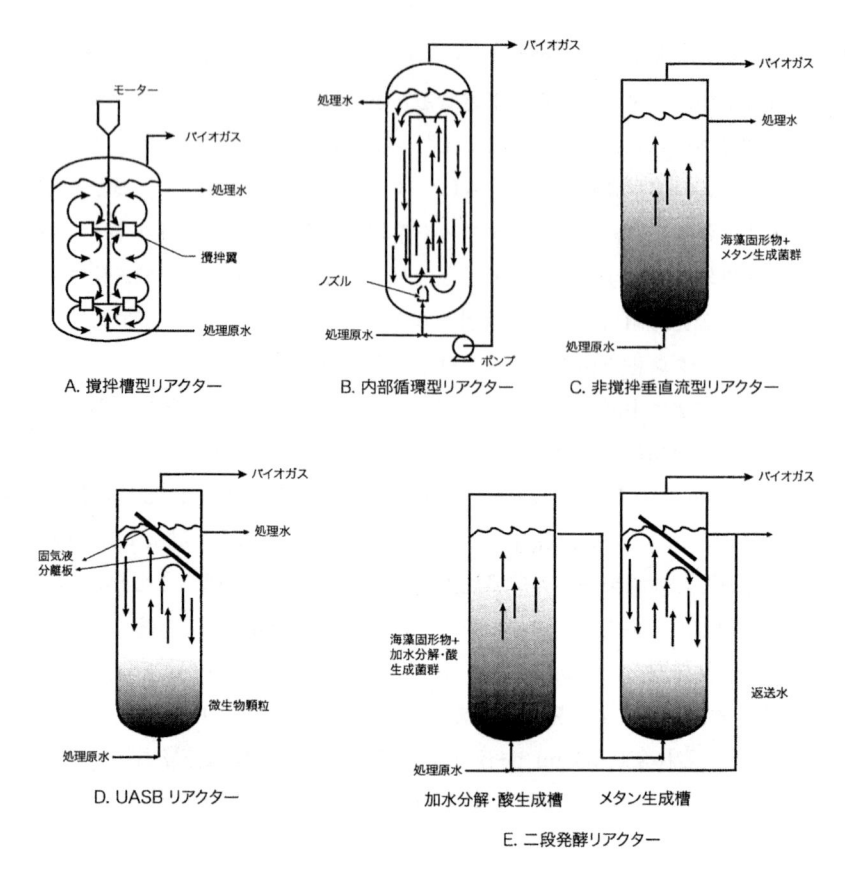

A. 撹拌槽型リアクター　　B. 内部循環型リアクター　　C. 非撹拌垂直流型リアクター

D. UASB リアクター　　加水分解・酸生成槽　　メタン生成槽

E. 二段発酵リアクター

図5　様々な海藻の嫌気消化リアクター

クターと比較して，同じ汚泥負荷において，より高いメタン収率と培養安定性が得られたことを報告している[1]。

　海藻のメタン発酵過程の説明で述べたように，メタン発酵は加水分解・酸生成過程とメタン生成過程に大きく分けることができ，それぞれ全く異なる微生物群が反応に関与する。海藻の嫌気消化において負荷速度を上げてゆくと，完全混合型，非撹拌垂直流型どちらにおいても低級脂肪酸の顕著な蓄積が見られる。これは，高負荷条件では加水分解・酸生成速度がメタン生成速度よりも高くなる為であり，そのまま操作を継続すると，pH が酸性化し最終的にはメタン発酵は停止する。しかし，酸生成過程とメタン生成過程が全く別の微生物により行われることを考えれば，酸生成のみを高速で行う発酵槽を酸生成槽として活用し，高濃度低級脂肪酸を含む水溶液からメタン発酵するメタン発酵槽を連結した二段システムが成り立つ。固形物濃度が低い（5%以下）排水に関しては，1〜2 日程度の滞留時間で処理が可能な上向流嫌気汚泥床（Upflow Anaerobic Sludge Blanket, UASB）（図5D）や膨張粒状汚泥床（Expanded Granular Sludge Bed: EGSB）法，そして固定化担体を用いた固定床型（Upflow Anaerobic Filter Process, UAFP）法などの高速メタン発酵プロセスが開発・実用化され，1990 年代以降，国内外の食品加工産業を中

心に広く用いられている。UASB 法は，メタン発酵に関与する微生物が自然に集まり微生物顆粒を形成することを利用し，リアクター内に菌体を高密度に保持することにより，従来のメタン発酵法と比較して飛躍的に高い処理速度を達成している。そこで，メタン生成槽として高速メタン発酵槽を連結すれば，有機物負荷を上げても，生成有機酸が高濃度に集積されたメタン発酵菌により速やかにメタン化されるので，高速処理が期待できる。Fannin らは，*Macrocystis* を 11.2kg-VS/m^3/d という高負荷条件で NMVFR を運転することにより加水分解・酸生成槽とし，その上清をメタン生成槽に投入しメタン生成させたところ，0.29m^3/kg-添加 VS のメタン収率が得られたという[1]。このメタン収率は，表 1 に示した *Macrocystis* の最大メタン収率よりも低かったが，原因としては加水分解・酸生成相における固形物の加水分解率が低かったためと考えられており，さらに高いメタン収率を達成するには，粉砕処理以外の何らかの前処理が必要であろう。

2.6　藻類のメタン発酵の問題点

　海藻の嫌気消化には厄介な問題が残されている。それは，藻体中に高濃度の硫酸イオン[18]，NaCl，そして重金属を含有していることである。この中で特に問題なのは重金属であろう。海藻は，細胞壁の高分子多糖中にカルボニル基やスルホン酸基などのイオン性基を多量に含んでおり，これらは重金属を生物吸着する。そのため，海水の移動が少ない内湾の海藻にはカドミウムなどの重金属が高濃度に蓄積することから，例えばスウェーデンでは海藻は有毒廃棄物に分類されているという[19]。このため，嫌気消化後残渣を生物肥料として用いる可能性は制限されている。しかし，嫌気消化法は重金属除去にも一役買うことができる。先にも述べた通り，海藻の嫌気消化には二段プロセスが適用可能である[20]。二段プロセスでは，第一槽で固形有機物が可溶化／加水分解されたのち，微生物の嫌気発酵により主に有機酸が生成される。次いで，有機酸はUASB 法などの高速メタン発酵に供される。海藻抽出物に含まれる重金属イオンは，加水分解時の低 pH 条件で遊離するので，そこで吸着剤を用いて除去することが可能である[21]。海藻ではないが，ヤナギ，砂糖ダイコン，牧草などのエネルギー作物の二段プロセスにおいて pH4 で金属可溶化量が改善しことが報告されており，重金属を除去した有機酸排水は二槽目でメタン発酵が可能である。Nkemka と Murto は海藻を有機酸発酵した後，イミノ二酢酸をリガンドとして導入したポリアクリルアミドベースの多孔性クリオゲルを用いて重金属を除去したところ，カドミウム，銅，ニッケル，亜鉛をそれぞれ，79，59，70，そして 41% 除去でき，メタン発酵も問題なく行うことが可能であったと報告している[19]。

2.7　最後に

　最近，地上バイオマスにならって海藻からエタノールを発酵生産する計画が進められている。㈶東京水産振興会は「オーシャンサンライズ計画」を発表，EEZ を含む 447 万平方 km という広大な海を利用して，ホンダワラの一種であるアカモクを，年間 1.5 億 t 生産し，400 万 t のバイオエタノールを生産するという。また，㈱三菱総合研究所は，「アポロポセイドン構想 2025」の中

で，日本海の EEZ にある大和堆に着目し，年間 2,000 万キロリットルのバイオ燃料を供給する構想を発表している（http://www.dokokyo.or.jp/ce/ce1007/tokusyu_05.html）。しかし，エタノール発酵は蒸留工程などに大きなエネルギーが必要であり，正味のエネルギー生産量はメタン発酵の方が高いと考えられる。さらに，海藻が原料の場合，比較的単位収穫量の多い昆布など褐藻類の主成分であるアルギン酸，粗タンパクなどはエタノール発酵に適しておらず，たとえエタノール発酵が行われたとしても，残りの残渣からもエネルギーを回収する為には，結局，メタン発酵を行うことになろう。従って，バイオマスの成分を問わず，単一の化合物であるメタンとしてエネルギー回収可能な嫌気消化法は，海藻バイオマスからのエネルギー回収法の大きな柱の一つとして，今後も更なる研究開発が望まれる。

文　　献

1) D. P. Chynoweth, www.agen.ufl.edu/~chyn/download/Publications_DC/Reports/marinefinal_FT.pdf（2002）

2) S. Yokoyama *et al.*, *World Academy of Science, Engineering and Technology*, **28**, 320-323（2007）

3) ㈳日本海洋開発産業協会ほか，海洋バイオマスによる燃料油生産に関する調査成果報告書，昭和 58 年度　第 2 部，トータルシステム（1984）

4) E. Petitdemange *et al.*, *Int. J. Syst. Bacteriol.*, **34**, 155-159（1984）

5) R. Sleat *et al.*, *Appl. Environ. Microbiol.*, **48**, 88-93（1984）

6) R. Lamed and E. A. Bayer, *Adv. Appl. Microbiol.*, **33**, 1-46（1988）

7) 上木勝司，上木厚子，嫌気微生物学，養賢堂（1993）

8) S. Nagai and N. Nishio, "Handbook of Heat and Mass Transfer vol. 3: Catalysis, kinetics, and Reactor Engineering", Gulf Publishing（1989）

9) N. Martinez-Perez *et al.*, *Biomass Bioener.*, **31**, 95-104（2007）

10) M. R. Ventura and J. I. R. Castanon, *Small Ruminant Research*., **29**, 325-327（1998）

11) A. Vergara-Fernandez *et al.*, *Biomass Bioener.*, **32**, 338-344（2008）

12) K. T. Bird *et al.*, *J. Appl. Phycol.*, **2**, 207-213（1990）

13) C. Habig and J. H. Ryther, *Resour. Conserv.*, **8**, 271-279（1983）

14) D. P. Chynoweth *et al.*, *Biomass Bioener.*, **5**, 95-111（1993）

15) K. Otsuka and A. Yoshino, A fundamental study on anaerobic digestion of sea lettuce. Ocean'04-MTS/IEEE Techno-Ocean'04: bridges across the oceans-conference proceedings, 1770-1773（2004）

16) C. G. Golueke *et al.*, *Appl. Microbiol.*, **5**, 47-55（1957）

17) G. Hansson, *Resour. Conservation*., **8**, 185-194（1983）

18) F. Cecchi *et al.*, *Resour. Conserv. Recycl.*, **17**, 57-66（1996）

19）V. N. Nkemka and M. Murto, *J. Environ. Manage*., **91**, 1573–1579（2010）

20）F. Omil *et al.*, *Biores. Technol.*, **54**, 269–278（1995）

21）A. Lehtomaki and L. Bjornsson, *Environ. Technol.*, **27**, 209–218（2006）

3 海藻からのメタン製造技術

石橋康弘[*1], 中道隆広[*2]

3.1 はじめに

　地球的規模でのさまざまな環境問題が顕在化し，特に，地球温暖化は，緊急を要する問題となっている。二酸化炭素を始めとする温室効果ガスの排出抑制が余儀なくされ，2008 年 7 月に北海道洞爺湖で開催された G8 洞爺湖サミットでは，2050 年までに，全世界からの温室効果ガスの排出量を 1990 年比 50% 削減が確認された。また，2009 年 9 月 22 日に国連総会の一環として開かれた気候変動首脳会合において，当時の鳩山由紀夫首相は温室効果ガス削減目標について「世界の中で相対的に高い技術開発力と資金力を持つわが国が率先して目標を掲げ，実現していくことが国際社会で求められている」と指摘し，中期目標として「1990 年比で 2020 年までに 25% 削減することを目指す」と表明した。これを受け，わが国では，温室効果ガスの排出抑制が必要となり，低炭素社会に向けた取り組みが必要不可欠となった。

　現在，海藻の大量発生は全国各地，世界各国で報告されている。この原因として考えられているのは地球温暖化の影響による水温の上昇や海藻の生育範囲や期間が拡大したこと，そして生活排水などによる海の富栄養化などが考えられているが，まだ明らかにはなっていない。この大量発生による被害としては漁業被害をはじめ，腐敗による周辺住民への悪臭及びヘドロの沈殿によるアサリなど浅瀬に生息する生物への影響，観光地における景観破壊などが挙げられる。これらの回収にかかる労力や費用も大きな負担となっており，発生量の多い地域では年間数百～数千トン，回収費用は年間数百万～数千万円にもなる。こうして多大な労力と費用をかけて回収された海藻の処分方法はその一部を食用への加工や農地の肥料や家畜の飼料として利用しているが，その大部分は焼却や埋立てにより処分されており，有効に利用されているとはいえない状況である。

　これら海藻類の有効活用方法として，メタン発酵処理が考えられる。我が国では 1981～1983 年に当時の通商産業省（現経済産業省）の主導により，「海洋バイオマスによる燃料油生産に関する調査」が実施され，海洋でマコンブを栽培してメタン発酵を行い，エネルギー利用することが検討された[1]。収集システム，発酵システム及び副製品回収システムの課題について検討され，最終的にエネルギー生産だけでは事業性が低いことが示され，海藻に含む生理活性物質などの有価物を回収することで，事業性ありと判断されたが，エネルギー的には不利になるとされた。投入エネルギーを減らすためには，再生可能エネルギーの利用が必要であることが指摘されている[2]。最近では東京ガスによるアオサやホンダワラなどを使った研究事例もある[3]。

　メタン発酵では原料の固形物濃度を高くすれば，多くのメタンガスを回収できるが，高濃度の

＊1　Yasuhiro Ishibashi　熊本県立大学　環境共生学部　環境資源学科　教授

＊2　Takahiro Nakamichi　長崎総合科学大学　大学院工学研究科

アンモニアが発生し，メタン発酵の阻害要因となる。この問題は，原料を希釈することで解決できるが，希釈による消化液量の増加，発酵期間の長期化（24〜30 日），低消化率（30〜60％）及び発酵槽の大型化等のデメリットが増えることとなる。そのため，従来のメタン発酵技術はこのようなデメリットを有しており，事業性が低くなり，結果として普及が進まない現状となっている。従って，これらの問題点を解決しない限り，メタン発酵の普及は難しく，海藻からバイオ燃料を得ることはとても厳しい状況にあると考えられる。

　われわれの研究グループは，メタン発酵の生物学的可溶化技術に着目し，独自に発見した微生物を使って下水汚泥を用いた実験において，メタンの発酵効率を向上させ，事業として成り立つことを示している。本メタン発酵プロセスを用いることにより，海藻を用いたメタン発酵において今後の利用の可能性を見出したので報告する。

3.2　高温可溶化メタン発酵

　メタン発酵は，嫌気性条件下で有機性の排水または廃棄物中に含まれる有機物をメタン（CH_4）と炭酸ガス（CO_2）に変換する技術であり，地球温暖化対策，資源循環，バイオマス利活用等の観点から着目されている。しかし，高濃度のアンモニアによる発酵阻害とその対策のための大量の水による原料希釈が必要であり，メタン発酵の可溶化→酸生成→メタン発酵というプロセスを1つの槽で実施することから，大きな発酵槽が必要となり，発酵槽の加温エネルギーの使用による運転コストの上昇，メタン発酵後発生する大量の消化液の処理がメタン発酵事業の事業性を低くしている。その解決方法として現在注目されているのが，メタン発酵の可溶化技術である。

　メタン発酵では，前述したように可溶化→酸生成→メタン発酵という反応プロセスがあり，可溶化プロセスでは多糖類，脂肪及びタンパク質等の高分子の有機物が単糖，脂肪酸類及びアミノ酸類の低分子の有機物に分解され，酸生成プロセスにおいて酢酸，ギ酸及びアルコール等の有機物がさらに低分子化され，メタン発酵される。この可溶化プロセスを表 1 に示したような物理・化学的方法及び生物学的方法により前処理することにより，発酵効率を向上させる研究が進んでおり，われわれの研究グループもこの可溶化技術に着目し，生物学的可溶化技術について研究を

表 1　有機性原料の可溶化方法[4]

可溶化方法	分解率	利点	欠点
高圧粉砕	85	高効率 省エネルギー	設備が複雑
超音波	100	完全分解が可能	エネルギー消費大
熱分解	55	簡単な装置構成	装置腐食対策
酸－アルカリ処理	30	簡単な装置構成	中和が必要
熱－酸－アルカリ処理	15〜60	簡単な装置構成	中和が必要
オゾン処理	60	簡単な装置構成	高価な設置費用
生物学的処理	5〜50	単純な作業 低コスト	低い分解率 悪臭

進めた。

　われわれの研究グループは，80℃の好気−高温環境下で耐熱性プロテアーゼを産生する微生物を利用する高温可溶化技術を確立した。好気性微生物はわれわれの研究グループがシーズを有する好熱性細菌 *Anoxybacillus sp.* MU3（以下，MU3株）を利用するものである（図1）。MU3株が産生する酵素は，優れた熱耐性を示し，広いpH範囲（至適pHは6付近）で高いタンパク質分解能を有する。MU3株をメタン発酵の前処理として使用した基礎実験及び実証試験の結果，原料である下水汚泥の可溶化技術の有効性を確認した。

　現在までに微生物を使った可溶化技術は存在していたが，原料由来の微生物の能力を引き出し，可溶化を促進させる技術が大半であった。しかし，われわれが研究開発を行った可溶化技術は，80℃の好気−高温環境下で耐熱性プロテアーゼを産生する新規微生物を利用するもので，単離した微生物を使用した可溶化技術は他には存在していない。

　図2に80℃の好気−高温環境下で耐熱性プロテアーゼを産生する微生物を利用する高温可溶化技術のプロセスを示した。

　本プロセスを用いた実証試験の結果，表2のような結果を得た。

　発酵効率の向上でメタン発酵施設の小型化が可能となり，通常20〜30日かかるメタン発酵期間を10日まで短縮することが可能であるため，メタン発酵施設における発酵槽の大きさを1／2から1／3まで縮小でき，これまで設備の設置が難しかった中小の事業者も採用することが可能となり，従来の大規模なメタン発酵システムに比べ，その適用範囲は飛躍的に拡大すると考えられる。また，発酵効率においても一般的なメタン発酵技術の消化率よりも高い消化率を得ること

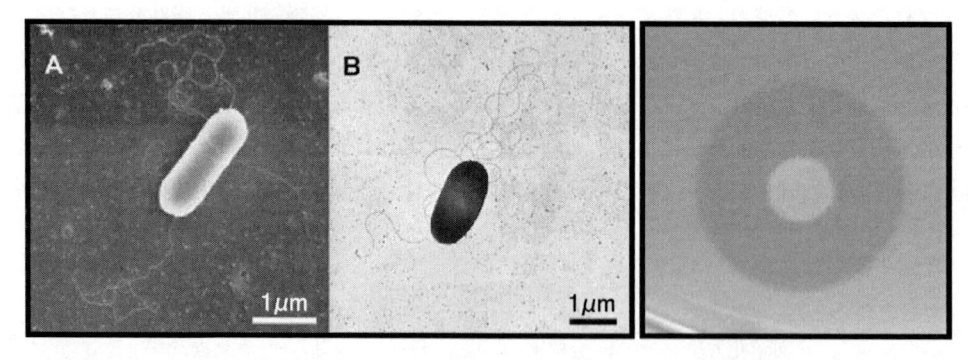

Anoxybacillus sp. MU3
　左，A）SEM像，B）TEM像；右，スキムミルク可溶化写真

図1　MU3株の電子顕微鏡写真とスキムミルク溶解性

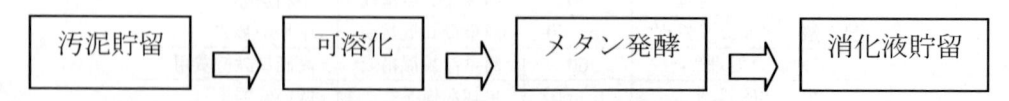

図2　高温可溶化技術のプロセス

表2　微生物を利用した高温可溶化技術と既存のメタン発酵技術の比較

	当該技術	既存メタン発酵	備考
発酵期間	10日	中温発酵：約30日 高温発酵：約20日	発酵日数の短縮 1/3〜1/2
可溶化率（下水汚泥）	45%	－	
投入有機物量に対するガス発生率	1,200ℓ/kg-VSS	650ℓ/kg-VSS	ガス発生量約2倍
バイオガス中に含まれるメタン濃度	約65%	50〜60%	約1割向上

図3　ペースト状ワカメ

が可能であり，バイオガス発生量の増加とメタン発酵終了後の発酵残渣（消化液）の減容化が期待される。可溶化プロセスを有しているため，原料を高濃度で利用でき，濃度の高い可溶化後の原料を発酵させるため，消化液の濃度も高いレベルで安定することから，良質な有機肥料となる。

3.3　ワカメを使用したメタン発酵

　微生物を利用した高温可溶化技術による可溶化実験サンプルとして，市販の塩ワカメを使用した。塩ワカメには塩分が多く含まれているため，水道水で水洗作業を繰り返し塩の除去作業を行い，水洗したワカメを水切りペーパーが敷き詰められたバットに並べ水気を除去し，処理後のワカメを固形物量10%になるように調整した。固形物量を調整したワカメを，ミルミキサーでペースト状態まで粉砕するものと，ミルミキサーでの処理なしの二つを準備した。準備した二つのサンプルを，121℃でのオートクレイブ処理，80℃加温処理および耐熱性プロテアーゼを生成するMU3株を添加し80℃加温処理で実験を行い可溶化率の算出を行った。また，80℃加温処理では48時間加温処理を行った。図3にペースト状になったワカメを示した。

　それぞれのサンプルの可溶化率測定結果を図4に示した。実験の結果，ネガティブコントロールでの可溶化率は4%ほどに対し，何かしらの処理を加えることで可溶化率が上昇する事を確認

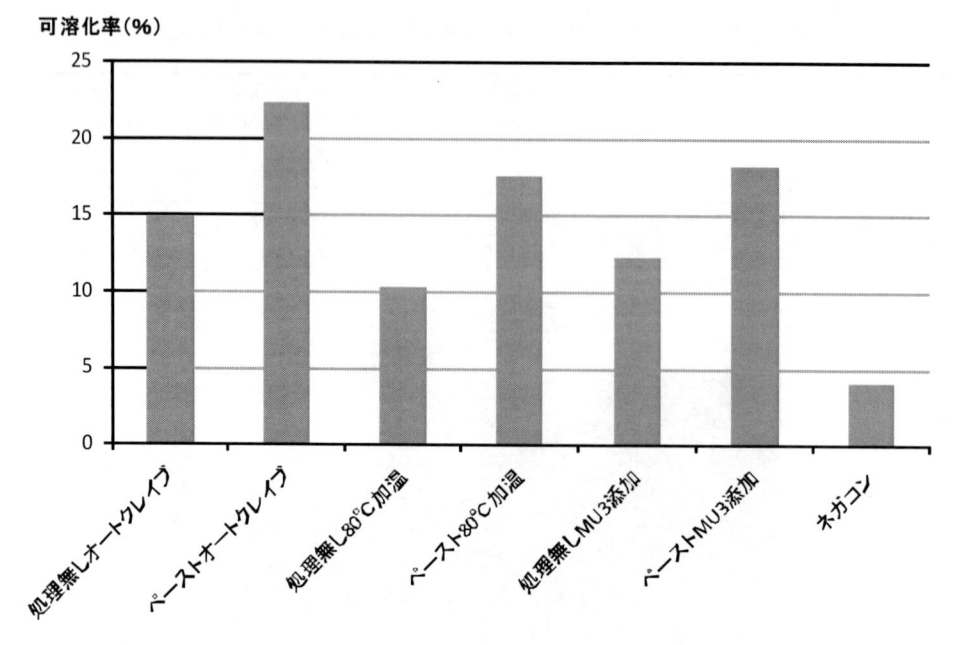

可溶化率(%)

図4　各サンプルにおける可溶化率測定結果

した。ペースト状でオートクレイブ処理を行うことで可溶化率は23％まで上昇した。処理なしに比べペースト状にする事で可溶化率は上昇した。また，耐熱性プロテアーゼを生成するMU3株を添加したサンプルでは，80℃加温処理とほぼ同等の可溶化率であった。海藻の種類は主に緑藻類，紅藻類，褐藻類に分類される。私達が普段良く目にするものとしてワカメ，コンブなどの褐藻類，アオサやアオノリなどの緑藻類，テングサやオゴノリなどの紅藻類である。これらには様々な成分が含まれている。海藻を形成している大部分は食物繊維である。食基繊維は主にセルロースやヘミセルロースと言った多糖類であるため，これらを分解する酵素を生成する微生物を添加する事により更に可溶化率が向上すると考えられる。

　以上のような結果を受けペースト状にしたワカメをMU3で可溶化後，メタン発酵の室内実験を行ったところ，バイオガスの発生量は約800 ℓ/kg-VSSとなった。マコンブを用いた実験では490 ℓ/kg-VSSと報告されており，約6割のバイオガス発生量の向上が確認された。

　今後，実証試験レベルでの確認が必要となると考えられるが，下水汚泥の経験から，実験室レベルの結果と同等またはそれ以上の結果を得ることができているので，実験室レベルの実験結果と同等のガス発生量が期待される。

　また，図5に養豚糞尿，ばれいしょ及び下水汚泥について微生物添加の有無による可溶化率の変化について示した。

　微生物添加の有無のサンプルは，80℃に加熱して48時間後の可溶化率の値であり，ネガティブコントロール（図ではネガコンと示してある）は，80℃の加熱を行わず，室温にて48時間放置した後の可溶化率の値である。

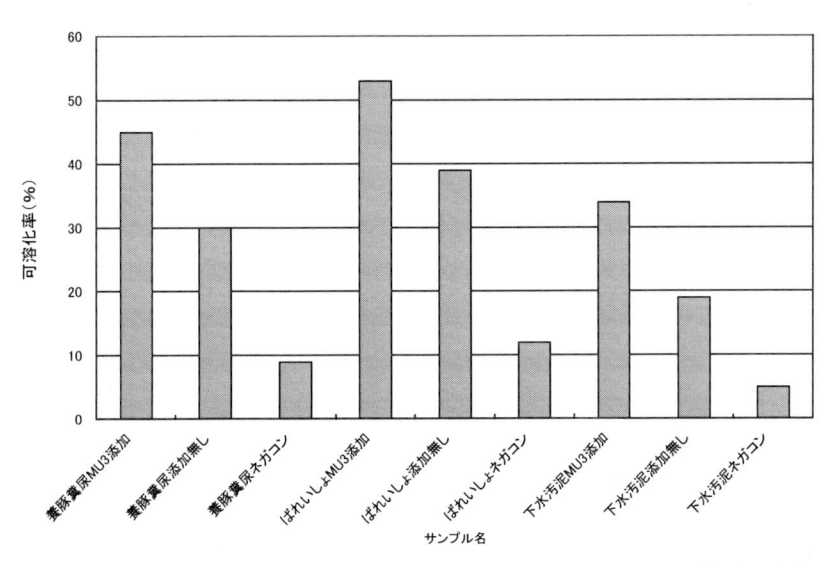

図5　養豚糞尿，ばれいしょ及び下水汚泥の微生物添加の有無による可溶化率の変化

　図5に示されているように，MU3添加により，ネガコンとMU3添加を比較すると約4倍可溶化率が向上している。ワカメでもペースト状にするとMU3添加により約4倍の可溶化率の向上が確認されており，微生物添加による可溶化により，メタン発酵効率の向上が期待できる。

3.4　おわりに

　現在，全国各地，世界各国で報告されている海藻の大量発生により，漁業被害をはじめ，腐敗による周辺住民への悪臭及びヘドロの沈殿によるアサリなど浅瀬に生息する生物への影響，観光地における景観破壊などが問題となっている。これらの回収にかかる労力や費用も大きな負担となっており，その有効活用が求められている。

　これらの海藻類の有効活用方法として，メタン発酵処理が考えられるが，エネルギー生産だけでは事業性が低いことが示されたことから，事業として実施されるに至っていない。しかし，メタン発酵の事業性向上が期待できる可溶化技術を採用することで，海藻についても発酵期間の短縮，発酵率の向上が期待できることが示された。

　今後，実証規模の実験や事業性の精査を行うことで，事業として確立されていくことが望まれる。

文　　献

1)　㈳地域資源循環技術センター，「バイオエタノール通信」No.6，41-46（2011年1月）

海藻バイオ燃料

2）㈳日本海洋開発産業協会，㈶エンジニアリング振興協会，㈶発酵工業会，海洋バイオマスによる燃料油生産に関する調査，成果報告書，第1部〜第6部（1984年3月）
3）松井徹，海藻からメタンガスを発生させる，農林水産技術研究ジャーナル，**28**（12），36-40（2005）
4）NTS，バイオマスからの気体燃料製造とそのエネルギー利用，p180（2007）

第6章　バイオ水素生産技術

1　海藻バイオマス発酵水素生産技術

谷生重晴*

1.1　発酵水素発生の経路と代謝産物

　生物は，グルコースなどの糖類を酸化分解することにより，生物にとってのエネルギー源である ATP （Adenosine Tri-phosphate）を生産している。微生物の代表的な糖の代謝経路には，EM （Embden-Meyerhof）経路，ED（Entner-Doudoroff）経路，PP（Pentose Phosphate）経路の３つの経路が知られており，それぞれの微生物がそれぞれが獲得した代謝経路で ATP を生産している。例えば，*Enterobacter* 科のバクテリアは，主に EM 経路でグルコースを酸化分解し，還元産物の NADH （Nicotinamide Adenine Dinucleotide, reduced form）とピルビン酸，ATP を次のように２モルずつ生成する。

$$C_6H_{12}O_6 + 2NAD^+ + 2ADP + 2Pi \rightarrow 2CH_3COCOOH + 2NADH + 2H^+ + 2ATP \tag{1}$$

　これだけでは ATP 量が足りないので，さらに新たなグルコースを分解するために，還元された NADH とピルビン酸との反応で代謝産物を生成し，NADH を NAD$^+$ に酸化して再使用する。水素はそのときに発生するが，どんな代謝産物を生産しても発生するのではなく，図1に示すように，主に，アセチル-CoA を生成して代謝産物を生成する経路をとったときに発生する。

　たとえば，乳酸を生産する反応では，アセチル-CoA 生成経路を通らないだけでなく，(2)式のように，ピルビン酸と NADH が１：１で反応して乳酸が生成するので，水素発生には寄与しない。しかし，酢酸や酪酸，アセトン，ブタノールなどを生成するときにはアセチル-CoA 生成経路を通るので，水素を発生する。

・乳酸生成反応

$$CH_3COCOOH + NADH + H^+ \rightarrow CH_3CHOHCOOH + NAD^+ \tag{2}$$

・酢酸生成反応

$$CH_3COCOOH + H_2O + Fd \rightarrow CH_3COOH + CO_2 + FdH_2 \tag{3}$$

$$FdH_2 \rightarrow Fd + H_2 \tag{4}$$

$$NADH + H^+ \rightarrow NAD^+ + H_2 \tag{5}$$

＊　Shigeharu Tanisho　バイオ水素㈱バイオ水素技術研究所 所長；横浜国立大学 名誉教授

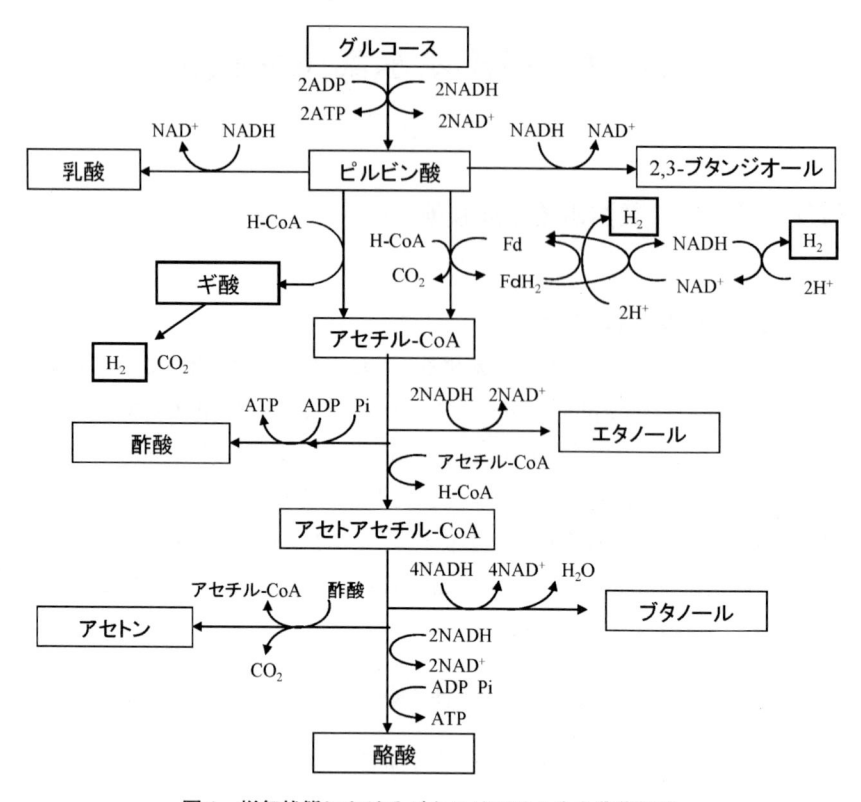

図1 嫌気状態におけるバクテリアのおもな代謝経路

表1 代表的なバクテリアの水素収率と代謝産物

バクテリア	収率 [mol-H$_2$/mol]	基質	主な代謝産物
Clostridium			
butyricum	2.35	グルコース	酪酸，酢酸
acetophilius	1.82	グルコース	酪酸，酢酸
perfringens	2.14	グルコース	酪酸，酢酸，乳酸，エタノール
acetobutylicum	1.35	グルコース	酢酸，ブタノール，アセトン
butylicum	0.78	グルコース	酪酸，酢酸，ブタノール，イソプロパノール
Escherichia coli	0.75	グルコース	酢酸，ギ酸，コハク酸，乳酸，エタノール
Serratia kielensis	0.91	グルコース	酢酸，乳酸，エタノール
Aerobacillus polymyxa	0.82	D-キシロース	エタノール，ブタノール
	1.70	マンニトール	酢酸，乳酸，エタノール，ブタノール
Enterobacter aerogenes st. E.82005	1.0	グルコース	酪酸，酢酸，乳酸，エタノール，ブタンジオール
	1.6	マンニトール	
	2.5	スクロース	

　表1は代表的な水素発酵バクテリアの水素収率と主な代謝産物の一覧である。多くのバクテリアが酪酸，酢酸，乳酸を代謝生産しており，発酵廃液にこれらの有機酸が含まれるので，廃液の処理または利用が水素発酵の大きな問題である。

1.2　バクテリアの水素発生速度と水素収率

　これまで多くの水素発生バクテリアが報告されているが，発生速度の速いあるいは基質から高い収率で水素発生する代表的なバクテリアについて，一覧を表2に示す。回分培養と連続培養で収率，発生速度に違いがあるので，二つに分けて表示している。同じバクテリアなら，連続培養の方が発酵槽のバクテリア密度が高くなるので，水素発生速度を速くすることができる。

　嫌気性バクテリアは，通性嫌気性バクテリアより一般的に発生速度が速く，収率も高いが，酸素が存在すると増殖や成長が阻害され，発生速度も収率も強い影響を受ける。一方，通性嫌気性バクテリアは速さ，収率とも低いが，酸素が有る時は酸素を利用して増殖し，酸素が無い時は発酵で水素を発生しながら増殖するので，工業的水素生産にバクテリアを利用する時には，非常に

表2　代表的なバクテリアの水素発生速度と水素収率

回分培養	温度	基質	収率	発生速度	
絶対嫌気性細菌	[℃]		[mol-H_2/mol]	[NL/L·h]	[NL/g·h]
Clostridium sp. No 2	36	glucose	2	0.54	–
C. paraputrificum M-21	37	GlcNAc	2.5	0.69	–
Mesophilic bacterium HN001	47	glucose	2.4	3.58	0.99
通性嫌気性細菌					
Enterobacter aerogenes E.82005	38	glucose	1	0.47	0.38
E. cloacae IIT-BT 08	36	sucrose	3	0.78	0.65
高温細菌					
Thermotoga maritima	80	glucose	4	0.22	–
Thermotoga elfii	65	glucose	3.3	0.07	0.11
Caldicellulosiruptor saccharolyticus	70	sucrose	3.3	0.18	0.27
Clostridium thermocellum	60	celloblose	1	0.16	0.31

連続培養	温度	基質	収率	発生速度	
絶対嫌気性細菌	[℃]		[mol-H_2/mol]	[NL/L·h]	[NL/g·h]
C. butyricum LMG1213tl	36	glucose	1.5	0.49	–
Clostridium sp. No 2	36	glucose	2.4	0.47	–
C. pasteurianum	40	sucrose	1.6	13.71	0.38
通性嫌気性細菌					
E. aerogenes E.82005	38	molasses	1.3	0.81	0.38
E. aerogenes E.82005	38	glucose	1	2.73	0.38
E. aerogenes HU-101 m AY-2	37	glucose	1.1	1.3	–
高温細菌					
Thermococcus kodakaraensis KOD1	85	pyruvate	2.2	0.2	1.32

取り扱いが容易という利点を持つ。

　また，60℃以上の高温度でも生育できるバクテリアの中には，発生速度はかなり遅いが理論最大収率で水素発生するものが居り，ヨーロッパの研究者には高温バクテリアを使用する者が多い。

　表中の *Enterobacter aerogenes* E.82005 と Mesophilic bacterium HN001 は筆者らが発見したバクテリアで，HN001 株は現在世界で最も水素発生速度の速いバクテリアである。*E. aerogenes* は，コンブの主成分の一つであるマンニトールから収率 1.6mol-H_2/mol-mannitol で水素を発生することができる。しかし，デンプンを利用することはできない。一方，HN001 株は，マンニトールを利用することはできないが，デンプンを利用して収率 2.5mol-H_2/mol-glucose で水素発生することができ，連続培養では，原料の平均滞留時間（HRT，Hydraulic retention time）が 1 時間という供給速度のとき 4L-$H_2L^{-1}h^{-1}$ の速さで発生できる。

　E. aerogenes は海藻からの水素生産にふさわしいバクテリアであるが，海藻からの水素生産を実用化するには，水素収率，水素発生速度のいずれも *E. aerogenes* より高い新規バクテリアの発見が望まれる。

1.3　海藻バイオマスからの水素生産性

　図 2 はコンブの収穫時期における成分分率を示している。有機成分 17% の内，バクテリアが水素発生に利用する成分は主成分のマンニトールで，その構造式は次のようにグルコース類似体である。

$$
\begin{array}{ccc}
\text{CHO} & \text{CHO} & \text{CH}_2\text{OH} \\
\text{HCOH} & \text{HOCH} & \text{HOCH} \\
\text{HOCH} & \text{HOCH} & \text{HOCH} \\
\text{HCOH} & \text{HCOH} & \text{HCOH} \\
\text{HCOH} & \text{HCOH} & \text{HCOH} \\
\text{CH}_2\text{OH} & \text{CH}_2\text{OH} & \text{CH}_2\text{OH} \\
\text{D-Glucose} & \text{D-Mannose} & \text{D-Mannitol}
\end{array}
$$

　マンニトールはグルコースより H が 2 原子多く，化学量論的にはグルコースより 1 モル多く水素を発生できるので，水素発酵の基質には適している。まだ発見されていないが，マンニトールから酢酸のみを代謝生成するバクテリアが発見されれば，水素収率は下記のように 5mol/mol になり，グルコースより優れた基質になる。

・グルコース 1 モルから発生する理論最大水素量

$$C_6H_{12}O_6 + H_2O \rightarrow 2CH_3COOH + 2CO_2 + 4H_2 \tag{6}$$

・マンニトール 1 モルから発生する理論最大水素量

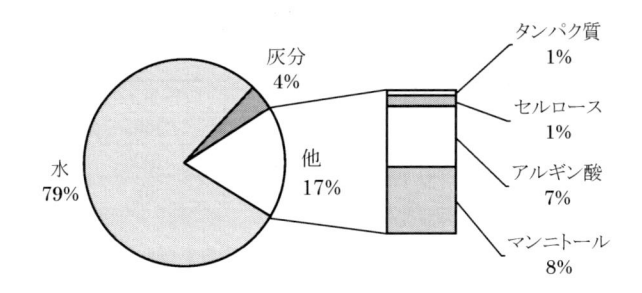

Y. SANBONSUGA, Bull.Hokkaido Reg. Fish. Res. Lab., 49, 1-76(1984)

図2　コンブの成分組成

$$C_6H_{14}O_6 + H_2O \rightarrow 2CH_3COOH + 2CO_2 + 5H_2 \tag{7}$$

　このように，海藻に含まれる糖質はサトウキビに含まれる糖質（スクロース）より理論最大水素収率が大きいだけでなく生産性も大きい。サトウキビは陸生バイオマスの中で最も生産性の高い植物の一つであり，サトウキビのヘクタール当たり生産性（収穫量）は，沖縄では約70トン，近年のブラジルでは約100トンである。一方，羅臼コンブの生産性は145トンになる。含水率がそれぞれ約30%と20%であるから，固形分重量で比較すれば，30トンと29トンになりほぼ等しく，コンブはサトウキビと同様，生産性の非常に高い海藻である。さらに，サトウキビは畑で1年間の栽培が必要であるのに，栽培コンブやワカメは，種苗から海面培養に移るまでは陸上の施設で過ごすので，海面ではわずか6～7ヶ月と栽培期間は短い。また，サトウキビは年1回しか収穫できないが，表3のように海藻は栽培期間が短いので，栽培期の重ならないたとえばコンブとワカメを組み合わせて栽培すれば，年2回の収穫が可能になり，海藻から得られる発酵基質の年間収穫量はサトウキビより遙かに多くなる。このように，コンブ（海藻）は非常に生産性の高い海洋バイオマスである。

　表4はコンブとサトウキビの比較を下記の諸仮定の下に計算したものである。

① 　コンブの収穫量はコンブのみを栽培した時と収穫時期の異なる2種類の海藻を栽培した時の収穫可能量を使用

② 　サトウキビのデータは沖縄とブラジルの平均的な収穫量を使用

③ 　糖質量はコンブ（海藻）のマンニトール含有率を8%，サトウキビの蔗糖含有率を14%として計算

④ 　水素生産量は，コンブについては最近筆者の研究室で発見されたバクテリアの水素収率2.5mol/mol-mannitol を用いて計算

表3　コンブとワカメの栽培月

	本養殖開始月	収穫月	収穫量 t/ha
羅臼コンブ	3	8	149
三陸ワカメ	10〜11	3	100
鳴門ワカメ	11	2〜3	80

表4　コンブとサトウキビ栽培による糖基質から生産可能な水素量と燃料電池発電による電力量（燃料電池の効率を 1.7kWh/Nm^3 で計算）

	コンブ		サトウキビ		単位
	一期作	二毛作	沖縄	ブラジル	
収穫量	14,500	25,000	7,000	10,000	[ton/y km^2]
糖質量	1,160	2,000	980	1,400	[ton/y km^2]
H$_2$ 生産量	356,923	615,385	320,936	458,480	[Nm^3/y km^2]
年間発電量	606,769	1,046,154	545,591	779,415	[kWh/y km^2]
1 日の発電量	1,662	2,866	1,495	2,135	[kWh/d km^2]

⑤　サトウキビについては蔗糖の収率 5mol/mol-sucrose を用いて計算

⑥　発電量は，燃料電池の発電効率を 48％，すなわち 1m^3（標準状態）の水素から 1.7kWh の発電が可能とする

　上記の仮定に基づくと，1km^2 の海域で海藻を栽培すれば，1 日当たり 2,866kWh の電力を得ることができ，約 280 世帯の電力を賄えることになる。ガソリン価格などが内地より高い島嶼または海浜自治体などによっては，数倍の面積の栽培で全電力を賄うことも考えられ，日本は国土の十数倍の排他的経済水域を持つから，経済性を持たせられれば，海藻バイオマスの栽培による水素エネルギー生産により我が国のエネルギー自給を図ることも夢ではない。

1.4　水素発酵と塩分の影響

(a)　水素発生速度と水素収率への影響

　海藻を基質に使用した水素発酵では，海藻細胞中に含まれる塩分の影響が考えられる。マンニトールから収率 1.6mol/mol で水素発生する *E. aerogenes* を使用した実験では，図3に見られるように，食塩濃度が増えるにしたがって，水素発生量及びグラフの傾きとして表れる水素発生速度が悪くなる。食塩を加えていないグルコース培地からは培養開始後約 2 時間で水素を発生したが，食塩を加えた培養では NaCl 濃度が 1，2，3％と増えるにしたがい，水素発生開始までの時間が 3 時間，4 時間，6 時間と遅くなり，水素発生までに時間を要した。また，マンニトールの消費速度も食塩濃度が濃くなるにしたがって遅くなり，初めに 82.3mmol/L あったマンニトールは，塩濃度 1％では 20 時間ですべて消費され，主な代謝産物も乳酸，酢酸，コハク酸，エタノール，ブタンジオールで，食塩を含まない時と同じ代謝産物であった。しかし，3％では 45 時間後でも 15.1mmol/L が消費されずに残った。これらのことから，食塩濃度が濃くなると，増殖速度が遅くなると考えられるが，1％程度なら影響は少ないと言える。

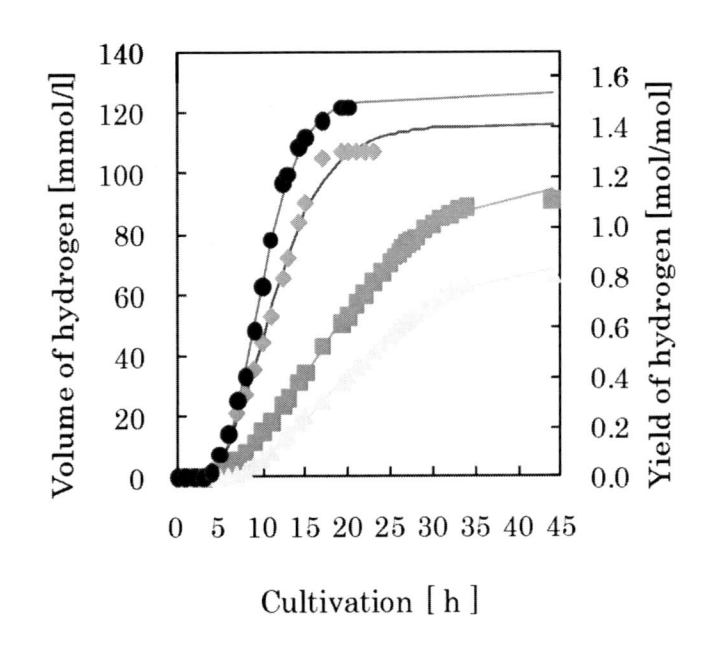

NaCl 1%　■ NaCl 2%　　NaCl 3%　　● NaCl 0%

図3　水素発生速度と収率に及ぼす食塩濃度の影響

表5　NaCl 1%下での水素発生特性におよぼす窒素源濃度の影響

ペプトン濃度 [g/L]	最大水素発生速度 [NL/(L h)]	水素収率 [mol/mol]	菌体濃度 [g/L]
0.7	0.02	0.2	7.3
2.0	0.06	0.5	−
5.0	0.21	1.3	20
6.7	0.19	1.2	19.1
13.3	0.17	1.2	26.5
20.0	0.17	1.3	25.7
26.7	0.17	1.4	32.7

(b)　栄養源への影響

　バクテリアの増殖には窒素源が必要である。*E. aerogenes* が塩水下で水素生産するために必要な窒素源量を，食塩濃度1%に固定して調べた結果が表5である。ペプトン濃度5g/L以上では，水素発生速度，水素収率，菌体濃度のいずれもほぼ一定の値になっており，0.5%あればほぼ十分と考えられる。収穫時期のコンブには約1%のタンパク質が含まれているが，市販の乾燥昆布29gをミキサーで粉砕し，水切りゴミ袋で未粉砕コンブを濾し取った試料を本培養液組成のマンニトールの代わりに加え，ペプトン5g/L，NaCl濃度1%で実験を行った。液体クロマトグラフで測定したこの実験の初期マンニトール濃度は12.2mmol/L（2.22g/L）で，マンニトール量はかなり少なかった。しかし，水素発生速度は 0.18NL-H$_2$L-culture^{-1}h^{-1} と，高濃度ペプトンの時とほぼ同じ速さであった。また，水素収率は1.4mol/mol-mannitolを示し，マンニトールを用いた時

と同じであった。したがって，コンブには，マンニトール以外にアルギン酸，灰分，タンパク質などが含まれているが，マンニトール以外の成分が水素発生の収率，発生速度に与える影響は少ないと思われる。ただ，実験後，培養槽底部にアルギン酸と思われる粘性のある物質が沈澱していたので，攪拌動力への影響を考えると，海藻を使用する水素発酵プラントでは，アルギン酸分離プロセスをもつプラントを考える必要があろう。

1.5　海藻バイオマスによるエネルギー自給の可能性

(a)　海藻の主成分からの発酵水素発生量

　コンブは，収穫期にはマンニトールとアルギン酸をそれぞれ湿重量の約8%と7%蓄え，固形分の71%を占める。これまで，*Enterobacter aerogenes* が主成分のマンニトールから水素発生するバクテリアとして知られており，その収率は 1.6mol-H_2/mol-mannitol と，必ずしも大きくはない。そこで，海藻バイオマスを原料とした水素生産を目指すために，より水素収率の高いバクテリアの探索に力を注いだ結果，まだ属種は同定出来ていないが，収率 2.5 mol-H_2/mol-mannitol，1.1L-H_2L-culture^{-1}h^{-1} で水素発生する新規バクテリアを発見した。収率，水素発生速度とも *E. aerogenes* より遙かに優れており，とりわけ水素発生速度は HN001 株に次ぐ速さである。また，まだ報告が見あたらない海藻のもう一つの主成分であるアルギン酸から水素を発生するバクテリアの探索も同時に行い，0.7mol-H_2/mol-alginate の収率で水素を発生する別の新規バクテリアも発見した。これらのバクテリアを使用すれば，下記の計算のように，1 ton の湿コンブから 31Nm^3 の水素が生産できる。

　　　　マンニトールからの水素生産量

　　　　　　　　= （湿コンブ中のマンニトールのモル数）×（水素収率）

　　　　　　　　= （1,000kg/ton-wet kelp×8.0% ÷ 0.182kg/mol）×（2.5mol-H_2/mol）

　　　　　　　　= 1,099mol-H_2/ton-wet kelp

　　　　　　　　= 24.6Nm^3-H_2/ton-wet kelp

　　　　アルギン酸からの水素生産量

　　　　　　　　= （1,000kg/ton-wet kelp×7.0% ÷ 0.176kg/mol）×（0.7mol-H_2/mol）

　　　　　　　　= 278mol-H_2/ton-wet kelp

　　　　　　　　= 6.2Nm^3-H_2/ton-wet kelp

　　　　コンブからの水素生産量

　　　　　　　　= （マンニトールからの水素生産量）＋（アルギン酸からの水素生産量）

　　　　　　　　= 24.6Nm^3-H_2/ton-wet kelp ＋ 6.2Nm^3-H_2/ton-wet kelp

　　　　　　　　= 30.8Nm^3-H_2/ton-wet kelp

　　　　コンブからの電力生産量

　　　　　　　　= 30.8Nm^3-H_2/ton-wet kelp×1.7kWh/m^3-H_2

　　　　　　　　= 52.4kWh/ton-wet-kelp

これは，電力としては52kWh（燃料電池の発電効率を48%，1.7kWh/m^3-H$_2$とする），自動車燃料のガソリンなら31L相当のエネルギー量である。

この能力でも，コンブやワカメの廃棄部分，アオサなど漂着海藻など原料が無料である海藻を使用すれば，売電価格が20円/kWhでも経済性を持たせられるが，栽培海藻による大規模エネルギー生産では原料コストを組み込まなければならないから，さらに高い収率を持つ新規バクテリアを探索する必要がある。

(b)　栽培海藻による水素生産のコストと採算性

水素生産の採算性を計算するために，次の仮定を設ける。

(1)　燃料電池出力：1.7kWh/m^3-H$_2$（純水素燃料電池の変換効率を48%と仮定）

(2)　燃料電池価格：60kW出力が4,000千円と仮定

(3)　自家消費動力：10kWh/ton-algae（撹拌，ポンプなどの動力として）

(4)　売電価格：30円/kWh（水素価格を50円/m^{3}と仮定）

(5)　プラント建設費：10ton/dayの処理プラントを基準に，0.6乗で建設費が上昇すると仮定

(6)　プラント償却：10年間の均等償却とする

(7)　プラント稼働日数：300day

(8)　プラント人件費：100t/dまで6,000千円，1,000t/dでは18,000千円，100〜1000t/dまでは大きさに比例して増加すると仮定

(9)　海藻の購入単価：3,000円/ton-wet algae（種付け，収穫の機械化で労働負担が減ると仮定）

(10)　CO$_2$削減量：発電効率30%のディーゼル発電機を使用する島嶼町村を仮定

(11)　CO$_2$クレジット：1,500円/ton-CO$_2$と仮定

(12)　海藻栽培綱設置撤去：140千円/km（ワカメ栽培のデータを使用）

(13)　年間収穫量：300ton-wet/ha（3毛作を仮定）

このような仮定を設定して，発酵生産した水素による燃料電池での発電電力による年間売り上

表6　10t/d処理プラントの建設費

建設費	10t/d	
発酵装置（10t/d）	40,000	千円
脱硫，粗精製装置	2,000	千円
燃料電池（60kW）	4,000	千円
建設費	46,000	千円

表7　CO$_2$クレジット計算原表

重油エネルギー	10,000	kcal/kg-pet.
重油エネルギー	11.9	kWh/kg-pet.
比エネルギー	0.084	kg-pet./kWh
発電効率	30	%
石油消費量	0.28	kg-pet./kWh
炭酸ガス発生量	0.88	kg-CO$_2$/kWh

表8　一日100tonのコンブを処理するプラントの採算性計算表

昆布の場合	現状の収率	収率改善	収量も改善	
海藻	100	100	100	ton-algae/d
マンニトール含率	8	8	14	%-mannitol
アルギン酸含率	7	7	7	%-alginate
水素収率（Mannitol）	2.5	3.8	3.8	mol/mol
水素収率（Alginate）	0.7	1.5	1.5	mol/mol
燃料電池出力	1.7	1.7	1.7	kWh/m^3-H$_2$
自家消費動力	10	10	10	kWh/ton-algae
水素価格	51	51	51	円/m^3-H$_2$
売電価格	30	30	30	円/kWh
操業日数	300	300	300	day
水素生産量	925,552	1,523,371	2,365,217	m^3/yr
発電量	1,573,439	2,589,730	4,020,869	kWh/yr
消費動力	1,000	1,000	1,000	kWh/d
売電可能量	1,273,439	2,289,730	3,720,869	kWh/yr
売電収入	38,203	68,692	111,626	千円/yr
償却費（10年）	14,332	14,332	14,332	千円/yr
プラント人件費	6,000	6,000	6,000	千円/yr
海藻単価	3,000	3,000	3,000	円/ton
海藻購入費	90,000	90,000	90,000	千円/yr
総支出	110,332	110,332	110,332	千円/yr
年間売上利益	−72,129	−41,640	1,294	千円/yr
CO$_2$削減量	1,390	2,288	3,552	ton-CO$_2$/yr
クレジット収入	2,085	3,431	5,328	千円/yr

げ利益を計算した。表6は10ton/dの処理能力を持つ発酵水素製造プラントの仮説建設費を示している。表7はCO$_2$クレジット計算に使用した換算表である。また，表8は，1日100tonのコンブを処理するプラントで，次の3条件で採算性を試算したものである。①コンブを原料に現在筆者らが所持している新規バクテリアを使用した時，②将来，さらに高い収率を持つ新規のバクテリアが発見された時，③コンブを品種改良し水素生産の原料となるマンニトール含有率が向上した時に②の新規バクテリアを使用して水素生産した時，のそれぞれの場合に年間利益がどのように変化するか試算した原表である。

　現状では，バクテリアの水素収率が低く水素生産量が少ないので，原料購入費が極めて高く付き，水素生産は年間7,200万円の赤字になる。そこで，マンニトールとアルギン酸からそれぞれ3.8mol，1.5molの収率で水素発生する新規バクテリアを発見した時の売上利益を計算すると，赤字額は低減するものの，やはり4,200万円ほどの赤字になる。しかし，コンブのマンニトール含有率を14%に高める品種改良を行うなら，初年度から売上利益は130万円の黒字になることを示している。この利益には炭素クレジットによる利益を含めていないが，クレジットの収入もかなり大きいものとなることが分かる。図4は収率と収量のいずれも改善されたときの1日当たり処理量と年間収益の関係を示したもので，黒字化する処理規模が良く分かる。

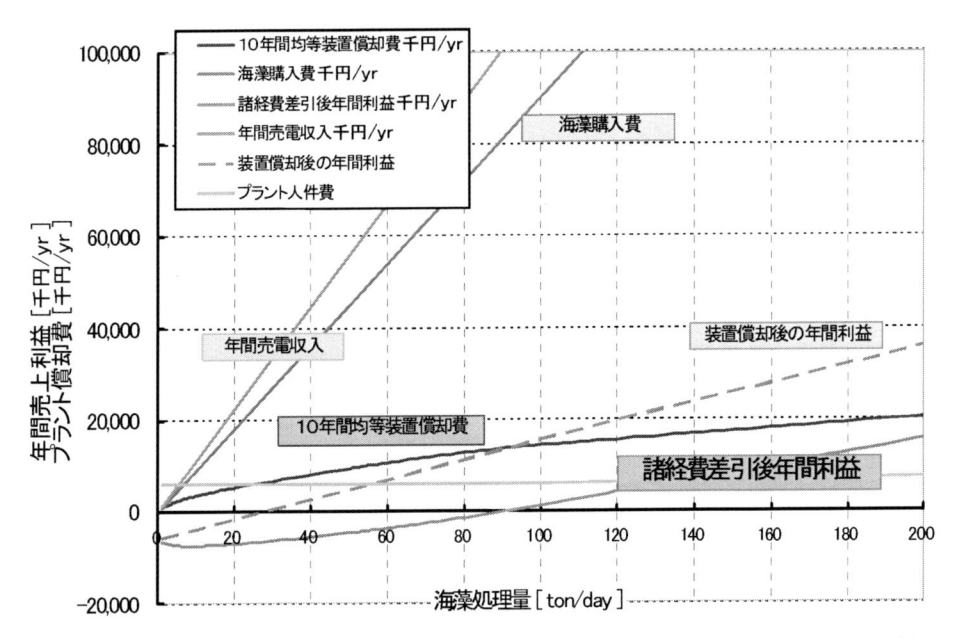

図4　発酵水素収率と海藻のマンニトール含有率を改良したときの一日あたり海藻処理量と採算性の関係

1.6　各種発酵エネルギー変換法とのエネルギー変換効率比較

よく知られている発酵エネルギー生産に，エタノール発酵とメタン発酵がある。それぞれのグルコースからの生成反応式と理論エネルギー変換効率は，以下のように表される。

① エタノール発酵

$$C_6H_{12}O_6 \rightarrow 2CH_3CH_2OH + 2CO_2$$
$$\eta_{max} = (2 \times 1371.3) / 2817 \times 100 = 97.4\%$$

② メタン発酵

$$C_6H_{12}O_6 \rightarrow 3CH_4 + 3CO_2$$
$$\eta_{max} = (3 \times 882.4) / 2817 \times 100 = 94.0\%$$

③ 水素発酵

$$C_6H_{12}O_6 \rightarrow 2CH_3COOH + 2CO_2 + 4H_2$$
$$\eta_{max} = (4 \times 285.9) / 2817 \times 100 = 40.6\%$$

このように，エタノール発酵とメタン発酵の理論エネルギー変換効率は水素発酵に比べ，非常に大きい値を持つ。しかし，エタノール発酵はわずか8〜10%程度の濃度でしか得ることができないので，エネルギーとして利用するためには99%以上の濃度まで濃縮する処理工程が必要になる。その工程は発酵工程より複雑でコストも高くなる。したがって，エネルギー変換効率の比較

表9　バイオマスエネルギーの総合変換効率の比較

	理論変換効率 [%]	処理エネルギー [%]	発電効率 [%]	総合効率 [%]	発電方法
エタノール発酵	97.4	25	30	21.9	火力発電
メタン発酵	94.0	10	30	25.4	ディーゼル発電
水素発酵	40.6	10	60	21.9	燃料電池発電

は，理論値ではなく，最終利用形態を同じにして比較しなければ，実際的意味を持たない。そこで，最終利用形態を電力利用にした場合で比較してみる。

バイオマスを原料にしたエネルギー生産の概略プロセスを以下のような行程とする。

① 　エタノール

原料→発酵→濃縮分離→火力発電→総合効率

② 　メタン

原料→発酵→脱硫→ディーゼル発電→総合効率

③ 　水素

原料→発酵→脱硫→燃料電池発電→総合効率

そして，総合効率は次の式で評価する。

総合効率＝理論発酵効率×（1−処理エネルギー）×実効発電効率

その結果は，表9に示すように，3方法で大きな効率の差はない。しかし，エタノール発酵と水素発酵では，発酵後の処理工程に大きな違いがあり，エタノール発酵では濃縮塔と蒸留塔または膜分離機が必要であるのに対し，水素発酵では小型の脱硫塔だけで済むから，プラントとしては水素発酵の方が非常にシンプルにできる。また，メタン発酵と水素発酵では，原料の発酵槽内滞留時間がメタン発酵では数日〜数十日かかるのに対し，水素発酵では数時間と非常に短いから，装置の大きさが水素発酵はメタン発酵の数十分の一から数百分の一ときわめて小さいもので済む。したがって，水素発酵はエタノール発酵・メタン発酵に比べて建設コストがきわめて低くなる。

以上の検討から，水素発酵は，理論エネルギー変換効率は小さいが，最終利用形態での総合エネルギー変換効率は他とほぼ同じであり，装置がシンプルで小型になるというメリットを有している。

1.7　結言

海藻バイオマスの栽培による発酵水素生産技術について以上に述べてきたが，経済性を持たせるために開発しなければならない課題を明らかにしたことで，今後の研究開発方向の策定に参考となったことと思う。

ここでは述べなかったが，エネルギー変換だけでなく高付加価値を持つ製品への利用も検討す

れば，より容易に経済性を持たせられる。たとえば，アルギン酸は非水溶性で，粘度を増加させたり乳化組織を安定させる作用を持つため，フィルム，ゴム，リノリューム，化粧品，カーワックス，塗料などの製造に使われており，アルギン酸レーヨンは，手術糸その他の医療用として用いられるなどエネルギーより付加価値の高い製品の原料になる。したがって，海藻のアルギン酸を有効に利用して，経済性を高めることも今後検討する必要がある。

2　光合成微生物（藻類・光合成細菌）による光水素生産

若山　樹*

2.1　緒言

2011年1月13日，JX日鉱日石エネルギー，出光興産，大阪ガス，東京ガスなどのエネルギー供給事業者10社と大手自動車メーカー3社は，4大都市圏（首都圏，中京，関西，福岡）を中心に，2015年には量産型の燃料電池車（Fuel Cell Vehicle，FCV）を販売することを目指すと共に，100ヶ所の水素ステーションを整備する「燃料電池車（FCV）の国内導入と水素供給インフラ整備に関する共同声明」を発表した[1]。

環境法では，「エネルギー供給事業者による非化石エネルギー源の利用及び化石エネルギー原料の有効な利用の促進に関する法律（エネルギー供給構造高度化法）」[2]や新たな「エネルギー基本計画」[3]において，国内エネルギー供給事業者へ一定量の再生可能エネルギーの導入を義務づけている。

また，経済産業省・資源・エネルギー庁「総合資源エネルギー調査会・都市熱エネルギー部会」が政策提言した「低炭素社会におけるガス事業のあり方について」[4]の「エネルギー基本計画における天然ガス関連の施策③」では，将来的には，CO_2を極力排出しない手段，例えば，原子力や太陽光，バイオマスを活用した水素の生産など，化石燃料に依存しない水素の生産が実用化されることが期待されている。また，同「京都議定書目標達成計画における天然ガス関連の施策②」においても，原子力や再生可能エネルギーの水素転換などCO_2を排出しない水素生産についても技術開発を進めることとしている。

これら国内の水素エネルギーなどの状況は，中長期的に光合成微生物（藻類・光合成細菌）による光水素生産に関する継続的な基礎研究や実証研究の必要性を後押し，当該技術領域のエネルギー供給事業者などへの適用に現実味を帯びさせている。

2.2　光合成微生物による光水素生産技術の適用分野

我々の高度な産業と生活の質は，安価且つ安定供給される化石エネルギー資源に支えられているが，世界のエネルギー需給はバランスを崩しつつある。2011年3月3日，IPE（International Petroleum Exchange）の北海ブレント原油価格[5]に遅れること約1ヶ月，NY-MEX（New York Mercantile Exchange）のWTI（West Texas Intermediate）原油価格が，エジプト情勢に端を発したリビア情勢の悪化などから2年5ヶ月振りに100 USD/bblを超えて推移している（図1）[6]。高度な産業と生活の質を維持するためには，再生可能エネルギー源の開発と利用を促進せ

＊　Tatsuki Wakayama　国際石油開発帝石㈱　経営企画本部　事業企画ユニット　事業企画グループ；技術本部　技術推進ユニット　EORグループ　コーディネーター

ざるを得ない状況にある。

　NEDO「再生可能エネルギー技術白書」の「バイオマスエネルギーの技術の現状とロードマップ」では，バイオマスエネルギー技術体系にバイオ水素生産が位置付けられている（図2）[7]。また，NEDO「燃料電池・水素技術開発ロードマップ2008」では，2015年以降に実用化・開発が期待される中長期的テーマ（技術）として，バイオマス・生物利用の再生可能エネルギー由来の水素生産技術として，光合成水素生産が位置付けられている（図3）[8]。

　光合成微生物による光水素生産をエネルギー市場に適用する場合，安価な化石エネルギー価格と比較されることが多いが，風力発電や太陽光発電などの再生可能エネルギー利用技術と同様に，現在の安価な化石エネルギーに対する価格競争力を持つことには時間を要する[9]。

　光合成微生物（藻類・光合成細菌）による光水素生産は，太陽光エネルギーの利用，CO_2の固定化・バイオリファイナリー，廃水処理への適用，低品位廃熱の利用が可能であり[10]，他のエネルギー生産技術には存在しない特徴を有している。これらの特徴的な機能を有効に活用することにより，光合成微生物による光水素生産が事業化可能と思われる。

2.2.1　CO_2 有効利用技術としての適用

　光合成微生物による光水素生産の最大の特徴であるCO_2固定能は，CO_2を水素などの燃料や各種有用成分として合成することが可能となるバイオリファイナリー技術である。CO_2固定能だけでも，CDM（Clean Development Mechanism）対応技術や，CO_2を分離回収して地中や海底に貯留するCCS（Carbon dioxide Capture and Storage）対応技術への適用が可能である。

　CDMは，京都議定書によって設置されたメカニズムのひとつであり，先進国が発展途上国において GHG（Green House Gases）削減プロジェクトを行った場合，その削減分を自国の削減分として計上できる制度である[11]。運用にはホスト国，実施国，国連の承認を経る必要があるが，

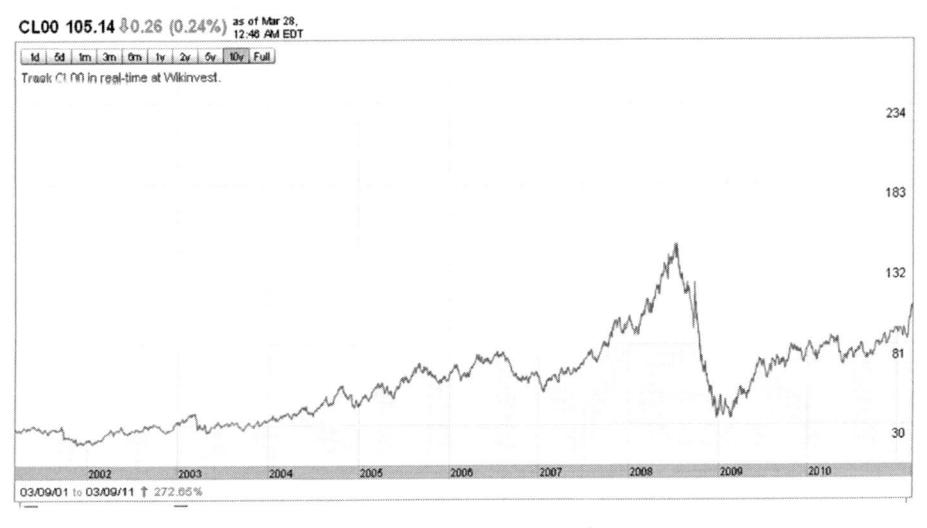

図1　NY-MEX，WTI 原油の価格推移

CER（Certified Emission Reductions）を収入源として事業採算性を向上させることが可能である。CER価格は，各市場の原油価格や世界の経済状況とリンクして変動するため，2008年のリーマンショック後に下落し，現在のICE（Intercontinental Exchange）では10～15 EUR（1,130～1,695円）/t-CO_2となっている（図4）[12]。

　CCSは，CO_2の早期大規模削減を可能にする重要な地球温暖化対策技術である。工場や火力発電所で排出されるCO_2を回収し，地中貯留の適地まで運搬し，貯留する技術である。日本では，RITEや日本CCS調査㈱などによって，国策として実証・実用へ向けた事業が進んでいる。

　CCSは，発生源のCO_2濃度，回収方法・量，適地までの距離・運搬方法，貯留方法などによってコストが異なるが，RITEの試算だと約7,000～20,000円/t-CO_2となっている[13]。光合成微生物による光水素生産をCDM，CCSとして適用する場合，数万～数十万 t-CO_2/y のCO_2固定能

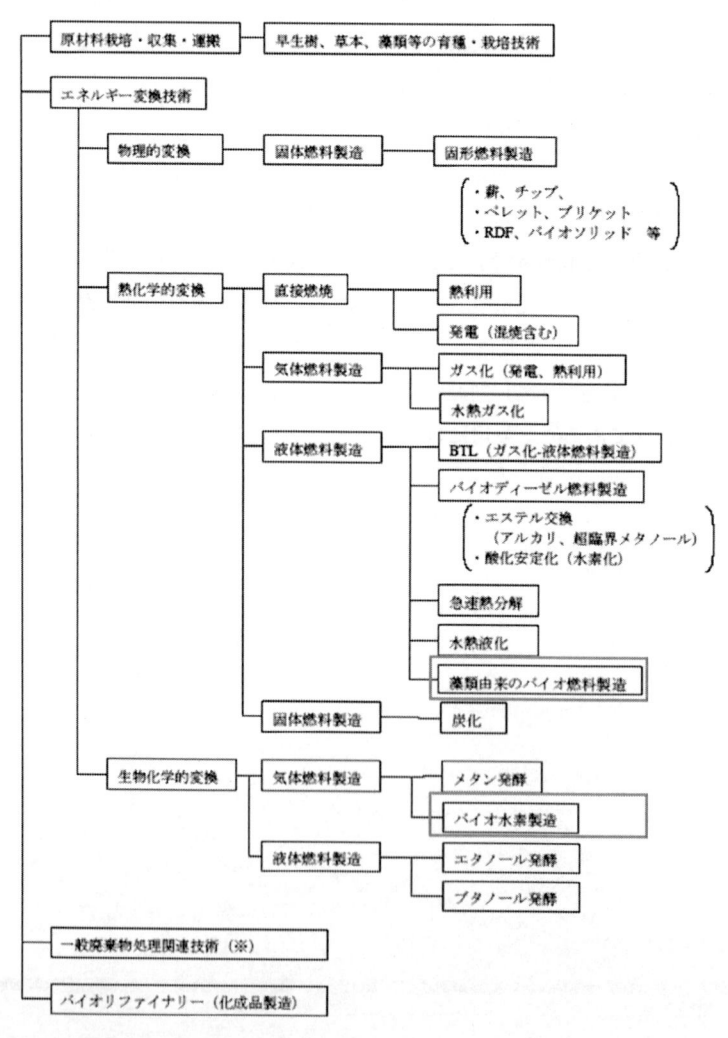

図2　NEDO「再生可能エネルギー技術白書」におけるバイオ水素技術の位置付け

【中長期的テーマ（2015年以降に実用化・開発が期待される技術）】　　　　　　　　　　　　　　　　　　　　　　水素-8

分類	要素	技術の現状	課題	
			2010	2015-2020
水素製造技術	再生可能エネルギー	＜中長期的技術＞ ○熱化学的-バイオマスガス化技術 ・石炭、重質油処理技術を応用した高圧・水蒸気ガス化技術 ・高効率ガス化と精製・分離技術の開発	・小規模で高効率のガス化技術の確立 ・精製、分離技術の開発	実用化、初期導入
		○水素発酵 （水素発生量：0.5〜2mol-H_2/mol glucose、 発生速度：数L-H_2/(L-培養液)/h） ・発酵菌（偏性、通性嫌気性細菌）のスクリーニングを実施中	・発酵菌のスクリーニング（原料種の拡大） ・高効率発酵槽のエンジニアリング、スケールアップの実証	
		○超臨界-バイオマスガス化技術 ・加圧熱水等による実験室レベルでの研究が進展 ・高温・高圧下で使用可能な容器材料の知見を蓄積	・高温高圧等厳しい条件下に耐えうる反応容器素材の開発 ・原料の安定供給などの周辺技術の開発も必要	・システム化技術開発
		○光合成水素生産 ・他プロセス（水素発酵等）との組み合わせを検討 （現状）水素発生速度：数10ml/(L-培養液)/h（緑藻・藍藻） 　　　：数百ml/(L-培養液)/h（光合成細菌）	・水素発酵など他のプロセスとの組合せによる効率向上の検討	
	太陽・風力エネルギー利用	＜中長期的技術＞ ○再生可能エネルギーを用いた水電解技術 ・太陽光発電・風力発電利用水電解システムで実証データ収集が進行中 ○太陽光集熱利用水素製造技術 ・欧米で太陽光集熱炉を開発中（EUでMWクラス開発中）。 ○光触媒法、光電気化学法 ・基礎研究を継続 ・応答波長の可視光域までの拡大が必要	・電圧急変に対応した高耐久セルの開発 ・電力平滑化技術の開発	
			・太陽光集熱利用　熱化学反応プロセスの実証	
			・新規材料の開発　・格子欠陥の少ない光触媒調製法の開発 ・活性化エネルギーの低い水素生成サイトの構築　・反応装置基礎検討	

図3　NEDO「燃料電池・水素技術開発ロードマップ2008」におけるバイオ水素技術の位置付け

が求められる。藻類の CO_2 固定能を $0.5\sim1.0$ t-CO_2/ha/d とすれば，約 220 ha の培養システムで約 3.7 万〜7.3 万 t-CO_2/y（8,000 h/y）を固定化し，CDM の場合では約 0.5〜1.0 億円/y（1,413 円/t-CO_2），CCS の場合では約 5.0〜10.0 億円/y（13,500 円/t-CO_2）の収入源が得られることになる。

海外藻類 BDF（Bio Diesel Fuel）事業者の試算などでは，開放型フォトバイオリアクターシステムの CAPEX（Capital Expenditure）が 1.3 億円/ha，OPEX（Operating Expenditure）が 0.4 億円/ha とも言われているので，廃水処理への適用や低品位廃熱利用への適用なども検討し，事業採算性を向上させる必要がある（図5）。

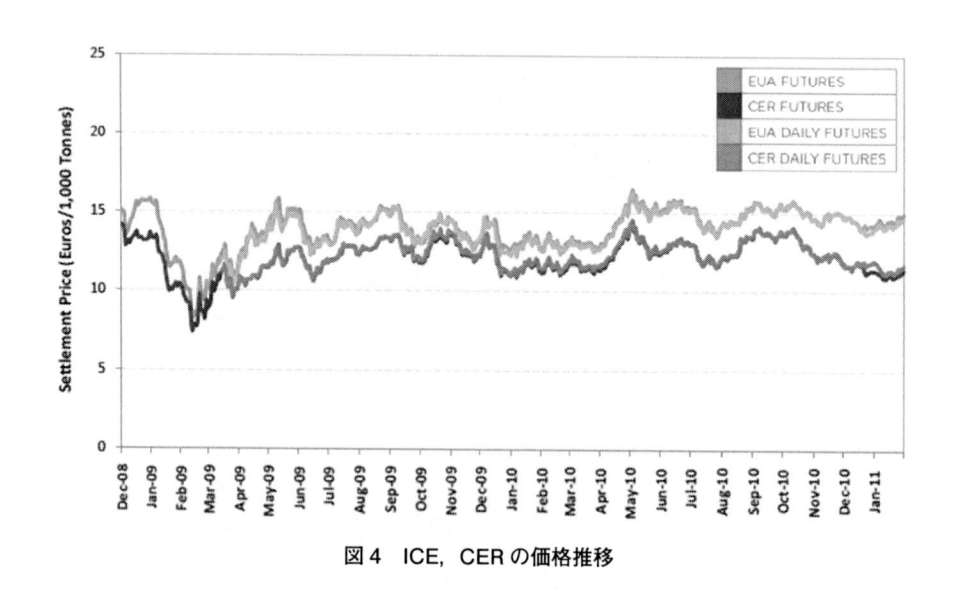

図4 ICE，CER の価格推移

項目		開放系	閉鎖系	
方式		レースウエイ	チューブラー	パネル
①藻体生産量 エネルギ換算	t/ha/年	〜50	57〜60	〜70
	GJ/ha/年	1150	1350	1600
②エネルギ損失	かくはん GJ/ha/年	6.6（0.5%）	?	670（42%）
	総合 GJ/ha/年	110〜120（10%）	180（14%）	1214（75%）
③エネルギ 生産量	①−② GJ/ha/年	1035	1170	386
メンテナンス性（洗浄など）		○	×	×

図5 光合成微生物によるエネルギー生産用の PBR

2.2.2　廃水処理・廃熱回収への適用

　光合成微生物の大量培養には，水や栄養塩類（炭素源，窒素源，リンなど）が必要であるので，培養に必要な化学成分を含有する工場廃水の処理工程へ適用することが可能である。これにより，用水コストや薬品コストなどの OPEX を軽減させると同時に，廃水処理費用を OPEX の収入源にすることが可能である。

　標準的な活性汚泥法で廃水を処理する場合，電力単価を 20 円/kWh として約 20,000 円/t-BOD，余剰汚泥の処理費用を 20,000 円/t として約 9,000 円/t-BOD などが収入源となる可能性がある[14]。

　また，光合成微生物は，培養温度によって増殖効率が増減するため，大量培養時には培養温度を至適温度に維持することが望ましい。工場の省エネルギー対策などでは利用不可能な100℃以下の低温廃水などの低品位廃熱を用いることにより，効率的な培養と，熱供給に必要な OPEX を低減することが可能である。

2.2.3　副生産物生産への適用

　光合成微生物による水素生産を行う場合，事業採算性の向上のために高付加価値の副生産物（医薬品原料，色素，脂質など）の抽出・回収工程を想定する場合が多い。事業として成り立つためには，藻体バイオマスのカスケード利用は重要であるが，副生産物の抽出・回収・精製工程のコストが増加するため詳細な検討が必要である。また，副生産物の収入が光水素生産の収入を上回る場合には，エネルギー生産が主事業ではなくなるため，FS 時に詳細な事業計画を構築することが必要である。

2.2.4　再生可能エネルギーに関する法対応としての適用

　光合成微生物による光水素生産は，分子状の水素が得られるため，現在，実証研究が進められている水素タウンでの利用もしくは都市ガスの代替となる。

　現在では，再生可能エネルギーや光合成微生物による水素生産は，エネルギー供給事業者に義務づけられていないが，前述のエネルギー供給構造高度化法などや，「石油代替エネルギーの開発及び導入の促進に関する法律（代エネ法）」[15]，「新エネルギー利用などの促進に関する特別措置法（新エネ法）」[16]などへの法整備が進むことは否定できない。

2.3　光合成微生物による光水素生産のメカニズム

　光合成によって水素を生産する光合成微生物は，光合成のメカニズム，水素生産を触媒する酵素，利用可能な電子供与体などによって，緑藻・藍色細菌（藍藻）などの藻類と光合成細菌に大別される（図6）[17]。

　藻類は，光化学系Ⅰ（Photosystem I，PSⅠ）とⅡ（PSⅡ）の2種類の光化学系をもち，光照射下，酸素発生型の光合成を行う。光合成によって水から直接水素を生産できる藻類は，エネルギー生産と CO_2 固定を同時に行うことが可能である。

　光合成細菌は，PSⅠもしくはPSⅡいずれか1種類の光化学系をもち，嫌気・光照射条件下に

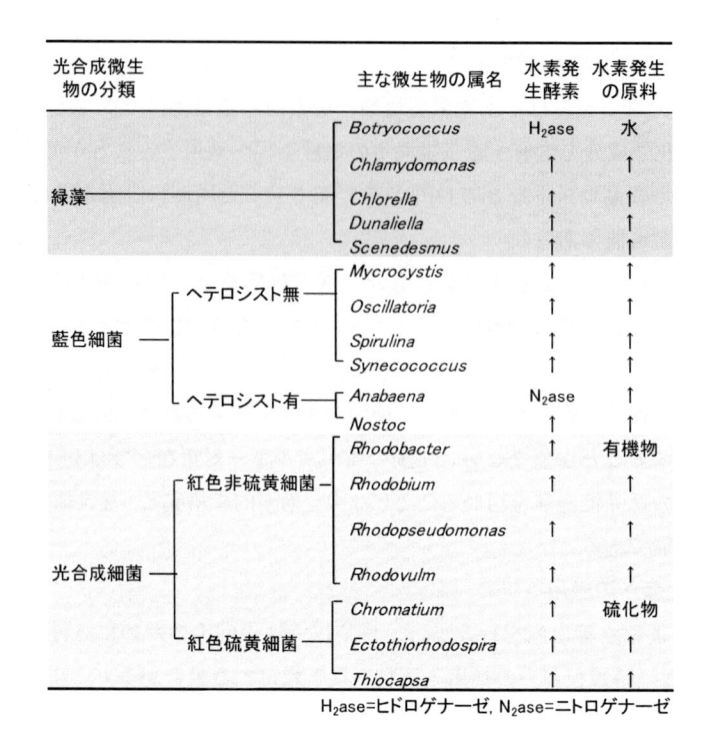

光合成微生物の分類		主な微生物の属名	水素発生酵素	水素発生の原料
緑藻		*Botryococcus*	H₂ase	水
		Chlamydomonas	↑	↑
		Chlorella	↑	↑
		Dunaliella	↑	↑
		Scenedesmus	↑	↑
藍色細菌	ヘテロシスト無	*Mycrocystis*	↑	↑
		Oscillatoria	↑	↑
		Spirulina	↑	↑
		Synecococcus	↑	↑
	ヘテロシスト有	*Anabaena*	N₂ase	↑
		Nostoc	↑	↑
光合成細菌	紅色非硫黄細菌	*Rhodobacter*	↑	有機物
		Rhodobium	↑	↑
		Rhodopseudomonas	↑	↑
		Rhodovulm	↑	↑
	紅色硫黄細菌	*Chromatium*	↑	硫化物
		Ectothiorhodospira	↑	↑
		Thiocapsa	↑	↑

H₂ase=ヒドロゲナーゼ, N₂ase=ニトロゲナーゼ

図6 水素を生産する光合成微生物の分類

おいて酸素非発生型の光合成を行う。廃水に含まれる低級脂肪酸などの有機物を電子供与体として利用できるため，エネルギー生産と廃水処理を同時に行うことが可能である。

2.3.1 光合成微生物による光水素生産の原理

光合成微生物が水素を生産する主な理由は，光合成によって生じた還元力の調整と考えられている。光合成に限らず微生物が生育のためのエネルギーを獲得するには，有機物あるいは無機物を酸化しなくてはならず，その際に生じる余剰の還元力（H^+あるいはe^-）の処理が問題となる。グルコースなどをCO_2に酸化する際には，炭素は酸化され（$C^0 \rightarrow C^{4+}$）一部の還元力が余剰となり，その余剰の還元力をH^+の還元による光水素生産を行うことで処理（除去）をしていると考えられている。

$$C_6H_{12}O_6 + 6H_2O \rightarrow 12H_2 + 6CO_2 \quad \Delta G = -34kJ$$

2.3.2 光合成微生物による光水素生産の酵素

光合成微生物は，一般にニトロゲナーゼ（N_2ase），ヒドロゲナーゼ（H_2ase）をどちらか1種類もしくは2種類の水素を生産する酵素を有している。

ヘテロシスト（異型細胞）を有する藍色細菌や光合成細菌による光水素生産に関与する主要な酵素は，本来，空中窒素固定の反応を触媒するN_2aseである。

$$N_2 + 6H^+ + 6e^- + 12ATP \rightarrow 2NH_3 + 12ADP + 12Pi$$

N_2ase は基質特異性が比較的低く，電子供与体（Ferredoxine，Fd）の存在下，H^+の還元反応を不可逆的に触媒する。

$$2H^+ + 2Fd_{red} + 4ATP \rightarrow H_2 + 4ADP + 4Pi + 2Fd_{ox}$$

よって，バイオマスからの光水素生産の場合，NH_4^+などは光水素生産の阻害物質となるため，廃水処理工程に適用する場合は，前処理工程で除去する必要がある。

緑藻やヘテロシストを持たない藍色細菌による光水素生産に関与する主要な酵素は，電子供与体（Electron Donor，ED）の存在下，H^+の還元反応を可逆的に触媒する H_2ase である。

$$2H^+ + 2ED_{red} \leftrightarrows H_2 + 2ED_{ox}$$

H_2ase は，微生物によって構造（中心金属によって，Fe，NiFe，FeS フリー）や代謝中の役割が異なるため，ED についても様々な物質が知られている（Fd，CytC_3，CytC_6 など）[18]。

2.4 光合成微生物による光水素生産のプロセス及びシステム

光合成微生物による光水素生産を行う場合，発生させた水素を利用する以外に，水素生産に伴って大量に生じる藻体バイオマスをカスケード利用することで，気体燃料生産，固体燃料生産，液体燃料生産を行うことも可能である（図7）。

いずれの燃料生産においても，他事業者との協力体制・実施サイト・原料調達・出口イメージなどの実施イメージ，原材料や生産物のマテリアルバランス，EPR（Energy Profit Ratio）などのエネルギーバランス，IRR（Internal Rate of Return）や NPV（Net Present Value）などの事

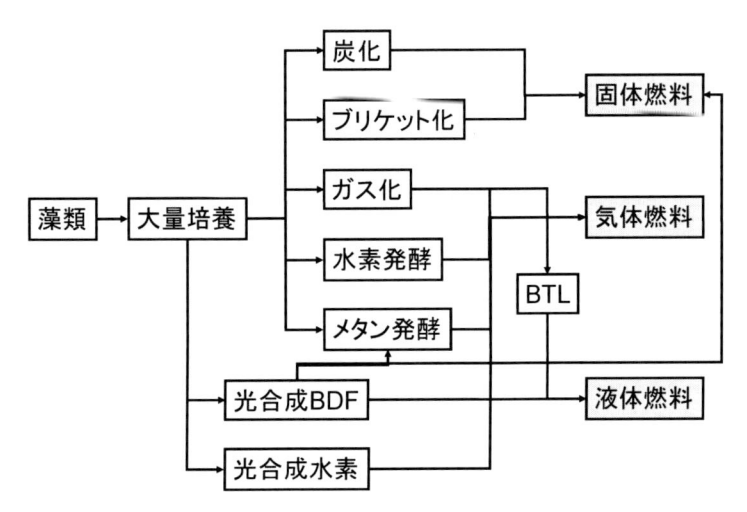

図7 光合成微生物による燃料生産体系

業採算性を検討し，各工程の所掌範囲（事業範囲）を明確にしたビジネスモデルの構築が必要である。

2.4.1　気体燃料

光合成微生物は，光照射下で直接的な光水素生産を行うことが可能である。光水素生産の場合，PSA（Pressure Swing Adsorption）などによって水素とCO_2を分離し，精製する工程が必要となる（図8）。

また，水素生産に伴って大量に生じる藻体バイオマスを，光合成細菌の光水素生産工程に供せば水素が，メタン発酵工程に供すればCH_4が，ガス化工程に供すれば水素／COが，気体燃料として得られる。

光合成微生物によって直接的に水素を発生させる場合は，発生した水素の捕集のため，密閉型のフォトバイオリアクターを用い，藻体バイオマスを気体燃料生産の原料とする場合は，開放型のフォトバイオリアクターを用いる。

2.4.2　固体燃料

光合成微生物による光水素生産では，水素の生産に伴い，大量の藻体バイオマスが生じる。安価に脱水・乾燥・ブリケット化することが可能であれば，石炭火力発電所などの石炭代替燃料とすることも可能である。また，安価な高温熱源が大量に有る場合は，藻体バイオマスを炭化して固体燃料とすることも可能である。

2.4.3　液体燃料

光合成微生物による光水素生産に伴い，大量に発生する藻体バイオマスは，脂質類を比較的高濃度に含有している。藻体バイオマスを，固液分離（脱水）・脂質の抽出・メチルエステル化・精製工程に供すれば，BDF（Bio Diesel Fuel）を生産することも可能である。また，藻類は，暗

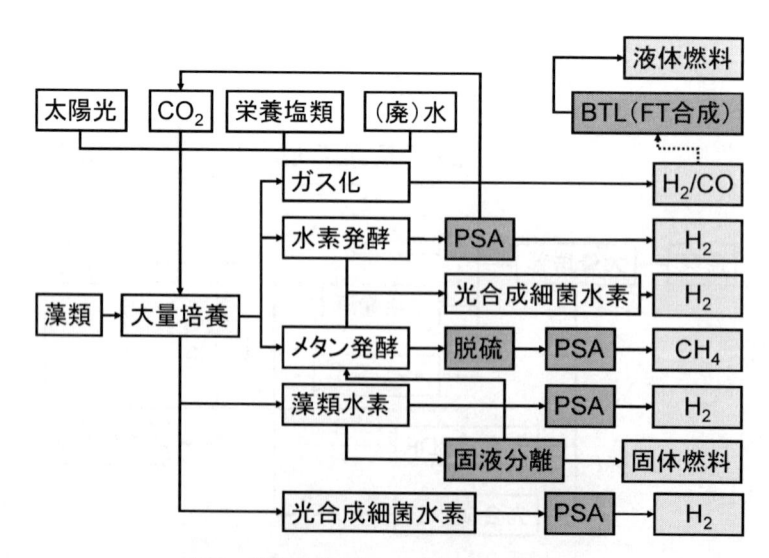

図8　光合成微生物による光水素生産体系

条件下で菌体内に糖分（グリコーゲン）を蓄積するため，エタノール発酵・蒸留・脱水精製行程に供すればバイオエタノールの生産も可能である。

2.4.4　フォトバイオリアクター

　光合成微生物による光水素生産を行う場合のシステムが，フォトバイオリアクター（Photo Bio Reactor，PBR）である。光合成微生物による光水素生産を行う場合，太陽光エネルギーを用いることが不可欠であるため，太陽光の照射特性に合致し，且つ太陽光を効率良く受光・透過・分散させる様々な形状のPBRが開発されている（図9）[19,20]。

　光合成微生物による光水素生産を行う場合，最大の問題点が光の効率的供給である。光は，光合成微生物によって吸収・散乱されるため，培養液中では光強度が受光面から急速に減衰し，PBR内の光強度分布はきわめて不均一になる。一方，光合成微生物による光水素生産は，光強度に依存し，高い光強度では反応が飽和・阻害するため光から水素への変換効率は著しく低下する。光強度分布がPBR内で不均一であることと光飽和点が存在するという2つの事実は，PBRによる効率的な光水素生産において解決されなければならない技術課題である[21]。

2.4.5　密閉型フォトバイオリアクター

　光合成微生物による光水素生産や，光合成微生物の大量培養に，高濃度CO_2を含む工場・発電所の廃ガスなどを用いる場合，太陽光を効率的に利用しようとする場合には，密閉型のPBRを使用することが必要である。

　密閉型PBRは，立体的なシステム構築が可能であり，太陽光を効率的に利用出来ることが最大の利点である。一方，CAPEX，OPEXが開放型PBRに比べて高額となり，PBR内部の洗浄な

図9　RITE/NEDO-PJ で開発された密閉型 PBR

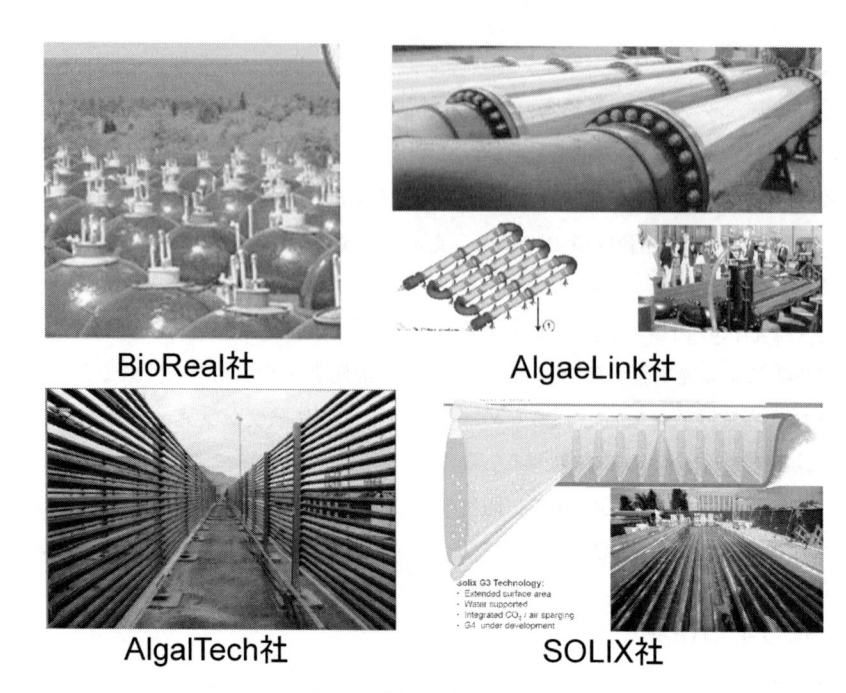

BioReal社

AlgaeLink社

AlgalTech社

SOLIX社

図 10　様々な密閉型 PBR

どに工夫を凝らす必要がある。目的に応じて，チューブ型，平板縦型，バッグ型などが利用されている（図 10）。

2.4.6　開放型フォトバイオリアクター

　光合成微生物の大量培養の際に，コンタミネーションの恐れが無い場合や，大量培養した藻体バイオマスを用いて水素生産を行う場合，開放型 PBR を使用することが可能である。開放型 PBR は，安価な CAPEX が最大の利点である。しかし，培養体積が設置面積に単純に比例するため，広大な面積を必要とする。光合成微生物の増殖速度が早い場合（*Chlorella*），培地が強アルカリ性の場合（*Spirulina platensis*），培地が強酸性の場合（*Euglena gracilis*），培地が高塩分濃度の場合（*Donaliela salina*）などは，レースウエイ，オープンポンド，円形ポンドなどの開放型 PBR によって光合成微生物を大量培養することが可能である（図 11）。米国ハワイ島で *Donaliela* などの大量培養を事業としている Cyanotech 社は，溶岩大地にレースウエイ様の溝を掘り，ビニールシートを敷設しただけの安価な PBR を用いている。

2.5　IEA–HIA Annex 21 Extended の活動

　国際エネルギー機関（International Energy Agency，IEA）[22] の加盟国が参加する水素実施協定（Hydrogen Implementing Agreement，HIA）[23] では，21 番目となる作業部会 Annex 21（BioHydrogen，2005–2009）において，光合成微生物（藻類・光合成細菌）や嫌気性微生物による生物学的水素生産技術に関する研究開発を支援している。

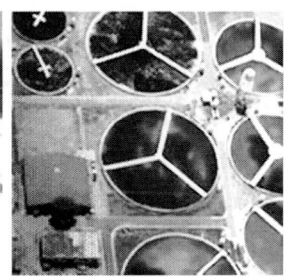

Cognis社
（オープンポンド）

クロレラ工業（株）
（円形ポンド）

Cyanotech社
（レースウエイ）

図 11　様々な開放型 PBR

　Annex 21 は，生物学的水素生産に関する総ての技術分野を包含し，各加盟国の委員による各国および自身の技術開発動向や技術情報の交換，国際共同研究の提案などを行っている。さらに，太陽光の照射強度・バイオマスの賦存量が多い東南アジア地域に当該技術を普及させることを目的とし，研究者ネットワークの構築を試みている。

　さらに，60th Executive Committee（Ex-Co）会議によって，Annex 21 の再延長が決定され，Annex 21 Extended（Bio-inspired and Biological Hydrogen，生態模倣・生物学的水素生産，2010-2012）として再発足している。日本側専門家委員として，筆者と大阪大学三宅淳教授が参画している。

　Annex 21 Extended は，生物学的水素生産に包含される技術分野を5つのサブタスクに分類し，実用化を目指した技術開発・技術交流・技術者交流・開発支援を行っている。各サブタスクの情報統括は各幹事国の委員が行い，全体の情報総括は OA（Operating Agent）が行っている。全ての活動内容については，IEA-HIA の HP で年次技術報告書が公開されている[24]。

2.5.1　Abiological Systems

　光合成微生物や嫌気性微生物によるバイオマスなどを用いた水素生産システムの高効率化技術の開発を目的としている。ミゼットスケールやパイロットスケールでの実証研究が進んでいるが，消費したバイオマス当たりの水素収率が比較的低いことが技術課題となっている。そこで，プラント工学などのエンジニアリング的検討により，高効率水素生産を試みている（幹事国：フランス）。

2.5.2　Dark BioHydrogen Systems

　嫌気性微生物によるバイオマスからの水素生産の高効率化技術の開発を目的としている。嫌気性微生物の有機物から水素への変換効率が低いことが技術課題となっているため，律速因子の解

明，遺伝子工学的改変，代謝制御などを検討するだけでなく，最適な培養工学的検討も行い，高効率な水素生産を試みている（幹事国：韓国，カナダ）。

2.5.3 Photo BioHydrogen Systems

光合成微生物（藻類や光合成細菌）による光エネルギーを用いた水やバイオマスからの光水素生産システムの高効率化技術の開発を目的としている。しかし，光エネルギーから水素への変換効率が低いことが技術課題となっているため，光合成器官や色素の改変，律速因子の解明，代謝制御などの検討により，高効率な光水素生産を試みている（幹事国：米国）。

2.5.4 Bio-Inspired Fuel Cells

微生物が有する酵素やタンパク質を利活用した，生体模倣技術・分子ハンドリング技術による光水素生産デバイス・燃料電池システムの構築を目的としている。太陽光と水からの光水素生産技術には，光電変換反応と H^+ の還元反応が必要である。光合成微生物における光電変換は，光エネルギー変換を行う光合成タンパク質が行い，H^+ の還元は H_2ase が行っている。光合成微生物内における両反応は，非常に高い効率で進行し，特に光合成タンパク質では，量子収率がほぼ100％で進行する。

これらのバイオ分子を抽出し，光水素発生に最適な再構成を行うことで，高効率な水素生産用バイオ分子デバイスの構築が試みられている。筆者らは，生体分子（H_2ase）と光増感剤（亜鉛ポルフィリン）などを各種電極上に3次元的に再構成したデバイスの構築に成功しており，光応答性の水素発生反応を確認している（幹事国：英国）。

2.5.5 Over All Analysis

生物学的水素生産技術を21世紀の水素エコノミーに導入する際に生じる技術的課題，経済的課題，政治的課題に加え，テクノロジーベースの社会的課題について分析することを目的としている。再生可能エネルギーやバイオマスを利活用した新たな分散エネルギー源が既存のエネルギーインフラに導入される場合，歴史的に見てもエネルギーインフラ，社会システム，生活様式などが変化すると想定される。特に，生物学的水素生産技術の社会的受容性を明らかにするために，当該技術のFSなどのマテリアルバランスや事業性評価，社会生活・社会システムへの影響評価，生活の質の確保に関する評価，不安定要因の抽出と対策の評価，バイオ技術の拡散とリスクの評価などをおこなう（幹事国：日本）。

2.6 結言

欧米のスーパーメジャーなどが藻類のベンチャー企業に相次いで巨額の出資や子会社化したこと，航空事業者のEU-ETS（European Union Emission Trading Scheme）への対応などで，現在における藻類によるBDF生産の研究開発・実証ブームが加熱して久しい。

光合成微生物によるエネルギー生産を行う場合は，5F（市場単価が高額な順に Food, Fiber, Feed, Fertilizer, Fuel）の単価が高額な順で事業化を試みることがセオリーである。一方，光合成微生物による光水素生産（Fuel）は，5F中一番低額であるので，事業化の際は藻類事業者

やエネルギー供給事業者のみならず，油脂やオレオケミカル系の事業者，医薬品製造の事業者，食品製造事業者，農畜産事業者などの様々な事業者の協力体制の構築が必要である。さらに，各事業者がCO_2の固定化や藻体バイオマスのカスケード利用（有用物質生産）について積極的に実証研究に参画し，大規模培養システムの実証設備の構築やエンジニアリング会社による詳細なFSに基づく事業性評価などを行うことによって，光合成微生物による光水素生産の事業化が望まれる。

文　　　献

1) JX 日鉱日石エネルギー，ニュースリリース，http://www.noe.jx-group.co.jp/newsrelease/2010/20110113_01_0950121.html
2) 総務省法令データ，エネルギー供給構造高度化法，http://law.e-gov.go.jp/cgi-bin/idxselect.cgi?IDX_OPT=1&H_NAME=％83％47％83％6c％83％8B％83％4d％81％5b&H_NAME_YOMI=％82％A0&H_NO_GENGO=H&H_NO_YEAR=&H_NO_TYPE=2&H_NO_NO=&H_FILE_NAME=H21HO072&H_RYAKU=1&H_CTG=1&H_YOMI_GUN=1&H_CTG_GUN=1
3) 経済産業省・資源・エネルギー庁，エネルギー基本計画，http://www.enecho.meti.go.jp/topics/kihonkeikaku/100618honbun.pdf
4) 経済産業省・資源・エネルギー庁，政策提言，http://www.meti.go.jp/report/downloadfiles/g90715f02j.pdf
5) IPE，北海ブレント原油価格推移，http://www.oilnergy.com/1obrent.htm
6) NY-MEX，WTI 原油価格推移，http://chartpark.com/wti.html
7) NEDO，再生可能エネルギー技術白書，http://www.nedo.go.jp/library/ne_hakusyo/03.pdf
8) NEDO，燃料電池・水素技術開発ロードマップ2008，https://app3.infoc.nedo.go.jp/informations/koubo/events/FA/nedoeventpage.2008-06-18.1414722325/8a737d3030ed30fc30dc30c36c347d20.pdf
9) 経済産業省，長期エネルギー需給見通しにおける新エネルギー導入見通しとコスト，http://www.meti.go.jp/committee/materials2/downloadfiles/g80808a02j.pdf
10) 微細藻類を用いた炭化水素燃料生産技術（特集），月刊バイオインダストリー，6月号（2010）
11) 環境省，京都メカニズム情報プラットフォーム，http://www.kyomecha.org/
12) ICE，Monthly Utility Report，https://www.theice.com/publicdocs/futures/ICE_Monthly_Utility_Report.pdf
13) NEDO，CO_2固定化・有効利用分野，http:www.nedo.go.jp/roadmap/2009/env1.pdf
14) 木田建次，食品系廃水・廃棄物のメタン発酵によるサーマルリサイクル，http://www.shokusan.or.jp/asushoku/FoodTech/Technology/T2006/0608.pdf
15) 総務省法令データ，代エネ法，http://law.e-gov.go.jp/cgi-bin/idxselect.cgi?

IDX_OPT=1&H_NAME=%91%E3%83%47%83%6c&H_NAME_YOMI=%82%A0&
H_NO_GENGO=H&H_NO_YEAR=&H_NO_TYPE=2&H_NO_NO=&H_FILE_NAME=
S55HO071&H_RYAKU=1&H_CTG=1&H_YOMI_GUN=1&H_CTG_GUN=1

16) 総務省法令データ，新エネ法，http://law.e-gov.go.jp/cgi-bin/idxselect.cgi?
IDX_OPT=1&H_NAME=%90%56%83%47%83%6c&H_NAME_YOMI=%82%A0&
H_NO_GENGO=H&H_NO_YEAR=&H_NO_TYPE=2&H_NO_NO=&H_FILE_NAME=
H09HO037&H_RYAKU=1&H_CTG=1&H_YOMI_GUN=1&H_CTG_GUN=1

17) 若山樹ほか，光合成による水素生産，バイオマスハンドブック，オーム社（2009）

18) 浅田泰男ほか，生物的水素生産，微生物利用の大展開，エヌ・ティー・エス（2002）

19) 宮本和久，光合成微生物の機能活用のためのフォトバイオリアクター，生物工学会誌，**71**
（6），434-436（1993）

20) 日経BP社，Tech-ON，開放型のレースウエイ型が本命に，http://techon.nikkeibp.co.jp/
article/FEATURE/20100819/185057/

21) 若山樹，光合成細菌による光水素発生に用いるフォトバイオリアクターの光透過性改善に
よる高効率化，水素エネルギーシステム，**26**，6-10（2001）

22) 国際エネルギー機関，http://www.iea.org/

23) IEA・水素実施協定，http://www.ieahia.org/

24) IEA・水素実施協定，2008年度年次技術報告書，http://www.ieahia.org/
2008_annual_report.pdf

海藻バイオ燃料　《普及版》　　　　　　　　　　　　　　　（B1230）

2011 年 7 月 29 日　初　版　第 1 刷発行
2018 年 1 月 15 日　普及版　第 1 刷発行

監　修	能登谷正浩	Printed in Japan
発行者	辻　賢司	
発行所	株式会社シーエムシー出版	

東京都千代田区神田錦町 1-17-1
電話 03 (3293) 7066
大阪市中央区内平野町 1-3-12
電話 06 (4794) 8234
http://www.cmcbooks.co.jp/

〔印刷　株式会社遊文舎〕　　　　　　　　　　　　　© M. Notoya, 2017

ISBN978-4-7813-1223-1　C3045　¥4100E